高等学校教材

建筑环境与能源应用工程创新与实践

主　编　周军莉
副主编　郭永辉
参　编　邓勤犁　文远高　童宝龙等
主　审　张国强

武汉理工大学出版社
·武　汉·

内 容 提 要

本书首先介绍了创新基础理论、新能源、热质交换新技术、人工环境调控新技术,然后对专业相关学科竞赛及创新实践活动进行了归纳和汇总,最后提出了专利申报、科技文献写作等需要注意的要点,以促使学生对本专业相关创新原理和创新实践活动的了解,在有限的校园生活中做好规划,将创新实践活动与自己的大学学业有机结合。

本书适合作为建筑环境与能源应用工程、能源动力工程、制冷与空调等专业的本科生或研究生创新实践教育的教材,也可作为暖通空调新技术、新能源技术、建环专业导论等课程的教学参考书。

图书在版编目(CIP)数据

建筑环境与能源应用工程创新与实践/周军莉主编.—武汉:武汉理工大学出版社,2024.5
ISBN 978-7-5629-7076-7

Ⅰ.TU-023

中国国家版本馆 CIP 数据核字第 2024JF1369 号

武汉理工大学本科教材建设专项基金项目

建筑环境与能源应用工程创新与实践
Jianzhu Huanjing yu Nengyuan Yingyong Gongcheng Chuangxin yu Shijian
项目负责人:高　英　　**责任编辑**:高　英
责 任 校 对:张莉娟　　**排版设计**:正风图文
出 版 发 行:武汉理工大学出版社
社　　址:武汉市洪山区珞狮路 122 号　　**邮　　编**:430070
网　　址:http://www.wutp.com.cn
印　刷　者:武汉市洪林印务有限公司
经　销　者:各地新华书店
开　　本:787×1092　1/16　　**印张**:15　　**字　　数**:378 千字
版　　次:2024 年 5 月第 1 版
印　　次:2024 年 5 月第 1 次印刷
定　　价:38.00 元
凡购本书,如有缺页、倒页、脱页等印装质量问题,请向出版社发行部调换。
本社购书热线电话:027－87391631　027－87523148　027－87165708(传真)

序

新质生产力是在创新中起主导作用，摆脱传统经济增长方式、生产力发展路径，具有高科技、高效能、高质量特征，符合新发展理念的先进生产力质态，是马克思主义生产力理论的中国创新和实践，是科技创新交叉融合突破所产生的根本性成果。

加快培育新质生产力需要打造新型劳动者队伍，包括能够创造新质生产力的战略人才和能够熟练掌握新质生产资料的应用型人才；需要用好新型生产工具，特别是掌握关键核心技术，赋能发展新兴产业；需要塑造适应新质生产力的生产关系。

畅通教育、科技、人才的良性循环，弘扬科学家精神和企业家精神，营造良好的创新氛围，是加快培育新质生产力最重要的政策举措。高校作为科技创新的策源地，教育、科技、人才的集中交汇点，是孕育未来科技和未来产业、加快形成新质生产力的源头活水。坚持用习近平新时代中国特色社会主义思想铸魂育人，面向国家发展战略需要，培养具备创新思维和创造能力的高素质人才，成为高校新时期的重要任务。各专业领域需要通过跨专业、产学研结合的方式，拓宽学生知识面，强化创新能力培养，推进教育理念、模式、内容和方法的变革，让人才培养全面链接学术前沿和行业需求，构建新型高质量人才培养体系。

基于建筑环境与能源应用工程专业，编者旨在提供一本系统性的专业创新实践类教材，推动创新性人才的培养。本书有如下几个特点：

(1) 思政性。内容编写中，将思政教育与专业教育有机融合。以能量、能源转化知识点为基础，推动学生树立正确的人生观、世界观。

(2)系统性。与以往的专业新技术类教材相比，将创新理论与方法置于首位，形成了创新理论、专业基础新技术、专业新技术的完整体系。以专业创新理论为支撑，以专业新技术为基石进行夯实，不仅介绍了新能源、热质交换技术，还介绍了环境调控技术，为学生提供了一个总揽全局的专业视野。

(3)应用性。针对国家关于创新实践人才培养的要求，各部门设置了多项学生竞赛项目。本书对建筑环境与能源应用工程及同类专业的竞赛项目进行了梳理，供学生了解竞赛体系，选择合适的竞赛方向。另外，书中也介绍了专利写作、文章写作要点，有助于学生提炼并发表成果。

本书主编周军莉老师具有多年的专业教育研究经验，指导学生参加了各类专业竞赛，获得了多项奖励和荣誉。此外，她也参与了本专业第一批专业网站、年鉴，以及重要学术期刊的运营管理工作，有着服务行业、企业的丰富经历。相信根据她本人丰富的教学研究经验编写而成的图书一定会对有志于建筑环境领域创新创业实践的师生和正在进行创新创业工作的专业人士提供帮助和启迪。

2024 年 5 月 12 日

前　言

创新创业教育是时代发展、建设创新型强国的必然要求，也是高教发展的必然趋势。培养大学生创新创业能力是一项系统工程，创新创业对激发社会活力、提升产业竞争力、增加就业指数的作用显著。现下，创新创业能力已经成为大学生必备的核心竞争力。早在2015年，国务院办公厅就指出：各高校要根据人才培养定位和创新创业教育目标要求，促进专业教育与创新创业教育有机融合，调整专业课程设置，挖掘和充实各类专业课程的创新创业教育资源，在传授专业知识的过程中加强创新创业教育。

在编者看来，要进行建筑环境与能源应用工程专业的创新实践活动，需要对本专业的环境调控技术有所了解，而在了解环境调控技术之前，需要知道热质交换新技术，再往前，则需要掌握能源的转换知识，熟悉可再生能源技术的应用形式。另外，创新是有专门的科学理论作为支撑的。如果能掌握系统的创新方法，运用创新专业理论，则可辅助学生以专业为依托，燃起创新激情，激发创新潜能，树立创新信心。

当然，有了一定的创新思路后，同学们可能还需要撰写专利申请文件或是论文，因此本书最后两章介绍了专利和论文撰写的部分要点。

本书适合作为建筑环境与能源应用工程、能源动力工程、制冷与空调等专业的本科生或研究生的创新实践教育教材，也可作为暖通空调新技术、新能源技术、建环专业导论等课程的教学参考书。在授课过程中，授课教师可因地制宜，结合本校专业培养方案和创新实践体系进行授课。一方面，帮助学生了解专业的整个课程体系、课程科目之间的逻辑关系，了解专业培养目标和毕业要求，了解与专业相关的学科竞赛。另一方面，沿着能源-热质交换-环境调控这条脉络学习，拓展知识面，了解本专业的新技术。

本书获批校级“十三五”规划教材，并受教育部产学合作协同育人项目（NO. 220506707172803）的支持，以课程讲义为基础进行教材编写并逐步完善，历时多年，终于得以出版。

本书第6章由福建理工大学郭永辉老师编写；第4章中4.1.3.6小节、4.1.3.7小节、4.1.3.10小节、4.3节、4.5节以及4.6节由邓勤犁老师编写；第4章中4.1.2.2小节蓄能空调、加湿器的内容由文远高老师、童宝龙高级工程师编写，地板对流器的内容由欧慕科暖通设备（天津）有限公司提供；第4章中4.1.3.9小节由博士刘道儒撰写；4.4节由上海复荣环境科技公司提供。其他内容均由周军莉老师编写。在第2章的编写过程中，研究生周艺南、李崇岳、孟熊壮、周亮、肖雪、肖媛、蔡羽熔协助收集整理了不少资料。全书的内容编辑以及图文制作方面，研究生邱新鹏、赵鑫超、黄军心、董立聪、朱文君做了大量工作。武汉理工大学出版社的高英编辑，为本书的出版付出了辛勤的劳动。在此，对所有关心和支持本书编写的人士表示真挚的谢意!

本书编写时间较长,但由于其涉及面非常广泛,难免存在一些不足之处。恳请读者在使用过程中,将发现的问题和建议及时反馈给编者,使本书不断得以完善,编者将不胜感激!

创新实践的过程比结果更重要。希望本书能为莘莘学子带来一点专业思考,或者一点点创新启迪!

编　者

2024 年 2 月 6 日

目　录

1 绪 论

随着社会经济的不断发展，近年来我国各个领域的科学技术都取得了显著的进步。在此背景下，创新创业教育的发展伴随着高等教育的不断深化改革，取得了一定的成绩，构建创新创业教育生态系统也成了创新创业教育领域的关键。

学生需要通过参加学校的各种创新创业活动，来培养自己的创新意识，积累相关赛事经验，提升自己的创新创业能力。创新创业需要相当的专业知识及个人能力，学生仅通过学习学校开设的通用创新创业课程是难以达到创业要求的。因此，学生只有通过不断实践，在种种创新创业大赛中积累经验和人脉，并将所学的专业知识充分运用到创业项目中，才能有效地将自己的创新想法转换为创业成果。

本书主要以提升建筑环境与能源应用工程（以下简称"建环"）及相关专业学生实践和创新能力为目标，介绍新能源、热质交换、暖通空调等环境调控新技术，汇总分析与专业相关的学科竞赛，阐述专利、科技论文写作等基础知识，助力学生积极参加各类学科竞赛和创新创业活动。

1.1 建筑环境与能源应用工程专业简介

随着经济的发展和生活水平的逐步提高，人们对居住环境的舒适性要求以及工业生产对工艺车间的环境要求越来越高，为保证一定的人工环境（如民用建筑、工业建筑的热环境及空气质量），需要利用一定的能源，选用一系列设备，并设计一定的输配系统去营造室内环境，同时对其运行进行自动调节和节能控制，这就是建环专业学习的主要目标。

(1) 专业历史

我国建环专业的前身是供热、供燃气、通风与空调工程专业，最早于 1949 年在哈尔滨工业大学由苏联专家指导创建，当时的专业名称为"供热、供煤气及通风专业"。此后东北工学院（现西安建筑科技大学）、清华大学、同济大学、天津大学、太原工学院（现太原理工大学）、重庆建筑工程学院（现重庆大学）、湖南大学相继开设此专业。因此，上述高校常被称之为"老八校"。

1958 年，供热、供煤气及通风专业分为供热通风与空调工程和城市煤气两个专业。专业的核心内容是实现人工环境的营造，满足人居舒适健康环境和工艺精准环境的需求。空调采暖的普及使得人们不再关心建筑本身的性能，因为只要消耗大量的能源就可以轻易地获得所要求的室内环境，长此以往，会导致能源的紧缺和资源的枯竭，以及因大量污染物被排放而造成的环境污染和生态破坏。1992 年，联合国环境与发展大会围绕环境与发展这一主题，通过了《关于环境与发展的里约热内卢宣言》《21 世纪议程》和《关于森林问题的原则声明》3 项文件，在人类环境保护与持续发展进程上迈出了重要的一步。自此，人居环境科学成为供热通风与空调工程专业发展的重要方向。

1998 年，供热通风与空调工程专业和城市煤气专业合并为建筑环境与设备工程专业。传统的专业基础课程(如传热学、流体力学和热力学等)无法完全体现人居环境科学的内涵，因此生理学、心理学、气象学、生态学、城市规划以及声、光等与人居环境相关的知识逐步被纳入建筑环境与设备工程专业的知识体系。建筑环境与设备工程专业人才培养要求学生掌握建筑外环境、室内的热湿、空气流动、空气品质、声光环境等客观条件的同时，还要求其掌握人的生理和心理对室内外环境舒适与健康的要求。

(2) 专业现状

在可持续发展理念下，建筑环境与设备工程专业于 2012 年再次更名为建筑环境与能源应用工程专业，并涵盖“建筑设施智能技术(部分)”和“建筑节能技术与工程”相关内容。因此，部分学校建环专业由建筑节能技术与工程专业转变而来，比如武汉理工大学、南昌大学等。而湖南大学等高校则将建筑节能技术与工程专业并入建环专业。

截至 2022 年 7 月，全国设有建环专业的高等院校在大陆有 189 所，分布在 27 个省市自治区。其中包括教育部直属院校 21 所，其他部属院校 5 所，解放军院校 2 所，省属院校 115 所，地级院校 8 所，具有法人资格的中外合作办学院校 1 所，民办院校(含独立学院)37 所。在这些院校中，有 48 所院校被教育部认定为国家级一流本科专业建设点，其中清华大学、哈尔滨工业大学、武汉理工大学等 18 所院校为中央赛道建设点，西安建筑科技大学、沈阳建筑大学等 30 所院校为地方赛道建设点。

建环专业是一个新工科专业，也是一个交叉型专业。其专业基础不仅包括热力学知识，也包括土木建筑类、机械类知识。在专业分类中，建筑环境与能源应用工程专业属于土木大类下设二级分类专业，但同时，其学科的交叉性使得不同高校可能将其设置在不同学院。比如清华大学将其设置在建筑学院，湖南大学和武汉理工大学等将其设置在土木(土建)学院，而华中科技大学则将其设置在环境科学与工程学院，还有如长沙理工大学等部分高校则将其设置在能源与动力工程学院。西安建筑科技大学也将其设置在环境工程学院内，但在 2018 年 9 月，该校新成立建筑设备科学与工程学院，建环专业也转入该学院。除建环专业外，该学院还设立有建筑电气与智能化和储能科学与工程专业。

(3) 专业培养目标

在实现人工环境营造的同时，建环专业注重建筑能源的高效利用。专业内涵的变化必将带来人才培养要求的调整，目前建环专业人才培养的目标是：要求学生通过了解中国能源资源状况和社会可持续发展的相关法律法规，建立可持续发展理念，在建筑环境工程设计和实施过程中，主动推广使用节能环保材料和工程技术。具体来说，建环专业主要培养能够从事以下三方面工作的专业技术人才：

① 能从事建筑物采暖、空调、通风除尘、空气净化和燃气应用等设备与系统和相关的城市供热、供燃气设备与系统的设计、安装调试与运行工作。

② 能够以工程技术为依托，以建筑智能化系统为平台，对工业建筑及大型现代化楼宇中环境系统和供能设施进行设计、安装、估价、调试、运行、维护、技术经济分析和管理。

③ 能满足低碳经济建设与社会可持续发展的需要，具备建筑节能设计、建造、运行管理的基本理论与专业技能，知识面宽，具有向土建类相关领域拓展的渗透能力、适应能力和实际工作能力。值得指出的是，尽管本专业授课构架以建筑环境调控为主，实际上所学内容涵

盖的对象还包括交通工具等，不局限于建筑。

建环专业主要学习流体力学、工程热力学、传热学、建筑节能、楼宇控制、建筑智能化等课程的基本理论，学习供热通风空调系统、建筑设备智能控制系统的设计原理与方法，施工安装与运行管理方面的基本知识。适应现代化发展的建环专业高素质人才应具备的能力包括主动获取知识能力、实践操作能力、沟通协调与表达能力、创新创业能力和解决复杂工程问题的能力等。随着时代的发展，人们对居住建筑节能和舒适度的要求越来越高，而芯片等技术的发展，使得工业建筑的环境营造也迎来了新的挑战。因此，随着社会经济的发展，建环专业的就业前景越来越广阔。

1.2 创新基础理论知识

人才是创新的根基，创新驱动实质上是人才驱动，谁拥有一流的创新人才，谁就拥有了科技创新的优势和主导权。国家统计局社科文司《中国创新指数研究》课题组发布了2021年中国创新指数测算结果：2021年中国创新指数达到264.6，比上一年增长8.0%。2021年，我国创新发展呈现良好态势，创新环境明显优化，创新投入稳步提高，创新产出较快增长，创新成效进一步显现，为推动高质量发展提供了有力支撑。在创新成效中，节能降耗取得新的成效。据初步核算，2021年，我国能源消费总量为52.4亿吨标准煤，比上一年增长5.2%；煤炭消费量占能源消费总量的56.0%，比上一年下降0.9%；天然气、水电、核电、风电等清洁能源消费量占能源消费总量的25.5%，比上一年提高1.2%。按可比价格计算，单位GDP能耗比上一年下降2.7%。

创新指数包括创新环境、创新投入、创新产出等，而人才学历结构和劳动力素质就是创新环境的重要指标。我国一向重视创新人才，创新人才的获得有两个重要途径：引进和培养。各级政府、高等院校、科研机构以及企业都制订了诸多人才计划、学者计划。例如，吸引海外高层次人才来创新创业，推动高新产业、引领新兴学科发展的“百人计划”；支持国内高层次创新创业人才发展，与海外高层次人才相衔接的“万人计划”。但是归根结底，创新人才需要以教育系统为基础的多部门协同联合培养。

学校教育对学生创新能力培养的作用是多重的，不仅需要通过组织师资和教学资源，通过课程教学向学生传授基础知识，通过特别的教学设计培养学生的创新思维；学校还要为学生创设一个开放、包容的空间和氛围，通过设计容错机制以减少学生探索和试错的心理成本，通过鼓励探究激发学生的好奇心，从而养成学生的创新意识。

在建环专业，建环教指委等各级组织也准备了诸多创新类竞赛，鼓励学生们踊跃参加，锻炼自己。在参加创新创业类竞赛活动前，有必要了解创新基础理论知识。

1.2.1 创新的含义

所谓创新，是指根据某一目的，针对具体的对象，运用新的知识与方法或引入新事物，产生出某种新颖、有价值成果的活动，其成果包括新概念、新设想、新理论、新技术、新工艺、新产品、新制度、新市场、新组织。其中最容易理解的创新成果就是实用新型专利与发明专利。创新活动和成果一般具有目的性、新颖性、价值性等特性。

创新是人的创造性实践行为，这种实践可以实现利益总量的增加，需要通过对事物和原有认识的利用和再创造来实现，以形成新的物质形态。创新也是人类为了自我发展而展现的独特创造力。

1.2.2 创新类型

（1）创新类型

创新包括原始创新、跟随创新、集成创新这三类。原始创新是指前所未有的重大科学发现、技术发明、原理性主导技术等创新成果。原始创新意味着在研究开发方面，特别是在基础研究和高技术研究领域取得独有的发现或发明。原始创新是最根本的创新，是最能体现智慧的创新，是一个民族对人类文明进步做出贡献的重要体现。跟随创新是指在已有的成熟技术的基础之上，沿着已经明确的技术道路进行技术创新，如在原有技术之上将其更加完善，开发出新的功能等。集成创新是指围绕一些具有较强技术关联性和产业带动性的战略产品和重大项目，将相关技术有机融合起来，实现一些关键技术的突破甚至重要领域的重大突破。可见，要实现原始创新是最为艰难的。

（2）五大奖项

我国国务院设立了五类国家科学技术奖项：国家最高科学技术奖、国家自然科学奖、国家技术发明奖、国家科学技术进步奖和国际科学技术合作奖。

① 国家最高科学技术奖是五类国家科学技术奖中最高等级的奖项，授予在当代科学技术前沿取得重大突破或者在科学技术发展中有卓越建树，在科学技术创新、科学技术成果转化和高技术产业化中创造出巨大经济效益或者社会效益的科学技术工作者。

② 国家自然科学奖授予在数学、物理学、化学、天文学、地球科学、生命科学等基础研究和信息、材料、工程技术等领域的应用基础研究中，阐明自然现象、特征和规律并有重大科学发现的中国公民。

③ 国家技术发明奖授予运用科学技术知识做出产品、工艺、材料及其系统等重大技术发明的中国公民。这里的产品包括各种仪器、设备、器械、工具、零部件以及生物新品种等；工艺包括工业、农业、医疗卫生和国家安全等领域的各种技术方法；材料包括用各种技术方法获得的新物质等；系统是指产品、工艺和材料的技术综合。

④ 国家科学技术进步奖主要授予在技术研究、技术开发、技术创新、推广应用先进科学技术成果、促进高新技术产业化，以及完成重大科学技术工程、计划等过程中做出创造性贡献的中国公民和组织。国家科学技术进步奖的奖励范围涉及国民经济的各个行业，是一项覆盖面广泛的科学技术奖。从候选人、候选单位所完成项目的性质来讲，涵盖了新产品和新技术开发、新技术推广应用、高新技术产业化、企业技术改造及技术进步、技术基础和重大工程建设、重大设备研制中引进消化和吸收的国外新技术，或自主开发创新的技术等。

⑤ 国际科学技术合作奖是国家级科技奖励，授予在双边或者多边国际科技合作中对中国科学技术事业做出重要贡献的外国科学家、工程技术人员、科技管理人员和科学技术研究、开发、管理等组织。

从以上可知，国务院五大奖项中就有四项与创新有关。一般而言，国家自然科学奖一等奖成果具有较高的原创性。

(3) 创新案例

2015 年,屠呦呦带领自己的团队经过多年的苦心研究与不懈努力,在对"青蒿素"的研究中获得重大突破,并被授予诺贝尔生理学或医学奖(图 1.1),成为我国第一位获得诺贝尔奖的中国本土科学家。20 世纪 60 年代,在抗性疟蔓延,抗疟新药研发在全球都处于困境的情况下,中国中医研究院接受抗疟疾药研究任务。1969 年 1 月,屠呦呦接受了国家"523"抗疟药物研究的艰巨任务,被任命为中医研究院中药抗疟科研组组长。屠呦呦从本草研究入手,编撰了载有 640 种药物的《疟疾单秘验方集》等资料,并先后进行 300 余次筛选实验,确定了以中药青蒿为主的研究方向。在中医古籍《肘后备急方》中"青蒿一握,以水二升渍,绞取汁,尽服之"治疗寒热诸疟的启迪下,屠呦呦创建了低温提取青蒿抗疟有效部位的方法。1971 年 10 月 4 日,屠呦呦获得了对鼠疟原虫抑制率达 100%的青蒿乙醚中性提取物,这是青蒿素发现史上最为关键的一步。1972 年 11 月 8 日,屠呦呦课题组从青蒿抗疟有效部位中分离提纯得到抗疟有效单体——青蒿素。青蒿素的发现,改写了只有含氮杂环化合物的抗疟历史,标志着人类抗疟历史步入新纪元。

2020 年度国家科学技术奖励大会上,被视为"原创性最强、科学价值最高"的自然科学奖一等奖颁给了由中国科学院包信和院士带领的中国科学院大连化学物理研究所团队的"纳米限域催化"项目。作为核心技术,催化在能源转化、材料合成、环境保护及生命健康等领域发挥着决定性作用,而包信和院士及其所带领团队的"纳米限域催化"项目,借助微至"毫末"的纳米尺度的空间以及界面限域效应对催化体系电子能态进行调变,实现催化性能的精准调控。近百年来,通过以煤为原料来获得乙烯、丙烯、丁烯等低碳烯烃,国际上普遍采用的技术是传统费托合成技术,受限于催化作用,该过程需要大量水,且能耗大。而随着纳米限域及界面限域概念的形成和完善,包信和研究团队(图 1.2)另辟蹊径,其提出的新技术无需水煤气变换制氢过程,工艺流程短,可显著降低工艺水耗、过程能耗和二氧化碳排放量,煤炭的清洁高效开发由此成为可能。

图 1.1 屠呦呦(左一)在诺贝尔颁奖礼上

(图片来源:nobelprize.org)

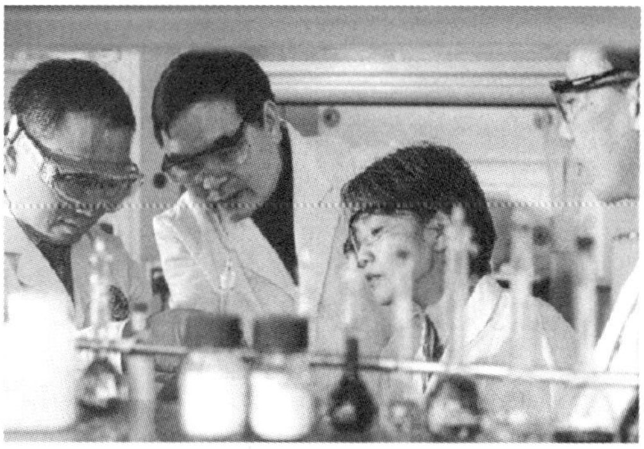

图 1.2 纳米限域催化研究团队

(图片来源:辽宁日报 谢震霖 摄)

团队成员(从左到右):邓德会、包信和、潘秀莲、傅强

国际上,被视为科技时代狂人的埃隆·里夫·马斯克(图 1.3),不断地以他的方式进行天马行空的创新。马斯克推动多种新产品研发和产业化。除了 PayPal、SpaceX,马斯克同时还推动了多种新产品研发——Cybertruck、Neuralink 和特斯拉机器人。SpaceX 成立于

2002 年,是马斯克旗下的民营航天制造商和太空运输公司。2008 年,SpaceX 获得 NASA 正式合同。2012 年 10 月,SpaceX 龙飞船将货物送到国际空间站,开启民营航天的新时代。它已经可以控制火箭一级返回地面或者海上移动回收平台,整流罩也可以通过海上移动回收平台回收。Neuralink 是一家研究"脑机接口"的技术公司。"脑机接口"将极小的电极植入大脑,利用电流使电脑和脑细胞"互动"。马斯克称,"脑机接口"装置有望用于人体,帮助四肢瘫痪者恢复其全身功能。2023 年 9 月 19 日,Neuralink 宣布拿下了美国食品和药品监督管理局(FDA)的人体试验许可,并开始招募颈脊髓损伤或肌萎缩侧索硬化症(ALS,也称渐冻症)患者。除了 Neuralink 外,进行脑机接口产品研发的商业公司还有 Synchron、Paradromics、Neurable、Kernel、NextMind、Emotiv、Blackrock Neurotech 等企业。

图 1.3　马斯克

(图片来源:钛媒体)

当然,还有其他类型的创新活动。创新实践活动被认为是可以引发自身或者他人思考的动作、行为或项目,能以成果形式展示。比如:某些行为艺术可引发思考,因此也可被视为创新实践活动的一种形式。2021 年 5 月 1 日至 5 月 21 日,中央美术学院毕业生邹雅琦创作了一部行为艺术作品。她打扮成富人的样子,不花一分钱在北京生活了 21 天。她住过机场贵宾厅、酒店大堂、海底捞、居民楼里的沙发、宜家母婴休息室,并将此过程用影像的方式记录下来,命名为《瞬间所有制》。创作者想传递的感悟是:瞬间拥有就是永恒。该作品引发了人们大量的讨论和思考。

1.2.3　创新意识

培养创新型人才,首先是培养和开发创新意识。

创新意识是指人们根据社会和个体生活发展的需要,引起创造新事物的观念和动机,并在创造活动中表现出的意向、愿望和设想。创新意识是创造性人才所必须具备的,培养创造性人才的起点是创新意识的培养和开发。要求我们具有创新意识,实际上是要求我们改变传统的思维方式,改变传统的提出问题、思考问题的方式。

被称为"空调之父"的开利博士(图 1.4)就极具创新意识。120 年前,在短波无线电、爱因斯坦相对论、飞机出现之前,开利博士就已经发明出一件改变世界的东西:现代空调。这项发明最初是为了解决纽约布鲁克林印刷工厂的湿度问题,自那时起,它始终推动着暖通空调行业的发展,持续影响着全球人们的生活。1902 年,纽约布鲁克林的一家印刷厂向开利所在的公司——布法罗锻造公司提出要求,希望他们能为客户设计一个控制湿度的系统。开利有个习惯,那就是在匹茨堡火车站溜达。有一天,开利被汽笛声吸引,他凝望着面前的火车头喷出的气雾,找到了解决办法:雾是完全被水分饱和的空气,温度很低,所以即使它是饱和的,也没有太多的实际水分。如果可以使空气饱和并控制其温度,就可以控制稳定的湿度。开利因此提出了湿度控制方案。

图 1.4 开利

(图片来源:百度百家号)

培养创新意识可依据以下方法进行:

(1) 综合创新意识

综合创新意识是指运用综合法则的创新功能去寻求新的创造。比如光伏直驱变频空调系统,是一种集太阳能光伏发电、中央空调、能源信息、智慧管理于一体的创新系统,实现了可再生能源与空调技术的综合创新。

(2) 逆向创新意识

逆向创新意识又称反向思维法。在创新过程中,逆向思维创新法的运用途径大致有四条:一是结构性反转,即从已有事物的相反结构形式去思考,设想新的技术创造。如日本的夏普公司就是突破“烧东西,火在下方”的思维定式,开发了烤鱼器,将电热丝装在鱼的上方,不仅达到了烤鱼的目的,而且减少了烧烤时产生的油烟。二是功能性反转,即从已有事物的相反功能去思考,设想新的技术创造或寻求解决问题的新途径。如日本索尼公司的名誉董事长井深大在理发时从镜子里看到的电视画面是反像的,由此他设想制造反画面电视机,不仅可供理发者、卧床病人观看,而且可供乒乓球训练者使用。三是角度性变换,即当某种技术目标或技术研究按常规思路从一个方向屡攻不下时,可以变换角度,从另一个方向甚至相反方向来思考,这样往往能打开新的思路,实现新的创造。我国古代“曹冲称象”的故事就是采用角度转换来变换思维方式的。四是缺点应用,即不以克服事物的缺点为目标,而是巧妙地利用缺点,创造新的技术、新的事物。

(3) 还原创新意识

还原创新意识是把创新对象的最主要功能抽出来,集中研究,选出最佳方案。目前,我国提倡利用可再生能源,因此水源热泵、地源热泵、污水源热泵等技术受到关注。如武汉汉口滨江国际商务区的江水源可再生能源站,利用长江冬季比室温高、夏季比室温低的特性,把长江水面以下 13～16 m 的江水作为空调系统冷热源,如图 1.5 所示。在夏季,提取江水作为空调系统冷却水,吸收室内部分热量,实现制冷效果;在冬季,利用热泵提取江水后制成热水,把热量"搬运"给建筑物集中供暖。与其他设备相比,热泵机组只需消耗更少的能源,就能达到同样的供暖、制冷效果,而且出风更加清柔、湿润。据测算,水源热泵空调系统综合能效高,用电成本比中央空调低 30%左右,一年可省电 1800 万千瓦时。

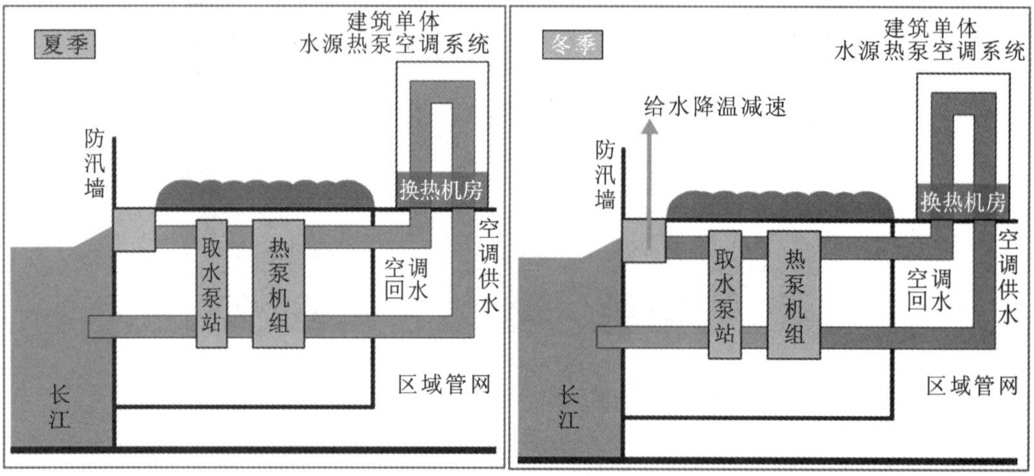

图 1.5　江水源热泵制冷供热原理图

(来源:长江日报)

(4) 移植创新意识

移植创新意识就是把在一个领域所使用的技术或模式,移植到看似没有关联的另一个领域,从而创造出新的产品或模式。近年来,随着电子技术、控制工程、信号处理元器件、电磁理论及新型电磁材料的发展和转子动力学的进展,磁悬浮技术得到了长足发展。磁悬浮是利用磁极"同性相斥,异性相吸"的相互作用规律,在轴承的转子和定子间加上相应的电磁场,通过控制电磁场,使之处于相对"悬浮"状态。磁悬浮系统是由转子、传感器、控制器和执行器四部分组成,其中执行器包括电磁铁和功率放大器两部分。磁悬浮轴承是一种利用磁场使转子悬浮起来,从而在旋转时既不产生机械接触,也不产生机械摩擦,不再需要机械轴承及机械轴承所必需的润滑系统。在制冷压缩机中使用磁悬浮轴承,所有因润滑油而带来的烦恼就不再存在了。磁悬浮空调是以磁悬浮离心压缩机为核心技术的高效节能中央空调。2003 年,MULTISTACK 澳洲工厂成功研发出世界上第一台磁悬浮空调,并于同年在美国 Chicago & ASHRAE/AHR 展览会上发布,荣获 Energy&Innovation 大奖。磁悬浮技术的优势在于整个磁悬浮空调系统无需润滑油,可避免壳管式换热器中油膜覆盖在换热管上,导致换热效率下降,提高系统换热效率达 15%以上。

磁悬浮技术在医学上也有很大的发展潜力。2021 年 11 月,我国上市了首款自主研发的全磁悬浮式人工心脏,质量为 180 g。2022 年 3 月 14 日 9 时 30 分,华中科技大学同济医学院附属协和医院为一患者装上了一枚磁悬浮人工心脏。两个半小时后,该患者重新感受到自己有力的“心跳”。这枚核桃大小、仅 90 g 重的 Corheart 6“人工心脏”(图 1.6)重启了他的生命。它是目前全球体积最小、自重最轻、技术领先的磁悬浮离心式“人工心脏”,被人们亲切地称为“中国心”,其核心技术具有完全自主知识产权,部件均由中国工程技术人员与中国医师联合研发,是完全的“中国智造”。

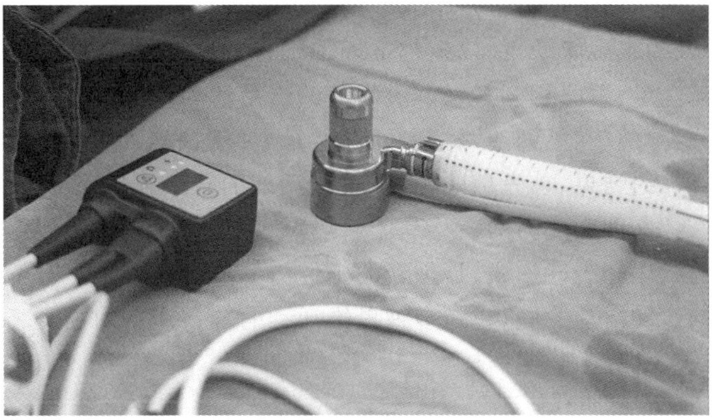

图 1.6 Corheart 6 **超小型磁悬浮离心式“人工心脏”**

(来源:澎湃新闻)

(5) 分离创新意识

分离创新意识是指把创造对象分离或离散成多个要素,然后抓住关键要素进行设计创新。比如,大家在吹空调时,被冷风/热风直吹时会感觉不适,且存在头顶和脚下温差大的问题,容易导致“空调病”。高端空调都提倡体感舒适度,但应该如何实现呢?部分品牌采用红外人体感应来探测室内人体的位置,再控制出风口导向板来避开人体,实现更高的室内舒适度。其实际就是在产品创新过程中,将吹风不舒适问题分离出来,抓住人体位置来进行送风角度创新。再比如,部分空调厂家针对用户进行分离创新,推出儿童空调,主要在无风感、低噪声、自清洁、手机互联、易控制等方面进行革新。

1.2.4 创新能力

创新能力包括发现问题的能力、流畅的思维能力、变通的能力、独立创新的能力、制定方案的能力和评价的能力。所谓发现问题的能力,是指能够发现习以为常现象背后问题的能力;流畅的思维能力则包括丰富的知识、较强的记忆力,拥有该能力的人可以进行创造性思维,提出大量新观点;变通的能力是指能迅速、轻易地从一类对象转变到另一类对象的能力;独立创新的能力指具有不同寻常的思想,拥有独特的解决问题的思路;制定方案的能力是指能够制定可实施方案,能分析困难,提出解决方法;评价的能力是指能在多种方案中选择出最合适的方案的能力,是综合性评价能力。只有在以上基本能力协调一致时,创新能力才能得到充分发挥。

一般人的创新能力,多数是流畅思维能力第一,变通性次之,独创性最低。这也从另外一方面说明了在创新实践活动中，团队建设的重要性。创新团队可以寻找有不同创新能力的成员加入，以此增强团队的核心创新能力。

1.2.5 创新思维

创新是创业的基础。在创新过程中，最重要且最困难的是构想，而构想来源于创新思维。创新思维是一个相对概念，是相对于常规思维而言的。一个人的能力很大程度上取决于思维能力，同样，创新思维能力也是构成创新能力的核心。创新思维是人类在探索未知领域的过程中，发挥人的主观能动性，以超越常规的眼光观察和思考问题、提出与众不同且能经得起检验的全新观点、思路和方案来解决问题的思维活动。

创新的过程分为"想"和"做"。"想"实际上就是思维过程，而"做"就是把思维转化为行动和结果。要想有好的结果，首先想法要正确，有正确的想法才能产生正确的结果，这就是常说的"方向很重要"。创新能力的核心是创新思维。如果没有创新思维，就不可能产生构想。创业是创新的载体和表现形式，是创新的延伸。

创新思维与创造性活动关联，它是多种思维活动的统一。它的主要表现有发散思维、直觉思维、逻辑思维等，见表 1.1。

表 1.1 创新思维的表现

发散思维	大脑在思考时呈现的一种扩散状态的思维模式。它具有经济性、变通性、独特性、多感官性等特点
聚合思维	它是从已知信息中产生逻辑结论，从现成资料中寻求正确答案的一种有方向、有条理的思维方式。聚合思维法是把广阔的思路聚集成一个焦点的方法，从众多可能性的结果中迅速作出判断，得出结论
灵感思维	人们在科学研究、科学创造、产品开发或问题解决过程中突然涌现、转瞬即逝，使问题得到解决的思维过程，具有偶然性、突发性、创造性等特点。灵感是过去从未有过的新思想、新念头、新主意、新方案、新答案
直觉思维	对一个未经分析的问题，仅依据内因的感知迅速地对问题答案作出判断、猜想、设想，或者在对疑难百思不得其解时，突然对问题有"灵感"和"顿悟"，甚至对未来事物的结果有"预感""预言"等，这些都是直觉思维。直觉思维是一种心理现象，它在创造性思维活动阶段起着极为重要的作用，直觉思维是完全可以有意识地加以训练和培养的
联想思维	它是指人脑记忆表象系统中，某种诱因导致不同表象之间发生联系的一种没有固定思维方向的自由思维活动。其主要形式包括幻想、空想、玄想。其中，幻想，尤其是科学幻想，在人们的创造活动中具有重要的作用
逻辑思维	逻辑思维又称抽象思维，是人在理性认识阶段，运用概念、判断、推理等思维类型反映事物本质与运行规律的过程

1.2.6 创新方法

创新方法是人们在创造发明、科学研究或创造性解决问题的实践活动中，所采用的有效方法和程序的总称。其根本作用在于根据一定的科学规律，启发人们的创造性思维，提升人们的创新效率。其主要包括智力激励法、形态分析法、思维导图法、思考六帽法等。

1.2.6.1 智力激励法

智力激励法又叫头脑风暴法，是指一组人员通过召开专题会议，针对某一特定问题，与会成员之间互相交流、互相启迪、互相激励、互相补充、集思广益，从而产生大量新设想的集体性发散方法。它是世界上最早付诸实践的创新方法，经各国创造学研究者的实践和发展，至今已经形成了一个发明技法群。

智力激励法的原则如下：

(1) 自由思考原则。要充分发挥自己的想象力，运用发散思维，不要考虑所想的问题是否符合常规、逻辑或规范。

(2) 延迟评判原则。对大家所提出来的想法、创意，相互之间不得评判，更不能提反对意见。

(3) 以量求质原则。只要量有了，质自然就有了。先求数量，再考虑质量，这是明智的选择。

(4) 综合改善原则。把别人提出来的设想加以综合改善并发展成新设想，即利用别人的想法来开拓自己的思路。

典型的奥斯本智力激励法和默写式智力激励法，分别如图 1.7 和图 1.8 所示。

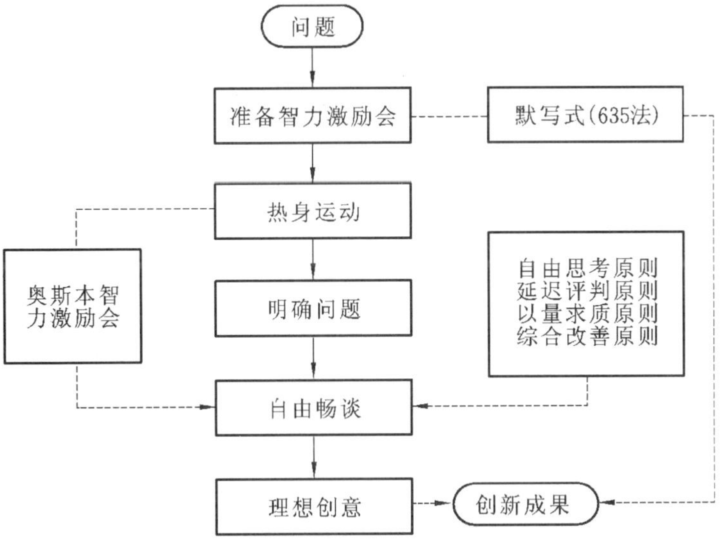

图 1.7 奥斯本智力激励法的流程

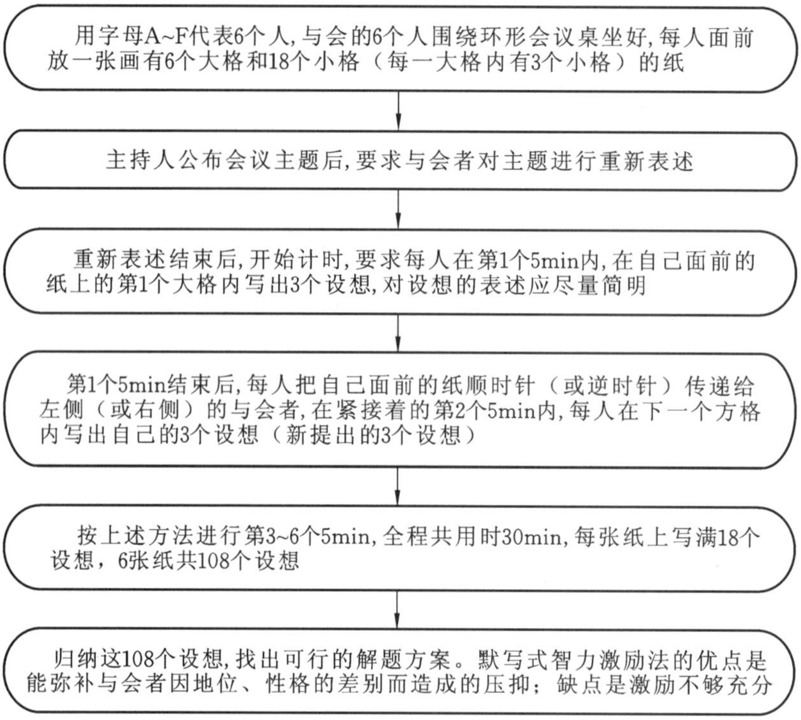

图 1.8　默写式智力激励法的流程

1.2.6.2　形态分析法

形态分析法是美国加州理工学院教授兹威基首创的一种方法。它是根据形态学来分析事物的一种方法,其特点是把研究对象或问题分为一些基本组成部分,然后对某一个基本组成部分单独进行处理,分别提供各种解决问题的办法或方案,最后形成解决整个问题的总方案。通过不同的组合关系得到多个不同的总方案,判断所有总方案中的每一个方案是否可行,必须采用形态学方法进行分析,其流程如图 1.9 所示。

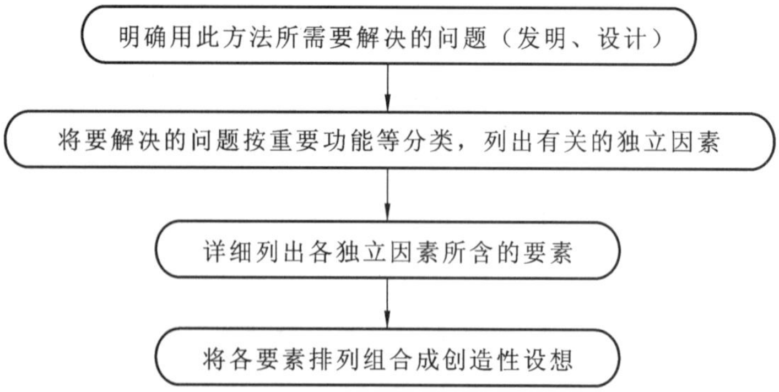

图 1.9　形态分析法的流程

1.2.6.3 思维导图法

思维导图又叫心智图，是表达发散性思维的有效图形思维工具。它运用图文并重的技巧，把各级主题的关系用相互隶属与相关的层级图表现出来，把主题关键词与图像、颜色等建立记忆链接。思维导图充分运用左右脑的机能，利用记忆、阅读、思维的规律，协助人们在科学与艺术、逻辑与想象之间平衡发展，从而开启人类大脑的无限潜能。因此，思维导图具有人类思维的强大功能。思维导图的绘制步骤如图 1.10 所示。

思维导图是有效且高效的思维模式，有利于人脑扩散思维的展开。东尼·博赞（Tony Buzan）因创建了“思维导图”而闻名于国际。思维导图已经在全球范围内得到了广泛应用，新加坡教育部将思维导图列为小学必修科目，我国应用思维导图也已有多年了。目前市场上有不少成熟专业的思维导图软件，如 Visio、MindMaster、BoardMix 等。

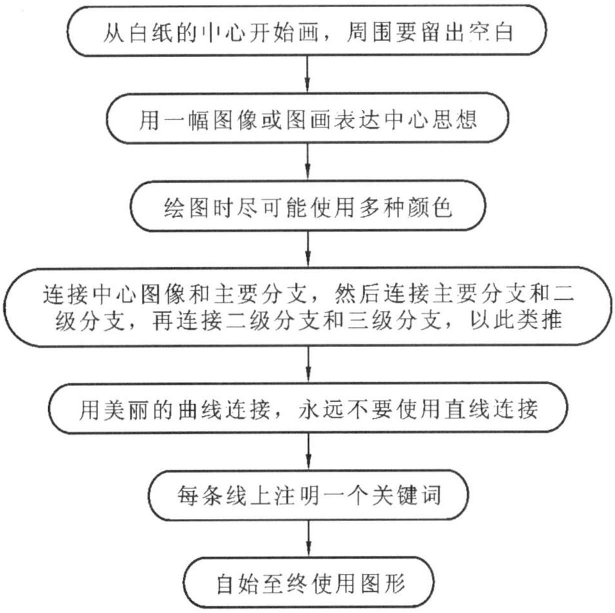

图 1.10 思维导图的绘制步骤

1.2.6.4 思考六帽法

所谓思考六帽法，是指使用六种不同颜色的帽子代表六种不同的思维模式。思考六帽法既是平行思维工具、创新思维工具，又是人际沟通的操作框架，更是提高团队智力的有效方法。任何人都有能力使用以下六种基本思维模式：白色是中立而客观的，白色思考帽表示人们关注的是客观事实和数据；绿色代表茵茵芳草，象征勃勃生机，绿色思考帽寓意创造力和想象力；黄色代表价值与肯定，黄色思考帽表示人们从正面考虑问题，表达乐观的、满怀希望的、建设性的观点；黑色思考帽表示人们可以通过否定、怀疑、质疑，合乎逻辑地进行批判，尽情发表负面的意见，找出逻辑上的错误；红色是情感的色彩，红色思考帽可以表达自己的情绪，还可以表达直觉、感受、预感等；蓝色思考帽负责控制和调节思维过程，负责控制各种思考帽的使用顺序，它规划和管理整个思考过程，并负责得出结论。思考六帽法的具体内容如图 1.11 所示。除此之外，还有 KJ 法、NM 法、信息交合法等。

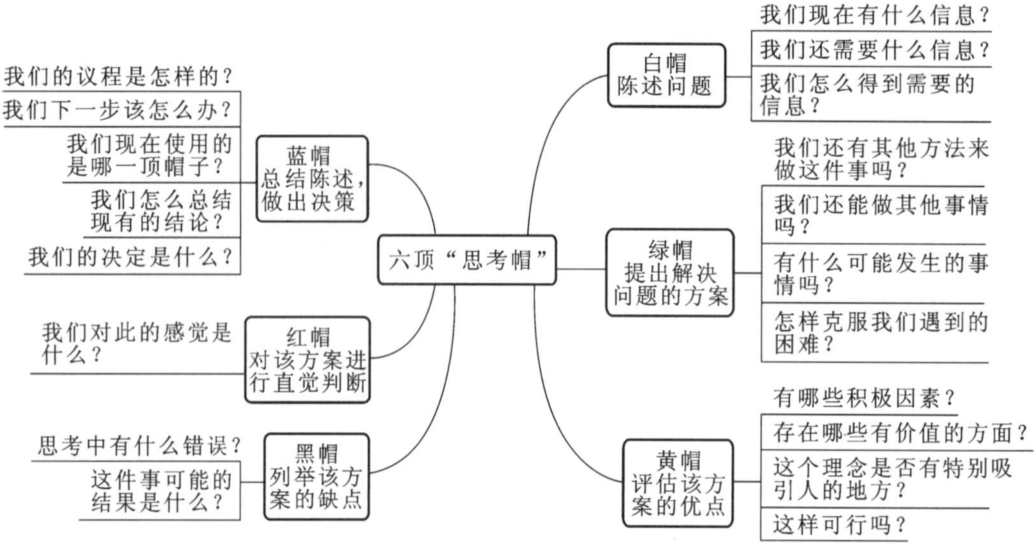

图 1.11　思考六帽法的具体内容

1.2.6.5　TRIZ 理论

将“发明问题解决理论”的俄文译成拉丁文为 Teoriya Resheniya Izobreatatelskikh Zadatch，其缩写为 TRIZ，英文发音为/tri：z/。通常将 TRIZ 英译成 TIPS（Theory of Inventive Problem Solving），汉语译作“萃智”，在我国更常见的是直接读其英文发音。

最早的 TRIZ 理论还要追溯到 20 世纪 40 年代。当时，年轻的阿奇舒勒担任苏联海军专利调查员，因为工作的需要，在阅读了大量专利文本之后，他敏锐地注意到在这些貌似孤立的专利中存在一些解决问题的通用模式，即每个具有创意的专利基本上都是在解决矛盾，解决这些矛盾的基本原理被一再使用，而且往往是在数年之后。阿奇舒勒据此推论，解决发明问题的过程中所寻求的科学原理和法则是客观存在的，大量发明面临的基本问题和矛盾也是相同的，同样的技术创新原理和相应的问题解决方案，会在后来的一次次发明中被重复应用，只是应用的技术领域不同而已。因此，将那些已有的知识进行提炼和重组，形成一套系统化的理论，就可以用来指导后来者的发明创新。如果后来的发明者能够拥有早期解决方案的知识，那么他们的发明创新工作将会更为容易。阿奇舒勒在当时的笔记中记录下他的设想：“一旦我们对大量好的专利进行分析，提取它们的问题解决模式，人们就能够学习这些模式，从而获得创造性解决问题的能力。”

TRIZ 理论提出，解决某个创新问题的困难程度，取决于对该问题描述的标准化程度，这也是 TRIZ 各基本工具将特殊问题转化为标准问题的指导思想。然而，如果一个创新问题过于复杂，难以简单地运用矛盾分析或者物-场模型的构建来进行标准化时，又该如何处理？而这类复杂的问题恰恰是日常实践中会大量出现的。为了解决这类问题，阿奇舒勒开发了发明问题解决算法（Algorithm for Inventive—Problem Solving，ARIZ），该算法整合了上述提到的 TRIZ 中的许多概念和方法，通过系统的、逻辑化的思维方式，层层深入，抽丝剥茧，将非标准问题转化、拆解，处理成标准问题，然后应用标准解法来获得解决方案。

进入 21 世纪后，TRIZ 理论在世界各国的研究和推广，大体沿着以下几个方向发展：

方向一，TRIZ 理论自身的发展完善。以色列的 TRIZ 专家 Filkovsky 认为，对 TRIZ 庞大的理论体系的简化和整合势在必行。他以 TRIZ 理论中经典的"小人法"为出发点，提出了 TRIZ 的简化模型——系统化创新思想（Systematic Inventive Thinking，SIT）。1995 年，Sickafus 博士将 SIT 思想应用到福特公司，并据此建立了一套专用于企业内部培训的方法体系，称为统一结构化创新思维（Unified Structured Inventive Thinking，USIT），该方法致力于短期内（3～7 天）使被培训者掌握系统化的解决创新问题的流程，从而更加有利于其大规模的传授、推广。

方向二，TRIZ 与其他先进设计方法的融合。美国和日本在该领域占有主导地位。自 20 世纪 90 年代中期以来，美国供应商协会一直致力于 TRIZ 理论与六西格玛（6σ）、质量功能展开、田口方法（Taguchi Method）等现代管理方法的整合提升，从而改进产品设计与生产的哲学理念，推进现代化制造业的本质提升。

方向三，以 TRIZ 理论为基础之一的计算机辅助创新（Computer Aided Innovation，CAI）是现今新产品开发中的一项关键技术。当下的产品开发与设计愈发复杂，单凭人脑已经无法搜集并分析海量的专利方案及设计信息，而计算机辅助创新技术能够极大地提高创新设计人员的工作效率和效果，将知识转化为有组织的、可搜索的、可共享的形式。因此，各国都致力于 CAI 的研究和相应软件的开发，目前较为成熟的创新方法软件有美国 Invention Machine 公司的 Goldfire Innovator、美国 Ideation International 公司的 Innovation Work Bench（IWB）、美国 IWINT 公司的 Pro/Innovator（中国的亿维讯公司被授权使用该平台）、比利时 CREAX 公司的 CREAX Innovation Suite 以及乌克兰 GmbH & Co.KG 公司的 TriSolver 等。我国商品化的 CAI 软件有河北工业大学 TRIZ 研究中心研发的 Invention Tool 软件，同时浙江大学工程教育研究所也推出了一款公益 CAI 云软件——创新咖啡厅（www.cafetriz.com）。

方向四，TRIZ 在各行各业中广泛应用，帮助解决实际问题。TRIZ 的应用不局限于化工、医药、机械、电子等工程技术领域，还包括生物科学、社会科学、政府管理等非工程技术领域。如美国的福特、波音、通用汽车、3M，德国的博世、西门子以及韩国的三星电子公司等，都是 TRIZ 理论的受益者。据统计，2003 年，三星电子公司采用 TRIZ 理论指导项目研发而节约相关成本 15 亿美元，同时通过在 67 个研发项目中运用 TRIZ 技术成功申请了 52 项专利。

相对于传统的创新方法，如试错法、头脑风暴法等，TRIZ 理论具有鲜明的特点和优势。TRIZ 理论成功地揭示了创造发明的内在规律和原理，着力于澄清和强调系统中存在的矛盾，而不是逃避矛盾；其目标是完全解决矛盾，获得最终的理想解，而不是采取折中或者妥协的做法，而且它是基于技术的发展演化规律研究整个设计与开发过程，不再是随机的行为。实践证明，运用 TRIZ 理论可大大加快人们创造发明的进程，而且能得到高质量的创新产品。它能够帮助我们系统地分析问题情境，快速发现问题本质或者矛盾，准确确定问题探索方向，突破思维障碍，打破思维定式，以新的视觉分析问题，进行系统思维，根据技术进化规律来预测未来发展趋势，帮助我们开发富有竞争力的新产品。

TRIZ 方法一直被前苏联列为大学专业技术必修科目。苏联解体后，大批 TRIZ 研究者移居美国等西方国家，因此 TRIZ 流传于西方，受到极大重视，TRIZ 的研究与实践得以迅速普及和发展。西欧、北欧、美国、中国台湾等地出现了以 TRIZ 为基础的研究、咨询机构和公司，一些大学将 TRIZ 列为工程设计方法学课程。经过半个多世纪的发展，如今 TRIZ 理论和方法已经成为一套解决新产品开发实际问题的成熟的理论和方法体系，并已在全世界广泛应用。

国际 TRIZ 协会(MATRIZ)成立于 1997 年，由 TRIZ 创始人阿奇舒勒建立，最早是 1989 年在彼得罗扎沃茨克成立的 TRIZ 协会。阿奇舒勒为 MATRIZ 的第一任主席，他建立了协会的结构和基本目标，以及 TRIZ 专家的认证过程。MATRIZ 于 1999 年正式注册。

1987 年，魏相、徐明泽翻译出版了《创造是精密的科学》一书。20 世纪 90 年代，以刘思平为代表的一批学者在黑龙江省开展了创新方法的研究，并在 1998 年出版了包含 TRIZ 理论的《创造方法学》，并将其作为大学生文化素质教育丛书，在黑龙江省高校得以推广。此后，四部委联合发布了《关于加强创新方法工作的若干意见》，在国际先进的创新方法中选择了 TRIZ 作为重点推广的方法，并于 2007 年 8 月批准黑龙江省、四川省和江苏省作为国家推广 TRIZ 试点省，至此，全面启动了 TRIZ 在中国的研究推广工作。2008 年 6 月，黑龙江省在全国率先成立了省级技术创新方法研究会。

与 TRIZ 相关的竞赛为中国 TRIZ 杯大学生创新方法大赛。该大赛是由科学技术部、中国科学技术协会联合主办，由(国家)创新方法研究会、黑龙江省科学技术厅、黑龙江省教育厅、黑龙江省科学技术协会、黑龙江省知识产权局、黑龙江省技术创新方法研究会、哈尔滨工程大学等单位具体承办的一项引导大学生运用 TRIZ 方法进行创新的全国竞赛活动，现已成功举办十余届(前两届为黑龙江省省赛)。

1.2.7 创新、创意、创业与创造

创意、创业、创造等都与创新有关。

(1) 创意

“创意”可以是名词，也可以是动词。作为名词的“创意”是指新巧的构思和创造性的意念，作为动词的“创意”是指从无到有产生新意念的思维过程。创意的本质是建立新关系，并起到桥梁作用。创意可以认为是创新意识的简称。

创意具有突发性、形象性、自由性和不成熟性的特征。创意不能等同于创造性思维的最终产物，因为它是灵感或经验，与新设计方案之间还有思维存在。

创意对创新具有始动功能，由创意起始才能进入更深层的创新过程。创意还有启示功能和延伸功能。

假如没有创意，创新也就不存在了。创新是一项系统工程，企业不仅需要科技创新支撑，也需要观念创新支撑。创意可以为创新提供新观念、新理念、新思维、新方法。

创意产生设想，创造把设想物化为有形的新产品，创业则是利用新产品开创新事业，创效是凭借事业创立更好的绩效，将这些综合在一起就是创新。

（2）创造

“创造”是指能先于他人，见人之所未见，思人之所未思，行人之所未行，从而获得新发现、新发明、新突破。在学术界，大多数人认为“创造”是将两个以上概念或事物按一定方式联系起来，想出新的方法，创建新的理论。

创造的类型很多，我们可以按创造性的大小、创造的内容、创造的过程等标准对其进行分类。根据创造性的大小，创造可分为“首创”和“改进”。根据创造的内容不同，可将其分为物质财富的创造、精神财富的创造和社会组织的创造。按照创造过程的表现形式不同，创造可分为科学研究、技术发明和艺术创作等。

归根结底，人们的创造是为了满足需求。正是因为有了创造性的需求，才会产生动机，并投入一定的资源进行创造。人们经过努力，达到目的，就会感到满足。随着时间的推移以及条件的变化，人们就会产生新的创造性需求，进行新的创造。

（3）创业

创业，在《新华字典》里的定义是“开创事业”。在过去的几十年里，创业引起了各国学者的持续关注，但多数创业研究只专注于创业的某个方面，如创业环境、创业过程、创业资源、创业者特质及创业政策，等等。实际上，创业是一个复杂的社会现象，它涉及多个学科、多个层面，研究的学科包括社会学、管理学、心理学、教育学、人类学和历史学等。创业受到政治、经济、文化等因素的影响，它旨在创造出新颖的产品、服务或实现其潜在价值。创业的本质是一种生活方式，是某个人或团队通过寻求机会、整合资源，创造价值和体现价值的过程。

创业可分为四个主要阶段。第一阶段：机会识别，包括创业设想、市场调研、制定创业方案等。第二阶段：资源整合，包括组建团队、财务融资等。第三阶段：创办企业，包括产品设计和规划、财务制度等。第四阶段：企业成长，包括拓展市场、完善制度、股权融资、企业上市等。

创业还要讲究天时、地利、人和，切入的时间节点非常重要。

创意、创造、创新、创业这四个词与学生、高校、企业、政府的成长紧密联系在一起，它们不仅是社会进步、经济发展的内核，也是个人成长的内核。当今社会，每个人的职业生涯规划和发展，都与这四个词紧密相连，四者之间紧密相连，缺一不可。

创意是创造、创新、创业的基础。人人皆有创意，但并非人人都能够把握。当我们捕捉到那转瞬即逝的灵感，用创造的思维、创新的能力和创业的形式赋予其“有形的翅膀”，就有可能创造奇迹。

创新是创意的飞跃。创意和创新并不仅仅是一字之差，“意”更在于出发点，“新”更注重结果；从需求、产生环境、保障机制、可实现性来说，创新和创意是不同的。第一，创新与创意在思维方式上不同。创意以形象思维为主，以表象为思维要素。创新则是在形象思维的基础上把一系列表象概念化，通过逻辑思维把感性的创意上升为理性的创新。第二，创新与创意在稳定性上不同。创意往往是突发性、突变性、突破性的综合。创新则是概念化、逻辑化的创造方案，具有相对稳定性。第三，创新来源于创意，但高于创意。创意是创新的前提，创新不仅要有理论支持的目标，还要有发明创造过程和产品检验环节。

创新是创造的本质。创造是创新过程中的一个环节，创新的本质在于创造。创造是一个绝对的概念，它在“首创”或“第一”问题上是绝对的，就其成果对社会发展的作用来说具有两面性，既有积极的创造，也有消极的创造。创新则是一个经济学范畴，创新必须有收益，且其成果对社会发展必须是积极正面的。因此，创新比创造更强调效果。

创新是创业的基石。从经济学范畴来讲，创业主要是指为了创建新企业进行的、以创造价值为目的、以创新方法将各种经济要素综合起来，创造新产品或服务，从而获得利润的一种经济活动。创业是把创新成果转化为生产的过程，同时也是创造新价值、开辟新道路的过程。创新可以推动创业持续发展。改革创新是企业活力的源泉，创业者有了较强的创新能力，就会引导企业不断地创新。因此，创新是创业者的成功之道，是企业的生命之源。

本书框架

2 新能源技术

1980 年，联合国在其召开的新能源和可再生能源会议上对新能源的定义是：以新技术和新材料为基础，使传统的可再生能源得到现代化的开发和利用。用取之不尽、周而复始的可再生能源取代资源有限、对环境有污染的化石能源，重点开发太阳能、风能、生物质能、潮汐能、地热能、氢能和核能（原子能）。

一般来说，常规能源是指技术上比较成熟且已被大规模利用的能源，而新能源通常是指尚未大规模利用、正在积极研究开发的能源。因此，煤、石油、天然气以及大中型水电都被看作常规能源，而把太阳能、风能、生物质能、地热能、海洋能以及氢能等作为新能源。

相对于常规能源而言，在不同的历史时期和科技水平情况下，新能源有不同的内容。当下新能源通常是指太阳能、风能、地热能、氢能等。

2.1 能量与能源概述

物理学中能量是表征物理系统做功本领的度量，其单位在国际单位制中是焦耳(J)。能量有多种存在形式。按照物质的不同运动形式，能量可分为核能、机械能、化学能、热能、电能、辐射能、光能、生物能等。

能量转换是能量的重要属性，也是能量利用中最重要的环节，不同形式的能量之间可以通过物理效应或化学反应实现相互转化。任何能量转换过程都必须遵守能量转换和守恒定律，即自然界的一切物质都具有能量；能量既不能被创造，也不能被消灭，只能从一种形式转换成另一种形式，从一个物体传递到另一个物体；在能量转换与传递过程中能量的总量恒定不变。

各种能量形式发生相互转换时虽然总能量守恒，但是“可用能”是不守恒的。热力学第二定律表明，能量不仅有“量的多少”，还有“质的高低”之分：一切实际过程，总是朝着使总的能量品质下降的方向进行的；只有在完全可逆的理想条件下总的能量品质才保持不变；使孤立系统总的能量品质提高的过程是不可能发生的。

能源则是能量的源泉。《能源百科全书》中这样定义：能源是可以直接或经转换提供人类所需的光、热、动力等任一形式能量的载能体资源。确切地说，能源是自然界中能为人类提供某种形式能量的物质资源。

按能源的生成方式或获得方法划分，可分为一次能源和二次能源。一次能源是自然界存在的、可供直接利用的能源，如煤炭、石油、天然气、风能、水能、太阳能等；二次能源是将自然界提供的直接能源加工以后所获得的能源，如焦炭、煤气、电力、蒸气、沼气、酒精、汽油、柴油等，它们使用方便、易于利用，是高品质能源。一次能源又可分为可再生能源和非再生能源。可再生能源是指不需要人工方法再生就能重复取得的能源，如太阳能、风能、水能、生物质能、地热能、潮汐能、波浪能等。非再生能源有两重含义：一重含义是消耗后在短期内不能再生的能源，如煤、油、天然气等；另一重含义是除非用人工方法再生，否则消耗后就不能再生的能源，如原子能。

在“双碳”背景下，如何将煤炭资源高效清洁地转化为化学品，即尽可能少耗能、少耗水、低排放地实现煤炭转化，是当前能源和资源领域面临的重大需求和挑战。

人类的发展离不开能量，而能量来源于各种能源，因此，探索新能源是实现可持续发展的必由之路。

2.1.1 能量的各种形式与转换

在创新实践中，经常需要提取能量或者应用能量，因此，我们需要对能量的各种形式与转换有所了解。

2.1.1.1 能量的各种形式

什么是能量？按照物理学的定义，能量即物体（或系统）对外做功的能力。物体对外界做功 W，则外界的能量增加 W，而物体本身能量则减少 W。这就是能量最重要的特征——能量守恒，即能量既不能被创造也不能被消灭，它只能从一种形式转变为另一种形式。如动能变为势能、电能变为光能、机械能转换为热能、化学能转换为电能等。若用热力学的语言描述，则有热力学第一定律，它是目前除了核能以外的几乎所有能量转变的理论基础。爱因斯坦提出的质能关系式 $e=mc^2$，即为质量和能量的相互转化，从更新的角度阐明了物质不灭定律和能量守恒定律的实质，它是核电站及受控核聚变的理论基础。

能量的概念来源于力学，后来拓展到其他学科，成为人类认识世界的一个极其重要的物理量。能量有各种不同的形式。在热力学中，能量守恒定律转化为热力学第一定律。系统的热力学能就是系统分子热运动的能量，也泛指热能。热能的本质是微观粒子随机热运动的动能，分子运动速度越快，物体的温度越高。绝大多数化石能源的利用，都是先将燃料的化学能转变为热能，然后再转变为其他形式的能量。

在牛顿力学中，平动动能、转动动能和重力势能统称为机械能。可再生能源中的水力能、波浪能、风能即属于上述能量形式。

在微观世界中，能量以不连续的形式放出或被接受，但在宏观世界中，通常察觉不到其不连续性。但是，当原子核发生裂变或聚变时，释放出巨大的能量。1 kg 铀 235 裂变后产生的能量等价于 2500 t 煤燃烧释放的能量，该能量足以产生一次强烈地震，或一次原子弹爆炸。1 kg 的氘、氚聚变释放的能量相当于 10000 t 煤燃烧释放的能量，4 倍于铀裂变释放的能量。太阳能就是一种核聚变能，其中大量的氢原子聚合在一起，形成氦原子，以光辐射形式释放出巨大的能量。

在化学反应中，涉及的能量包括化学键能、热能与光能等。当燃料燃烧时，内部的化学键能转变为分子热运动的热能和光能。无论是吸热反应或是放热反应，由于原子需重新组合，就必须先由外界提供能量（如热能或光能），使连接原子之间的化学键断开，此能量即活化能，然后原子重新组合，释放出多余的化学能。干电池和蓄电池都是利用了化学能。

在生物化学中，涉及的能量过程包括：①光合作用。植物利用阳光将空气中的水和二氧化碳转变为葡萄糖和氧气。粮食、煤、石油中所含的能量都来自太阳的光合作用。②无氧发酵。如利用微生物将碳水化合物转变为醇，此即酿酒过程。③酶催化或消化作用。动物和人类要维持生存，都要利用这一过程从食物中摄取能量。此时，能量以葡萄糖的形式储存在体内，呼吸时其与氧气作用，产生水和二氧化碳并释放出来。

因此，能量是能够以多种形式存在的。可以简单地把能量分为两类：与运动相联系的能量称为动能；与物体的相对位置或内部结构有关的能量统称为势能。目前人类使用的能源可以认为全都来自以下若干类型的势能：

(1) 重力势能　由距离地球表面的垂直高度决定。水力能即利用水的位差产生的重力势能。

(2) 弹性势能　可储存在弹性物体内部。

(3) 温度差能　即热量储存在海水和空气的温度差中。风能可以认为是来自空气的温差。

(4) 化学势能(化学键能)　该能量在化学反应中释放出来(分子重新组合)，如煤、石油、天然气等化石能源。

(5) 电磁能　带电体或导磁体在电磁场中所具有的电磁能量。如电容器、超导线圈等都可以储存大量的电磁能。电磁能也可通过辐射的形式放出。

(6) 原子能　是指由于原子核内部粒子间的相互作用而储存在原子核内部的能量。当原子发生某种重新组合时原子能即被释放出来。此能量非常巨大，当其发生不可控的连锁反应时，则为原子弹或氢弹爆炸。人类和平地利用原子能的目的是实现可控的核裂变和核聚变。太阳其实就是一座天然的核聚变反应堆，氢同位素经核聚变放出能量，产物为水，因而是最理想的能源。原子核能释放时，以热能、声能或光能的形式放出能量。

不同能量及表达式见表 2.1。

表 2.1　不同能量及表达式

能量	表达式	符号意义
平动动能	$E_k=\frac{1}{2}mv^2$	m—物体的质量； v—物体的平动速度
转动动能	$E_r=\frac{1}{2}I\omega^2$	I—转动惯量； ω—物体的转动角速度
重力势能	$E_p=mgh$	g—重力加速度； h—物体的相对高度
热能、热力学能	$\Delta U=Q-W$	ΔU—系统热力学能的变化； Q—热能； W—做功
电场能	$E_e=\frac{1}{2}CV^2$	C—电容； V—电压
磁场能	$E_m=\frac{1}{2}LI^2$	L—电感； I—电流
核能	$\varepsilon=h\nu$ $E=mC^2$	ε—单个粒子或光子的最小能量；h—普朗克常数；ν—振动频率；m—质量；C—光速

续表2.1

能量	表达式	符号意义
化学键能、热能、光能	化学反应方程式	在化学反应中，首先由外界提供能量（如热能或光能），使连接原子之间的化学键断开，此能量即活化能；然后，原子重新组合，释放出多余的化学能
光合作用	$6H_2O+6CO_2 \longrightarrow C_6H_{12}O_6+6O_2$	植物利用阳光将空气中的水和二氧化碳转化为葡萄糖
无氧发酵		利用微生物将碳水化合物转化为乙醇，此即酿酒过程
酶催化或消化作用		能量以葡萄糖的形式储存在体内，呼吸时与氧气作用，释放出水和二氧化碳

2.1.1.2 能量转换基础

人类的一切生产和生活都离不开能量的消耗、转换和利用。对自然界存在的各种能源，通常需要转换成所需要的形式后再加以利用。能量转换过程中必须遵守的基本规则是能量守恒定律（即热力学第一定律）。但是，单从能量数量上的守恒关系分析，掩盖了不同形式的能量在质量上的差异。例如，不同温度的热能，即使在数量上相等，其利用价值却不相同。因此，还需结合热力学第二定律来分析能量转换和利用过程。

热力学是专门研究能量相互转换过程中所遵循规则的一门学科。它既可以研究各种能量之间的转换关系，也可以研究在各种变化过程中发生的各种能量效应，还可以研究在一定条件下变化是否能自行发生，如果变化能够自行发生，则又将发生到什么程度等。

（1）热力学定律

热力学有三个定律，它们是人类经验的总结，有牢固的实践基础。根据这三个定律可得出许多规律，用以解决诸多问题。

热力学第一定律即能量守恒定律：自然界一切物质都具有能量，能量有各种不同的形式，能够从一种形式转化为另一种形式，从一个物体传递给另一个物体，而在转化和传递中能量的总量不变。热力学第一定律是人类经验的总结，是19世纪三大发现之一。热力学第一定律说明了不同形式的能量在转换时数量上的守恒关系，但是没有区分不同形式的能量在质上的差别。

热力学第二定律则指出能量转换的方向性。热力学第二定律有三种基本表述：①克劳修斯表述——不可能把热从低温物体传到高温物体而不产生其他影响；②开尔文表述——不可能制成一种循环动作的热机，从单一热源取热，使之完全变为功而不引起其他变化；③熵增加原理表述——孤立系统的熵永不自动减少，熵在可逆过程中不变，在不可逆过程中增加。

熵增加原理（又称“熵增定律”）表明在自然过程中，一个孤立系统的总混乱度（即“熵”）不会减小，它指出了不可逆过程的进行方向；同时，更深刻地指出了热力学第二定律是大量分子无规则运动所具有的统计规律。因此，熵增定律只适用于大量分子构成的系统，不适用于单个分子或少量分子构成的系统。

在统计物理学上，热力学第三定律反映了微观运动的量子化。1912 年，能斯特提出：不可能使一个物体冷却到绝对零度。绝对零度(The Absolute Zero)是热力学的最低温度，热力学温标的单位是 K(开尔文)，绝对零度就是 0 K(约为－273.15 ℃或－459.67 ℉)。在此温度下，物体没有动能，但仍然存在势能，此时内能为最小值。然而，绝对零度是无法达到的，只是理论的下限值。现代科学可以使用绝热去磁的方法达到 5×10^{-10} K，但永远达不到 0 K。

物质的温度取决于其内原子、分子等粒子的平均动能。根据麦克斯韦-玻尔兹曼分布，粒子平均动能越高，物质温度就越高。从理论上说，若粒子平均动能降低到量子力学的最低点时，物质即达到绝对零度，不能再低。然而，根据热力学第三定律，绝对零度永远无法达到，只可无限逼近。因为任何空间必然有能量和热量，不断进行相互转换而不消失。所以绝对零度是不存在的，除非该空间自始即无任何能量和热量。在此空间内，所有物质完全没有粒子振动，并且其总体积为零。

(2) 永动机

热力学三大定律分别为能量守恒定律、熵增定律和绝对零度无法到达，人们对热力学定律的认识也是推翻永动机想法的过程。

人们对永动机的尝试一直没有停止过，甚至到现在还有各种各样的永动机设计方案。人们将违反热力学第一定律的永动机称为第一类永动机，以此来区别于后来那些不违反热力学第一定律的其他永动机方案，如第二类永动机。人们承认能量守恒，只是希望永动机的能量由海洋、大气乃至宇宙提供，在这些取之不尽的能源下实现永久运动。第二类永动机的想法最终被热力学第二定律所否定。

永动机的想法最初起源于印度，大约在公元 1200 年，经由伊斯兰教传到西方。欧洲最早的永动机方案是由法国亨内考(Villardde Honnecourt)提供的。亨内考想象有许多小球连接在一个有限位装置的轮子上(常被称为"魔轮")，当小球在右侧时远离轮心，产生较大的力矩；而当小球到达左侧时，连接杆靠近轮缘，产生小的力矩。亨内考以此希望这个轮子可以在不输入额外动力的情况下永不停歇地运动，如图 2.1 所示。

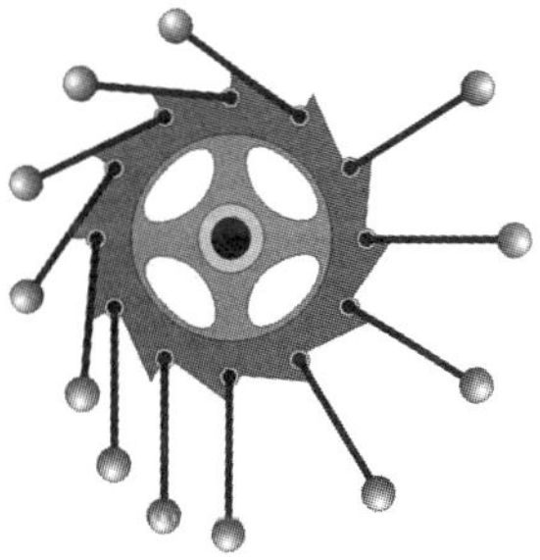

图 2.1 亨内考提出的魔轮概念图

热力学第一定律告诉我们，能量从一种形式转变为另一种形式时，绝对不可能完全转变。

历史上关于第二类永动机的案例较少。19 世纪 70—80 年代英国兽医和发明家加吉(John Gamgee)设计出了第二类永动机的原型机，并成功得到美国海军总工程师和加菲尔德(Garfield)总统的支持。加吉的设想是：给轮船装上一个大容量的液氨容器，然后利用周围空气的热量使液氨气化，气态氨膨胀后推动活塞做功，再让氨气通过与海水接触的冷管道进行冷却，使氨气变为液态的氨。整个循环过程不需要任何外部的燃料，仅依靠大气和海水的热源。

开尔文的表述直接指出了第二类永动机的不可能性。第二类永动机的想法并不违背能量守恒定律，因为它消耗海水的内能。大海是如此广阔，整个海水的温度只要降低一点，就释放出巨大的热量，对于人类来说，海水是取之不尽、用之不竭的能量源泉，因此这类设想中的机器被称为第二类永动机。而从海水吸收热量做功，就是从单一热源吸收热量，使之完全变成有用功，并且不产生其他影响。开尔文指出，这是不可能实现的，也就是第二类永动机是不可能实现的。

19 世纪 90 年代，美国人在亚利桑那州的沙漠里曾进行过一个名为“生物圈 2 号”(Biosphere 2，美国人将地球本身命名为 1 号，如图 2.2 所示)的实验。该项目占地 1.27×10^4 m^2，以地球北回归线和南回归线间的生态系统为样板，设计有热带雨林、热带草原、海洋、沼泽、沙漠等 5 个野生生物群落，以及集约农业区和居住区 2 个人工生物群落。生物圈 2 号被构造成一个全封闭系统，为了避免内部压力变化而破坏玻璃窗板，在生物圈 2 号设计了两个薄膜覆盖的空间，它们可随压力改变体积，被称为生物圈 2 号的“肺”。

1991—1993 年，研究人员在生物圈 2 号进行了两期实验。遗憾的是，他们发现生物圈 2 号的氧气与二氧化碳的大气组成比例无法自行达到平衡；水泥建筑物也会影响到正常的碳循环。此外，物种多样性相对单一，缺少足够分解者作用，多数动植物无法正常生长或繁殖，其灭绝的速度比预期的还要快。经广泛讨论，确认生物圈 2 号实验失败。

生物圈 2 号希望构建一个可永远运动的封闭系统(该系统也被视为在太空构建封闭生物圈的先驱)，该系统可自行循环，是一个转化效率达 100%的“热系统”。有研究者认为，或许生物圈 2 号就是违背了热力学第三定律才会实验失败。

图 2.2　生物圈 2 号

回顾三类永动机的破灭和热力学三大定律，或许可以得出一些关于个人成长的启示：在生活中只有付出才能得到回报，因为根据能量守恒定律，任何不劳而获的想法都是徒劳的。热力学第二定律告诉我们，自然系统的演化具有方向性，无论我们做什么，都会产生永久性的影响。在我们做出某些决定时，一定要加倍小心，因为一旦我们做了相应的事情，就无法回到原状。这实际上也在教导我们，如果我们所做的事是符合社会价值观、对社会和民族有益的事情，它的益处迟早会表现出来；而做相反的事，它的坏处也迟早会影响到我们的生活。热力学第三定律告诉我们，不要指望自己的付出会完全得到回报，事事不尽如人意就是客观规律，要学会与遗憾和平共处。大自然是如此的吝啬，不过不要气馁，不能像生物圈 2 号那样封闭自己。

虽然人类想获得永动机的美好梦想破碎了，但是人类在对永动机的追求过程中，对热的本质逐渐有了更深层次的认识，并且利用这些认识制造出更高效率的机器。在这期间，热机经历了从蒸汽机、蒸汽轮机到内燃机、喷气发动机、火箭发动机的发展过程。

简单来说，热机就是指利用内能做功的机械，是能够将燃料的化学能转化为内能然后再转化成机械能的动力机械的一类，常见的有蒸汽机、汽轮机、喷气发动机等。传统的热机通常是以气体为传递能量的媒介物质，利用其受热膨胀对外做功。经典热机在热力学的建立和发展过程中是一个很重要的模型，正是对热机模型不断地改进和完善，才使得经典热力学得以快速建立。卡诺循环、奥拓循环、布雷顿循环等都是经典热机模型中的一种，其中最基础的便是卡诺循环热机。卡诺循环包括四个步骤：等温膨胀、绝热膨胀、等温压缩、绝热压缩。卡诺效率证明了在卡诺循环热机中，最大效率只与两热源的温度有关，两热源温差越大，卡诺循环热机的最大效率越大。卡诺效率是热力学中最基础的一个结论，逆卡诺循环则是空调制冷的热力学理论基础。

虽然不消耗任何能量，却可以源源不断地对外做功的第一类永动机没有制造出来；从单一热源吸收的热量可以全部用来做功，而不引起其他变化的第二类永动机的设想也没有实现，但是人们在不断探索的过程中，对热的本质的认识更加深入，并促使热力学这门学科高速发展。人类就是在这样的过程中不断达到新的高度。

现在的科学技术在不断地发展进步，工业技术也在快速发展，人们已经能够将一些设备和系统的尺度加工到纳米量级了，并且在实验上也能够逐步地操纵一些原子尺寸量级的系统。这使得真正地实现量子热机成为可能。量子热机属于一门交叉学科的课题，包含热力学、量子理论以及控制理论等多门学科。

2.1.1.3 能量转化设备

动力机械是主要的能量转化设备。动力机械是将自然界中的能量转换为机械能而做功的机械装置，可以分为风力机械、水力机械和热力发动机三大类。

风力机械有风帆、风车(风力机)、风磨等。水力机械有水车、水磨、水轮机等。热力发动机包括蒸汽机、汽轮机、内燃机(汽油机、柴油机、煤气机等)、热气机、燃气轮机、喷气发动机等。在工业、农业、交通、采矿、兵工等部门，内燃机的应用最为广泛。船舶、机车、汽车、物料搬运机械、土方机械、坦克、排灌机械、小型发电装置等都是以内燃机为动力的。

① 蒸汽机是把蒸汽中的热能转化为机械能的热力装置。由于其工作效率过低，除在少数国家仍用于机车外，已基本被淘汰。

② 煤气机以煤气、天然气和其他可燃气体为燃料，有采用电点火的，也有喷入少量柴油压燃引火的。由于受到气体燃料来源的限制，加上煤气机本身体积大、携带困难等，它的应用远不及汽油机、柴油机广泛。煤气机大多应用于固定式动力装置，但也有将气体燃料装囊或液化装瓶以用于运输车辆的，但因使用不便而未能推广。

③ 柴油机以柴油为燃料，利用压缩热自燃，转速一般在每分钟百余转至五六千转，功率为几千瓦至数万千瓦。柴油机广泛用作汽车、拖拉机、坦克、船舶、军舰、机车、发电机组、物料搬运机械、土方机械等的动力。

④ 汽油机是以汽油为燃料，采用电点火，转速一般在 3000～6000 rad/min，甚至高达 10000 rad/min，功率为几百瓦至几百千瓦。汽油机被广泛用作采茶机、割草机、机锄、喷药机、割灌机、机锯等的动力，以及摩托车、汽车、小艇的动力。

⑤ 热气机也称斯特林发动机，是以空气、氢和氦等作为工质，按闭式热力循环，进行周

期性的压缩和膨胀而做功的热力发动机。热气机是外燃机，可以采用多种燃料，同时还具有噪声低、振动小和排污较少等优点，主要缺点是散热器大、密封困难、成本较高。

⑥ 燃气轮机是以燃料燃烧产生的燃气直接推动涡轮做功的装置。其转速可高达数万转每分钟，效率也较高。燃气轮机分为开式循环和闭式循环两种，多用作发电机组及船舶、机车和飞机的动力。

⑦ 喷气发动机是利用燃料燃烧产生的气体在排出过程中所产生的反作用力做功的热力发动机，主要用于航空和航天。喷气发动机可以分为两大类，即空气喷气发动机和火箭喷气发动机。从外界吸入空气作为工质，以空气中所含的氧作为氧化剂的喷气发动机称为空气喷气发动机。空气喷气发动机又可分为无压气机空气喷气发动机和有压气机空气喷气发动机两种。现代航空中运用得最广的燃气轮喷气发动机就属于后一种。燃料和氧化剂都由发动机或飞行器本身携带的喷气发动机称为火箭喷气发动机，或简称火箭发动机。按所用燃料不同，火箭发动机又分固体燃料火箭发动机和液体燃料火箭发动机两种，它们主要用作兵器和航天飞机的动力。

⑧ 压缩机是一种压缩气体以提高气体压力或输送气体的机器，属于动力机械。根据所压缩的气体不同，压缩机可分为空气压缩机、氧气压缩机、氨压缩机、煤气压缩机等。空气压缩机也被称为压气机或压风机。压缩机是我们制冷机组的四大部件之一，非常重要。

当然，能量转换设备的类型非常多，除上面介绍的动力机械外，还有锅炉、照明灯具等。

2.1.2 能源的分类

在能源的获取、开发、利用等过程中，可根据其形成条件、使用性能、利用状况、性质以及对环境的影响等进行分类。

(1) 根据能源开发与成因分类

按照成因，可将能源分为一次能源与二次能源，也可分为天然能源与人工能源。通常将以现成的形式存在于自然界中(没有经历任何转换过程)的能源称为一次能源，如天然气、原油、煤、太阳能等。而将需要依靠其他能源来制备、转换或产生的能源称为二次能源，如煤气、汽油、天然气、蒸汽及各种石油制品等。大部分一次能源需要转换成容易输送、分配和使用的二次能源，以适应人类的需要。二次能源经过输送和分配，在各种设备中使用，因此也常称为终端能源。终端能源最后会变成有效能。

(2) 根据能源来源分类

按来源方式可将能源分为三类，见表 2.2。

① 第一类能源来自地球以外。人类现在使用的地球以外的能量主要是太阳的辐射能，同时还大量间接地使用太阳能。目前使用得最多的煤、石油、天然气等化石资源。此外，生物质能、水能、风能、海洋能、雷电等也都是由太阳能经过某些方式转换而形成的。

② 第二类能源来自地球内部。这类能源主要指地热能资源及原子能燃料，此外还包括地震、火山喷发和温泉等自然呈现出的能量。地球上的核裂变燃料(铀、钍)和核聚变燃料(氘、氚)是原子能的储存体，这些核燃料足够人类使用上亿年。

③ 第三类能源来自地球与其他天体的作用。这类能源主要是指地球、太阳、月球等天体间有规律地运动而形成的潮汐能。地球是太阳系的八大行星之一，月球是地球的卫星，由

于太阳系其他七颗行星或距地球较远，或质量相对较小，因此只有太阳和月亮对地球有较大的引力作用，导致地球上出现了潮汐现象。潮汐能蕴藏着极大的势能，潮差常高达十几米，非常壮观，是雄厚的发电原动力。

表 2.2 能源按来源方式分类

	可再生能源	不可再生能源
第一类能源 （直接或间接来自太阳辐射）	太阳能、风能、水力能、海浪能、海流能、海水温差能、生物质能	煤、石油、天然气、油页岩、可燃冰
第二类能源 （地球内部带来的能量）	地热能、火山、地藏、海啸	核燃料（铀、钍、钚、氘等）
第三类能源 （地球-天体相互作用能）	潮汐能	

（3）根据可再生性分类

在自然界中可以不断再生并有规律地得到补充的能源称为可再生能源，如太阳能和由太阳能转换而成的水能、风能、生物质能等。可再生能源为非耗竭型能源，这种能源不会随其本身的转化或人类的利用而日益减少，它们可以源源不断地从自然界中得到补充。经过亿万年形成的、短期内无法恢复的能源称为非再生能源，如煤炭、石油、天然气、核燃料等，随着大规模的开采利用，其储量会越来越少，最后枯竭。

（4）根据利用技术状况分类

根据利用技术状况不同，可将能源划分为常规能源和新能源。常规能源是指目前人类已经成熟地使用了多年并得到比较广泛应用的能源，如石油、煤、天然气等。它们的工业化程度都相当高，在能耗总量中占据绝对优势和份额。新能源是指人类最近正在研究开发的能源，或刚开始推广利用的能源，是有一定利用量但工艺化技术不够成熟、工业化生产与利用程度有限的能源。核能曾经属于新能源，但随着其广泛开发和利用，现被归纳为常规能源。

（5）根据性质分类

从能源性质来看，能源又可分为燃料能源和非燃料能源。属于燃料能源的有矿物燃料（煤炭、石油和天然气）、生物燃料（沼气、有机废物等）、化工燃料（甲醇、酒精、丙烷以及可燃原料铝、镁等）和核燃料（铀、钍、氘等）共四类。非燃料能源多数具有机械能，如水能、风能等，有的还具有热能（如地热能、海洋热能等）和光能（如太阳能、激光等）。

（6）根据对环境的影响分类

根据使用能源时其对环境造成的污染大小，可分为清洁能源和非清洁能源。无污染或污染小的能源称为清洁能源，如太阳能、水能、氢能等。对环境污染较大的能源称为非清洁能源，如煤炭、油页岩等。石油的污染比煤炭的小一些，但也会产生氧化氮、氧化硫等有害物质，所以清洁能源与非清洁能源的划分也是相对而言的。

能源的分类见表 2.3。能量的各种形式以及从来源到终端用户的转换关系如图 2.3 所示。

表 2.3 一次能源、二次能源、可再生能源、不可再生能源分类

一次能源	可再生能源	太阳辐射、生物质、风、流水、海浪、潮汐、海流、海水温差、地热水、地热蒸汽、热岩层
	不可再生能源	化石燃料(煤、石油、天然气、油页岩、可燃冰)、核燃料(铀、钍、钚、氘等)
二次能源	电能、氢能、汽油、煤油、柴油、火药、酒精、甲醇、丙烷、苯胺、焦炭、硝化棉、硝化甘油等	

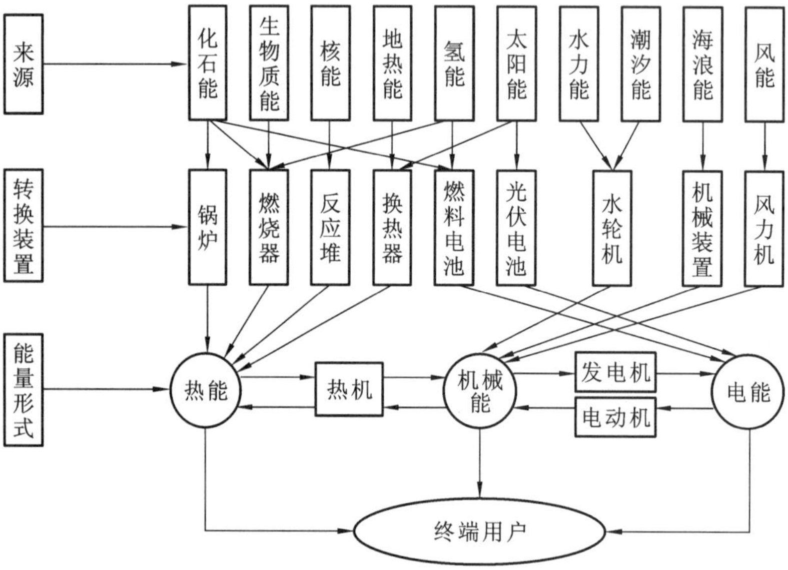

图 2.3 能量的转换关系

2.1.3 能源品质

能源的种类很多,各有特点,若从开发、利用的角度考虑,可从以下几个方面对其进行评估。

(1) 能流密度

能流密度是指在单位空间或单位面积内从某种能源实际所取得的能量或功率。显然,如果能流密度很小就很难作为主力能源。能流密度越大,越受用户欢迎。按照目前的技术水平,风能和太阳能的能流密度较小,只有 1000 W/m^2 左右,各种常规能源的能流密度比较大,1 kg 标准煤发热量为 29307 kJ,而 1 kg 石油发热量为 41860 kJ。核燃料的能流密度很大,1 kg 铀 235 核裂变时释放出 68660 GJ 的热量,但是,铀资源也是需要开采的,并不是长期能无限得到和使用的。

(2) 储量

储量显然是一个必要条件,储量少就没有开发、利用价值。我国煤炭、水力资源丰富,其他常规能源和新能源资源也较丰富,有些正在勘探中的能源,其发展前景很好。与储量有关的评价还应该考虑可再生性和地理分布情况。太阳能、水力、地热等是可再生能源,矿物燃

料和核燃料不可再生。能源的地理分布与其使用有很大关系，例如，我国煤炭资源地偏西北，而水力资源地偏西南，这也会对它们的利用产生影响。我国目前的西气东输工程正是由于天然气储量分布不均匀而执行的国家工程。

(3) 环境污染

环境污染的主要来源是能耗设备，随着能耗增加，产生的污染会越来越多。随着人们的环保意识增强，对环境的重视会进一步加强，对排污指标的限制也会更严格。例如，应十分重视核能利用时的危险性，应用时一定要采取相应的安全措施；燃煤造成的环境污染十分严重，目前已证明燃煤污染是中国雾霾天气形成的主要原因，应对燃煤排放物采取一定的净化处理措施；水力也有其独特的“污染”，如对生态平衡、土地盐碱化、灌溉与航运等的影响，也需加以考量。大型水电站对环境和生态有较大影响，因此在多数可再生能源资料中仅将小型水电纳入其中；太阳能、风能等则基本上是没有污染的能源，但这些能源的使用设备在加工、运输及安装过程中产生能耗，从而对环境产生间接污染。如光伏电池在生成过程中对环境亦有影响，而一些大型风电场对周围的生物生存(如植被、鸟类)也有所影响。

2011 年 3 月，日本东海岸发生了 9 级大地震，引发了一场大海啸，致使福岛第一核电站 3 个反应堆发生熔毁、放射性物质外泄，是人类历史上最严重的核灾难之一。事故发生后，因为要冷却反应堆的堆芯，不得不持续注入大量的水，加上渗入反应堆的地下水及雨水等，生成了大量核污水。到现在为止，福岛核电站每天仍然要产生 140 t 的污水。2023 年 5 月，日本福岛附近海域捕获的石斑鱼、黑鲉等先后被检测出辐射水平超标，有些海鱼体内被检测出放射性元素超标 180 倍。如果长期且大量食用放射性污染海产品，对于孕妇，可致胎儿畸形；对于正处发育阶段的儿童和青少年，可导致发育畸形；对于成人，可引起造血系统、内分泌系统、神经系统等损伤。

(4) 能量储存和连续供给

无论是工业、农业还是人们的日常生活，对能量的需求都存在着高峰、低谷、间歇等规律。这就要求所使用的能源在不需要时能够储存起来，需用时能立即输出。在这方面，太阳能、风能等能源目前还难以实现，而各种矿物燃料和核燃料等则较易实现。因此，储能技术也是目前的科研难点和热点方向。

(5) 成本

成本主要包括能源获取与设备价格等费用。太阳能、风能等能源在获取时不用花费任何燃料成本。各种矿物燃料与核燃料，从勘测、开采到加工、运输等都需要人力和物力的投入。太阳能、风能、海洋能等发电设备虽然运行费用低，但初期投资大，资金回收慢，开采与利用的成本与能源转化和利用的技术难度较大。随着技术的发展、政策的倾斜、污染代价的计入，对于需要能源规模不是太大的场合，太阳能、风能发电的初期投资相对成本正在不断降低。从目前形势来看，政策激励和主导是促进可再生能源应用的重要影响因素。

(6) 运输与损耗

太阳能、风能、地热能等是过程性能源，不能运输，而石油、天然气则较容易从产地输送到用户。煤炭长距离运输经济性会下降，且存在运输损耗。水力发电站如果远离用户，则远距离输电损失也不小。相应地，推进分布式能源系统是应对能源供应紧张、降低输配电损耗、减少温室气体排放的重要方式。

(7) 品位

能量可以相互转换,但转换的效率有所差异。如热能转换为机械能时,只有其中一部分转换为机械能,其余部分则以热的形式传递给另一温度较低的物体,而机械能却可以全部转换为热能。由此可见,机械能和热能是不等价的。与机械能等价的能量形态有电能、水力能等,如果没有摩擦阻力,它们之间可以完全相互转换。

此外,处于不同状态的载能物质,能的"品位"也不相同。例如,在热机循环中,热源温度越高,冷源温度越低,则循环热效率就越高,即热量可以转化为机械功的部分越大。相同数量的热能,温度不同,可以转化为功的数量也不同。显然,温度高的热能,其转化为机械能的数量多,品位就高;温度低的热能,转化为机械能的数量少,品位就低;与环境温度相同的热能,品位最低,做功能力等于零。在实际生活中,我们常把周围的空气、河水、污水,或者工业废热等称为低品位能源,然后开发设备,从中获取能量。

能源的品位高低是相对的。我们把能够得到较高热源温度的能源称为高品位能源,反之则称为低品位能源,因此,能够直接转换成机械能和电能的能源(如水力),品位要比必须先经过热转换的能源(如矿物燃料)高一些,在使用时应当合理安排好不同品位能源的应用,以便用得其所。机械能是一切形态能量中品位最高的一种,而且是人类生产和生活中最常使用的,所以常以机械能为标准,用转化为机械能的程度来衡量其他形态能量品位的高低。

当然,从以上几个方面评价能源的品质时,应以动态的观点来衡量。随着科学技术的进步和应用的发展,能源产生的污染、储存与连续供能、成本、运输和损耗、能源品位等各项指标都可能发生变化,因此评价结果随之发生改变。

能源在经济发展和社会进步中扮演着极其重要的角色。人们的日常生活和社会生产都离不开能源,以直接或间接的方式从某些自然资源中获取能量。人们渴望提高生活水平,不断为改善生活、提高社会福利而奋斗。而生活水平的高低与能量消耗成正比,与人口数量成反比。所以,能量的生产和消耗与整个国民经济及人民生活水平密切相关,几乎可以用每人每年的能源消耗量作为衡量一个国家文明进步的尺度。各种能源其单位含能量不同,为了便于对各种能源的含能量进行计算、对比和分析,必须将其统一折合成某一标准单位。即便是不同的品位,最后可以采取的标准单位一般是标准煤。

2.2 能源储存现状及发展目标

2.2.1 世界能源现状

石油仍然是非洲、欧洲和美洲的主要燃料。天然气则在中东地区占主导地位。煤炭是亚太地区的主要燃料。本节数据主要来源于 2021 年《BP 世界能源统计》公布的图表。

2.2.1.1 石油

在石油储存量统计中,常用的几个概念如下:

石油的探明储量,通常是指通过地质与工程信息以合理的确定性表明,在现有的经济与作业条件下,将来可从已知储藏采出的石油储量。

储量/产量(储产比),即用任何一年年底的剩余储量除以该年度产量,所得出的结果表明在以该年度的生产水平下剩余储量可供开采的年限。

石油组织中,最为知名的是OPEC。1960年9月,伊朗、伊拉克、科威特、沙特阿拉伯和委内瑞拉等国的代表们在巴格达开会,决定联合起来共同抗衡西方石油公司,维护本国石油收入,9月14日,五国宣告成立石油输出国组织(Organization of the Petroleum Exporting Countries,OPEC),简称"欧佩克"。随着成员的增加,欧佩克发展成为亚洲、非洲和拉丁美洲一些主要石油生产国的国际性石油组织。欧佩克总部设在奥地利首都维也纳,旨在通过消除有害的、不必要的价格波动,确保国际石油市场上石油价格的稳定,保证各成员国在任何情况下都能获得稳定的石油收入,并为石油消费国提供足够、经济、长期的石油供应。其宗旨是协调和统一各成员国的石油政策,并确定以最适宜的手段来维护它们各自和共同的利益。OPEC组织拥有全球70.2%的石油储量。石油储量最高的国家是委内瑞拉(占全球储量的17.5%),紧随其后的是沙特阿拉伯(17.2%)和加拿大(9.7%)。BP(British Petroleum)是由前英国石油、阿莫科、阿科和嘉实多等公司整合重组形成的,是世界上最大的石油和石化集团公司之一。

2020年年底,全球石油探明储量较2019年减少了20亿桶,总量为1.732万亿桶。根据2020年的储产比可知,全球石油按现有的生产水平还可以维持50余年。

2020年,全球石油产量出现首次下降,下降幅度达660万桶/d,原因是石油输出国组织成员国和非石油输出国组织成员国的石油产量均有下降。从各国产量来看,俄罗斯(减少100万桶/d)、利比亚(减少92万桶/d)和沙特阿拉伯(减少79万桶/d)均有下降。仅少数几个国家产量有所增长,主要有挪威(增加26万桶/d)和巴西(增加15万桶/d)。

由于新冠疫情的影响,全球石油消费量减少了910万桶/d,降幅9.3%,为2011年以来的最低消费量。美国的石油需求降幅最大(减少230万桶/d),欧盟(减少150万桶/d)和印度(减少48万桶/d)紧随其后。实际上,中国是唯一的石油消费增长国家(增加22万桶/d)。

2.2.1.2 天然气

2020年,全球天然气探明储量减少了2.2万亿立方米,总量为188.1万亿立方米。阿尔及利亚(减少2.1万亿立方米)降幅最大,但部分被加拿大(储量增长0.4万亿立方米)所抵消。俄罗斯、伊朗和卡塔尔是天然气储量丰富的国家,天然气储量分别为37万亿立方米、32万亿立方米和25万亿立方米。根据2020年的全球储产比,全球天然气以现有的生产水平还可以再生产48.8年。中东地区和独联体是储产比最高的地区,分别还可以维持110.4年和70.5年,亚太地区的储产比略高于欧洲和北美洲。

2020年,天然气消费量下降了2.3%,即减少810亿立方米,与2009年金融危机期间的降幅相同。大多数地区天然气消费量均有下降,但中国除外,中国的天然气需求增长了6.9%。相比之下,北美洲和欧洲的天然气需求分别下降了2.6%和2.5%。全球天然气产量下降了1230亿立方米(下降3.3%),其中降幅最大的是俄罗斯(减少410亿立方米)和美国(减少150亿立方米)。

2.2.1.3 煤炭

2020年,全球煤炭储量为10740亿吨,主要集中在以下少数几个国家:美国(23%)、俄罗斯(15%)、澳大利亚(14%)和中国(13%)。其中大部分(70%)煤炭储量为无烟煤和沥青。根据2020年全球储产比可知,全球煤炭还可以现有的生产水平维持139年,其中北美洲(484年)和独联体(367年)是储产比最高的地区。

2020年,全球煤炭消费量下降了4.2%,是6年来第4次下降。非经合组织国家中,煤炭消费量有显著增长的只有中国和马来西亚,分别增长了0.3%和18.7%。印度和印度尼西亚的消费量则极大下降,分别下降了6.0%和4.9%。在美国和韩国的带动下,经合组织国家的煤炭需求急剧下降,降至煤炭系列数据(最早于1965年开始记录)的最低点。全球煤炭产量下降了5.2%,唯一有显著增长的国家是中国(增长了1.2%)。产量降幅最大的国家有美国和印度尼西亚,分别下降了25.2%和9.0%。

2.1.1.4 可再生能源

2020年,可再生能源消费量(包括生物燃料,但不包括水电)增长了2.9艾焦。可再生能源的年增长率低于过去10年的平均水平,但能源方面的绝对增长率大致与过去4年持平,且是2020年所有燃料中增幅最大的。从各国来看,中国是迄今为止可再生能源增长的最大贡献者(1.0艾焦),其次是美国(0.4艾焦),之后分别是日本、英国、印度和德国(均增长了0.1艾焦)。

风能对可再生能源发电量的增长贡献最大(173太瓦时),其次是太阳能(148太瓦时)。过去10年里,太阳能在发电结构中的份额不断增长。目前太阳能占可再生能源发电量的27%,但在总发电量中仅占3.2%。

总的来说,天然气是北美洲、独联体、中东地区和非洲主要的发电燃料。南美洲和中美洲超过一半的电力来自水力发电。亚洲的煤炭发电占发电结构的57%,远高于其他任何地区。在欧洲,可再生能源(包括生物能源)是最大的发电源,占比高达23.8%,超过占比为21.6%的核能。欧洲各类发电源占比相当均衡,其中可再生能源、核能、天然气各占19.6%,水电占16.9%。

2020年,全球人均能源消费量下降了5.5%,跌至71.4吉焦/人。北美洲是人均能源消费量最高的地区(217吉焦/人),其次是独联体(150吉焦/人)和中东地区(140吉焦/人)。非洲是人均能源消费量最低的地区(14吉焦/人)。

2.2.2 我国能源现状

能源是人类文明进步的基础和动力,攸关国计民生和国家安全,关系着人类的生存和发展,促进社会经济发展,对增进人民福祉至关重要。

传统上,我国能源结构呈现富煤、贫油、少气的特点。我国煤炭资源储量丰富,煤种齐全、分布广。根据国家自然资源部统计数据,目前我国煤炭探明可采储量超过2440亿吨,2021年我国原煤产量为40.7亿吨。我国煤炭储藏和生产主要集中在山西、内蒙古、陕西等省、自治区,与现有区域经济布局呈逆向分布,形成了“北煤南运”和“西煤东调”的局面,长距离运输给煤炭生产和分配带来了很大的压力。

石油资源主要分布在东部地区。截至2020年年底,全国有已探明油气田1060个(其中油田771个,天然气田289个),页岩气田7个,煤层气田28个,二氧化碳气田3个。探明石油、天然气、页岩气和煤层气地质累计储量分别为422亿吨、16.88万亿立方米、2万亿立方米和7259.11亿立方米。2021年，我国原油产量为19897.6万吨，同比增长2.4%；我国天然气产量为2052.6亿立方米，同比增长8.2%。也有专家认为应该重新审视我国能源“富煤、贫油、少气”的传统说法，认为我国目前天然气的储量与年产量（2020年为1925亿立方米）已分别位列世界第六位与第四位，不应再说“少气”。此外，较高的储采比为我国天然气产量能以较快速度持续发展提供了资源保障。

能源供应保障能力不断增强。我国已经基本形成了煤、油、气、电、核、新能源和可再生能源多轮驱动的能源生产体系。煤炭仍是保障能源供应的基础能源。可再生能源开发利用规模快速扩大，水电、风电、光伏发电累计装机容量均居世界首位。能源输送能力显著提高。截至2019年年底，我国已建成天然气主干管道超过8.7万千米、石油主干管道5.5万千米、330千伏及以上输电线路30.2万千米。

能源储备体系不断健全。建成9个国家石油储备基地，天然气产供储销体系建设取得初步成效，煤炭生产运输协同保障体系逐步完善，电力安全稳定运行达到世界先进水平，能源综合应急保障能力显著增强。

可再生能源开发利用规模居世界首位。截至2019年年底，中国可再生能源发电总装机容量达7.9亿千瓦，约占全球可再生能源发电总装机的30%。其中，水电、风电、光伏发电、生物质发电装机容量分别达3.56亿千瓦、2.1亿千瓦、2.04亿千瓦、2369万千瓦，均位居世界首位。自2010年以来，我国在新能源发电领域累计投资约8180亿美元，占同期全球新能源发电建设投资的30%。截至2019年年底，太阳能热水器集热面积累计达5亿平方米。浅层和中深层地热能供暖建筑面积超过11亿平方米。风电、光伏发电设备制造形成了完整的产业链，技术水平和制造规模均处于世界前列。2019年，我国多晶硅、光伏电池、光伏组件的产量分别约占全球总产量份额的67%、79%、71%，光伏产品出口到200多个国家及地区，风电整机制造占全球总产量的41%，已成为全球风电设备制造产业链的重要地区。

能源利用效率显著提高。自2012年以来，我国单位国内生产总值能耗累计降低24.4%，相当于减少能源消费12.7亿吨标准煤。2012—2019年，以能源消费年均2.8%的增长率支撑了国民经济年均7%的增长。

能源消费结构向清洁低碳转变。初步核算，2019年，我国煤炭消费占能源消费总量比重为57.7%，比2012年降低了10.8%；天然气、水电、核电、风电等清洁能源消费量占能源消费总量比重为23.4%，比2012年提高了8.9%；非化石能源占能源消费总量比重达15.3%，比2012年提高了5.6%，已提前完成了2020年非化石能源消费目标比重的15%左右。

新能源汽车快速发展。2019年，我国新能源汽车的新增量和保有量分别达120万辆和380万辆，均占全球总量一半以上；截至2024年6月，全国电动汽车充换电基础设施总量达1024.3万台，并建成了全球规模最大的充电网络，有效促进了交通领域能效提高和能源消费结构优化。

2020年，我国的一次能源需求增长2.1%，是为数不多的几个能源需求增长的国家之一。2020年，我国的能源结构持续向绿色能源转型，能源结构中煤炭占比下降。2020年，我国的可再生能源消费增加15%，分别占全球可再生能源需求的25%和全球增长的36%。

在全球天然气消费量降低2.3%的情况下，我国天然气消费量仍增长了6.9%。2020年，我国的核电发电量增加4.7%，与全球3.7%的降幅呈鲜明对比。

在非化石燃料中，其他可再生能源增长得最快（增长16.2%），随后是太阳能（增长15.8%）和风能（增长14%）。我国的风电装机容量增量达到72吉瓦，超过前三年的增量总和。

2020年，我国的碳排放连续4年持续增长，是全球少数几个增加的国家之一。2020年，我国在全球碳排放总量中的份额增加至31%，这也给我国实现“双碳”目标带来了挑战。

2.2.3 战略目标

《巴黎协定》是由全世界178个缔约方共同签署的气候变化协定，是对2020年以后全球应对气候变化的行动做出的统一安排。《巴黎协定》于2015年12月12日在第21届联合国气候变化大会(巴黎气候大会)上通过，于2016年4月22日在美国纽约联合国大厦签署，于2016年11月4日起正式实施。

《巴黎协定》的长期目标是将全球平均气温较工业化时期前的上升幅度控制在2 ℃以内，并努力将温度上升幅度限制在1.5 ℃以内。气候变化不仅会严重破坏生态系统，更会威胁人类的生命安全，是当今人类面临的全球性挑战。

根据荷兰环境评估署(PBL)于2020年发布的数据：自2010年以来，全球温室气体排放总量平均每年增长1.4%，2019年全球温室气体排放量(不包括土地利用变化的排放量)达到524亿吨二氧化碳当量，人均温室气体排放量达到6.8吨二氧化碳当量。2019年，我国温室气体排放量达到140亿吨二氧化碳当量，人均约为9.7吨二氧化碳当量，排放量占全球总排放量的27%，增长约为2.3%，高于全球平均水平。

2020年9月，在第75届联合国大会上我国提出在2030年之前实现“碳达峰”，在2060年之前实现“碳中和”的目标。“碳达峰”是指在碳中和实现的过程中，二氧化碳的排放量在2030年达到峰值，之后不再增长并逐步回落。“碳中和”是指通过使用低碳能源取代化石燃料、植树造林、节能减排、碳捕捉等形式，以抵消自身产生的二氧化碳排放量，排放多少就吸收多少，实现二氧化碳“净零排放”。据研究，当温度升高2 ℃，海平面将上升0.46 m，脊椎动物将消亡16%，昆虫将消亡18%，粮食产量将减少7%。这些将对我们人类健康、生计、粮食安全、水供应等方面产生非常大的影响。

为了积极应对气候变化，我国提出了“碳达峰”“碳中和”目标，一方面是我国实现可持续发展的内在要求，是加强生态文明建设、实现“美丽中国”目标的重要抓手；另一方面也是我国作为负责任大国、履行国际责任、推动构建人类命运共同体的责任担当。能源活动通常是碳排放的主要来源，能源生产和消费活动能产生90%以上的碳排放和75%的温室气体排放。能源活动大部分依靠化石燃料的燃烧及其温室气体的排放，而二氧化碳主要是燃烧化石燃料产生的，为响应国家“碳达峰”“碳中和”目标的号召，减少石油、煤气等化石燃料的燃烧是必不可少的。那么，可以预见未来对新能源需求将不断增加，新能源行业发展势不可挡。

2.3 太 阳 能

太阳能是由太阳内部氢原子发生氢氦聚变释放出巨大核能而产生的，是来自太阳的辐射能量。

人类所需能量的绝大部分都直接或间接地来自太阳。植物通过光合作用吸收二氧化碳、释放氧气，并把太阳能转化成化学能在植物体内贮存下来。煤炭、石油、天然气等化石燃料也是由古代埋在地下的动植物经过漫长的地质年代演变而形成的一次能源。地球本身蕴藏的能量通常是指与地球内部的热能有关的能源和与原子核反应有关的能源。

太阳能是太阳内部连续不断地发生核聚变反应所产生的能量。地球轨道上的平均太阳辐射强度为 1369 W/m^2，地球赤道周长约 40076 km，从而可计算出地球获得的能量可达 173000 TW。在海平面上的太阳辐射标准峰值强度为 1 kW/m^2，地球表面某一点 24 h 的年平均太阳辐射强度为 0.20 kW/m^2，相当于 102000 TW 的能量。

尽管太阳辐射到地球大气层的能量仅为其总辐射能量的二十二亿分之一，但已高达 173000 TW，也就是说，太阳每秒钟照射到地球上的能量就相当于 500 万吨煤，每秒照射到地球上的能量则为 1.465×10^{14} J。地球上的风能、水能、海洋温差能、波浪能和生物质能都来源于太阳；即使是地球上的化石燃料（如煤、石油、天然气等），从根本上说也是远古时期贮存下来的太阳能，所以广义的太阳能所包括的范围非常大。

目前人们直接利用太阳能的方式主要有两种：一是将太阳光能转换成其他物质能，通过光热转换材料把吸收的太阳辐射能直接转换为热能，或者再把热能转换成其他形式的能量加以利用，此过程能量是以热传递的方式发生转移的，称为“光热转换”；二是把太阳能转换为电能，利用光电转换材料把收集到的太阳辐射能直接转换为电能再加以利用，其工作原理主要基于“光伏效应”，亦称“光电转换”。

光热转换方面，以色列物理学家 Harry Z.Tabor 于 20 世纪 50 年代提出太阳光谱选择性吸收膜层的概念，采用光谱选择性吸收膜提高集热器的集热效率、工作温度和系统的性价比，该概念被誉为近代太阳能热转换技术领域的重大突破。此后，世界各国对各种太阳光谱选择性吸收膜展开了大量的深入研究与开发，从理论到制备工艺，形成了完整的学科体系，成为太阳能热利用技术中的一个重要分支。

光电转换方面，主要基于光伏效应，通过太阳能电池把光能转化成电能。当太阳光照射到半导体表面时，其中一部分被表面反射，其余部分被半导体吸收或透过。被吸收的光，有一些转变为热，另一些则产生电子-空穴对，这些电子-空穴对在半导体 P-N 结的作用下分离，最后被收集。已知的制造太阳能电池的半导体材料有十几种，因此太阳能电池的种类也很多。目前，技术最成熟、最具有商业价值的太阳能电池是硅太阳能电池。

2.3.1 太阳

太阳是位于太阳系中心的一颗恒星，其质量为 1.98×10^{30} kg，大约是地球质量的 33 万倍，占整个太阳系物质总质量的 99.86%。太阳直径为 1.39×10^{9} m，体积是地球的 130 万倍，但太阳的密度只有地球密度的 1/4。太阳之所以会燃烧，是因为它的质量极其大。质量大，引力也就特别大，而核聚变发生的条件就是高温高压。在自身重力的作用下，太阳内部的温度和压力极高，温度至少在 1500 万摄氏度，极易发生核聚变。太阳的能量来源是太阳内部的氢氦热核反应，每秒钟向外发射的能量约为 3.74×10^{26} J。

地球的寿命大约为 45.7 亿年，而太阳的寿命大约为 46 亿年。由内向外，太阳由核反应区、辐射层、对流层、光球层、色球层、日冕层构成。光球层之外称为太阳大气。

（1）核反应区

太阳的核心区域虽然很小，为$(0\sim0.25)R$（R 为太阳半径），但却是产生核聚变反应之处，也是太阳的能源所在地，所以称为核反应区。这里的温度高达 1500 万摄氏度，压力相当于 3000 亿个标准大气压。太阳内核密度较高，占整个太阳质量的 40%。太阳随时都在进行热核反应，每秒有质量为 6 亿吨的氢经过热核聚变反应生成 5.96 亿吨的氦，并释放出相当于 400 万吨氢的能量。根据热核聚变的反应速率，太阳中氢的储量足够维持太阳存在 600 亿年。太阳 1 s 辐射出的能量够人类消耗约一年。

（2）辐射层

$(0.25\sim0.86)R$ 范围内是太阳辐射层，这里包含了各种电磁辐射和粒子流。太阳核心产生的能量，通过这个区域以辐射的方式向外传输。

（3）对流层

对流层是辐射层的外侧区域，其厚度为十几万千米。由于这里的温度、压力和密度梯度都很大，太阳气体呈对流的不稳定状态。太阳内部能量就是靠物质的这种对流，由内部向外部传输。除了通过对流和辐射传输能量外，对流层的太阳大气湍流还会产生低频声波扰动，这种声波将机械能传递到太阳外层大气，从而产生加热和其他作用。

（4）光球层

对流层上面的太阳大气称为太阳光球。光球是一层不透明的气体薄层，它确定了太阳的边界，其温度约为 6000 K，厚度约 500 km 。光球内的气体电离程度很高，因而能吸收和发射连续的辐射光谱。光球是太阳的最大辐射源，几乎所有的可见光都是从这一层发射出来的。光球表面常有黑子及光斑活动，这对太阳辐射量及电磁场有强烈的影响，其活动周期约为 11 年。

（5）色球层

色球层位于光球层之外，厚度约 2000 km 。太阳的温度分布从核心向外直到光球层，都是逐渐下降的，但到了色球层，却又上升了，到色球层顶部时已达几万庚。由于色球层发出的可见光总量不及光球的 1%，因此人们平常看不到它。只有在发生日全食时，在光球所发射的明亮光线被月影完全遮掩的短暂时间内，肉眼才能在日转边缘看到太阳呈现出狭窄的玫瑰红色的发光圈层，这就是色球层。平时，科学家们要通过单色光（波长为 656.3 nm ）色球望远镜才能观测到太阳色球层。

色球上最突出的特征是针状物。它们出现在日轮的边缘，像一些小火舌，偶尔喷出一束束的火柱。针状物从产生到消失仅持续 10 min 左右。

（6）日冕

日冕是太阳大气的最外层，从色球边缘向外延伸到几个太阳半径处，甚至更远。日冕可分内冕、中冕和外冕，内冕只延伸到离太阳表面约 1.3 倍太阳半径处；外冕则可达到几个太阳半径，甚至更远。日冕由很稀薄的、完全电离的等离子体组成，其中主要是质子、高度电离的离子和高速运动的自由电子。

日冕温度有100万摄氏度，是太阳表面温度的数百倍。在高温下，氢、氦等原子已经被电离成带正电的质子、氦原子核和带负电的自由电子等。这些带电粒子的运动速度极快，导致不断有带电的粒子挣脱太阳的引力束缚，射向太阳的外围，形成太阳风。

日冕亮度微弱，在白光中的总亮度比太阳圆面亮度的1%还低，约等于满月时的亮度，因此只有在日全食时才能展现其亮度，平时则要使用专门的日冕仪才能观测到。日冕的温度高达几百万摄氏度，其大小和形状与太阳活动有关，在太阳活动极大年时，日冕接近圆形；在太阳活动极小年时，则呈椭圆形。自古以来，观测日冕的传统方法都是等待日全食，此时在黑暗的天空背景上，月面把明亮的太阳光球面遮掩住，而在日面周围呈现出青白色的光区，这就是人们期待观测的太阳最外层大气——日冕。

2018年8月12日15:31，美国“帕克”太阳探测器发射成功，并开始近距离对太阳进行观测，是首项将穿越日冕的太阳观测任务。2019年12月4日，英国《自然》杂志公开四篇天体物理学重要研究成果——“帕克”太阳探测器的原始数据。该探测器超越了太阳的日球层，抵达距太阳约2400万千米处，其搭载的仪器对日冕中的活动进行了观测，为人类理解太阳风的起源和高能粒子物理学提供了依据。2020年1月29日，“帕克”太阳探测器(图2.4)完成了第四次近日飞行。

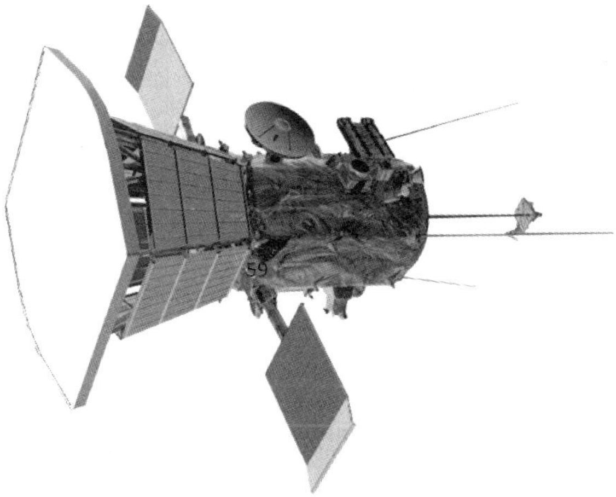

图2.4 “帕克”太阳探测器

2.3.2 太阳辐射

太阳是一个炽热的大火球，它的表面温度可达6000 ℃，以辐射的方式不断地把巨大的能量传送到地球上来，促使万物的生长。

太阳辐射的波长在0.15～4 μm之间。在这段波长范围内，又可分为三个主要区域，即波长较短的紫外光区、波长较长的红外光区和介于二者的可见光区。太阳辐射的能量主要分布在可见光区和红外光区，前者占太阳辐射总量的50%，后者占43%。紫外光区的能量只占太阳辐射能量的7%。在波长为0.48 μm的地方，太阳辐射的能力达到最高值。

根据太阳辐射强度和太阳常数的关系式可知，到达地球大气上界的太阳辐射与太阳高度角的正弦成正比。太阳高度角随纬度和时间而变化，因此，在不同纬度上，不同时间的太阳辐射强度都不同。由于南、北回归线之间地区的太阳高度角较大，而北回归线以北和南回归线以南地区的太阳高度角随纬度增高而减小，所以，到达地球大气上界的太阳辐射沿纬度的分布是不均匀的，低纬度多，随纬度的增高而减少；由于南、北回归线之间地区的太阳高度角在一年中的变化较小，而中、高纬度地区的太阳高度角在一年中的变化较大，因而低纬地区太阳辐射强度的年变化小，中、高纬地区太阳辐射强度的年变化大。根据测定，地球上热带沙漠地区全年平均太阳辐射强度为 210～250 W/m^2，温带地区为 130～210 W/m^2，高纬度寒冷地区为 80～130 W/m^2。

太阳辐射通过大气时，分别受到大气中的水汽、二氧化碳、微尘、氧和臭氧以及云、雾、冰晶、空气的吸收、散射、反射等作用，从而使投射到地球大气上界的太阳辐射不能完全到达地面。

地面上太阳辐射强度可以用太阳辐射计测出。辐射计由黑白相间的金属薄片组成，薄片下面有一组串联的温差热电偶，在阳光照射下，黑色表面几乎吸收全部的太阳辐射，而白色表面则反射可见光与近红外辐射。黑白表面形成的温差与太阳辐射强度成正比。这样，通过测量温差电势的大小，就可以推算出太阳辐射强度。

太阳辐射集中于短波波段，故将太阳辐射称为短波辐射。而地面辐射主要是红外线长波辐射。近地面大气中含有大量的水汽和二氧化碳，其对辐射的吸收具有选择性，对红外线长波辐射吸收强，对短波辐射吸收弱。它们的辐射作用使地球表面变得更温暖，类似于温室截留太阳辐射，并加热温室内空气的作用。这种温室气体使地球变得更温暖的影响称为“温室效应”。水汽（H_2O）、二氧化碳（CO_2）、氧化亚氮（N_2O）、氟利昂、甲烷（CH_4）等是地球大气中主要的温室气体。

2.3.3 太阳资源分布

2.3.3.1 国际太阳能资源分布

根据国际太阳能热利用区域分类，全世界太阳能辐射强度和日照时间最佳的区域包括北非、中东地区、美国西南部、墨西哥、南欧、澳大利亚、南非、南美洲东西海岸和中国西部地区等。

摩洛哥、阿尔及利亚、突尼斯、利比亚和埃及的太阳能热发电潜能很大。阿尔及利亚的太阳年辐照总量为 9720 MJ/m^2，技术开发量每年约 169440 TW·h。摩洛哥的太阳年辐照总量 9360 MJ/m^2，技术开发量每年约 20151 TW·h。埃及的太阳年辐照总量为 10080 MJ/m^2，技术开发量每年约 73656 TW·h。太阳年辐照总量大于 8280 MJ/m^2 的国家还有突尼斯、利比亚等国。阿尔及利亚有 2381.7 km^2 的陆地区域，其沿海地区太阳年辐照总量为 6120 MJ/m^2，高地和撒哈拉地区太阳年辐照总量为 6840～9540 MJ/m^2，总土地面积的 82％适用于太阳能热发电站的建设。

南欧太阳年辐照总量较高的国家有葡萄牙、西班牙、意大利、希腊和土耳其等。西班牙太阳年辐照总量为 8100 MJ/m²,技术开发量每年约 1646 TW·h;意大利太阳年辐照总量为 7200 MJ/m²,技术开发量每年约 88 TW·h;希腊太阳年辐照总量为 6840 MJ/m²,技术开发量每年约 44 TW·h;葡萄牙太阳年辐照总量为 7560 MJ/m²,技术开发量每年约 436 TW·h;土耳其的技术开发量每年约 400 TW·h。西班牙南部地区是最适合建设太阳能热发电站地区之一,该国也是太阳能热发电技术水平最高、太阳能热发电站建设得最多的国家之一。

中东几乎所有地区的太阳能辐射能量都非常高。其中,阿联酋的太阳年辐照总量为 7920 MJ/m²,技术开发量每年约 2708 TW·h;以色列的太阳年辐照总量为 8640 MJ/m²,技术开发量每年约 318 TW·h;伊朗的太阳年辐照总量为 7920 MJ/m²,技术开发量每年约 20 PW·h;约旦的太阳年辐照总量约 9720 MJ/m²,技术开发量每年约 6434 TW·h。以色列的太阳能热利用技术处于世界最高水平之列。我国第一座 70 kW 太阳能塔式热发电站就是利用以色列技术建设的。

美国也是太阳能资源最丰富的地区之一。根据美国 239 个观测站在 1961—1990 年的统计数据可知,该国一类地区太阳年辐照总量为 9198～10512 MJ/m²,其中一类地区包括亚利桑那州和新墨西哥州的全部,加利福尼亚、内华达、犹他、科罗拉多和得克萨斯州的南部,其面积占美国总面积的 9.36%。二类地区太阳年辐照总量为 7884～9198 MJ/m²,除了包括一类地区所列州的其余部分外,还包括犹他、怀俄明、堪萨斯、俄克拉荷马、佛罗里达、佐治亚和南卡罗来纳州等,其面积占美国总面积的 35.67%。三类地区太阳年辐照总量为 6570～7884 MJ/m²,包括美国北部和东部大部分地区,其面积占美国总面积的 41.81%。四类地区太阳年辐照总量为 5256～6570 MJ/m²,包括阿拉斯加州大部分地区,其面积占美国总面积的9.94%。五类地区太阳年辐照总量为 3942～5256 MJ/m²,仅包括阿拉斯加州最北端的少部分地区,其面积占美国总面积的 3.22%。美国的外岛(如夏威夷等)均属于二类地区。美国的西南部地区全年平均温度较高,有一定的水源,冬季并不严寒,虽属丘陵地区,但地势平坦的区域也很多,只要避开大风地区,就是非常好的太阳能热发电地区。

澳大利亚的太阳能资源也很丰富。其一类地区太阳年辐照总量为 7621～8672 MJ/m²,主要位于澳大利亚北部地区,其面积占澳大利亚总面积的 54.18%。二类地区太阳年辐照总量为 6570～7621 MJ/m²,包括澳大利亚中部地区,其面积占澳大利亚总面积的 35.44%。三类地区太阳年辐照总量为 5389～6570 MJ/m²,在澳大利亚南部地区,其面积占澳大利亚总面积的 7.9%。太阳年辐照总量低于 6570 MJ/m² 的四类地区的面积仅占澳大利亚总面积的 2.48%。澳大利亚中部的广大地区人烟稀少、土地荒芜,适合大规模的太阳能开发利用。最近,澳大利亚也提出大规模太阳能开发利用的投资计划,以增加可再生能源的利用率。

2.3.3.2 我国太阳能资源分布

我国太阳能总辐射资源丰富,总体呈“高原大于平原、西部干燥区大于东部湿润区”的分布特点。其中,青藏高原的太阳能资源最为丰富,年总辐射量超过 1800 kWh/m²,部分地区甚至超过 2000 kWh/m²。四川盆地的太阳能资源相对较少,存在低于 1000 kWh/m² 的区域。表 2.4 列举了我国太阳辐射总量等级和区域分布。

表 2.4　我国太阳辐射总量等级和区域分布表

名称	年辐射总量/(MJ/m^2)	年辐照总量/(kWh/m^2)	年平均辐照度/(W/m^2)	占国土面积的比例/%	主要地区
最丰富带	≥6300	≥1750	≥200	约 22.8	内蒙古额济纳旗以西地区、甘肃酒泉以西地区、青海 100°E 以西大部分地区、西藏 94°E 以西大部分地区、新疆东部边缘地区、四川甘孜部分地区
很丰富带	5040～6300	1400～1750	160～200	约 44.0	新疆大部分地区、内蒙古额济纳旗以东大部分地区、黑龙江西部、吉林西部、辽宁西部、河北大部分地区、北京、天津、山东东部、山西大部分地区、陕西北部、宁夏、甘肃酒泉以东大部分地区、青海东部边缘、西藏 94°E 以东地区、四川中西部、云南大部分地区、海南
较丰富带	3780～5040	1050～1400	120～160	约 29.8	内蒙古 50°N 以北地区、黑龙江大部分地区、吉林中东部、辽宁中东部、山东中西部、山西南部、陕西中南部、甘肃东部边缘地区、四川中部、云南东部边缘地区、贵州南部、湖南大部分地区、湖北大部分地区、广西、广东、福建、江西、浙江、安徽、江苏、河南
一般地带	<3780	<1050	<120	约 3.3	四川东部地区、重庆大部分地区、贵州中北部、湖北 110°E 以西地区、湖南西北部

我国太阳能资源十分丰富，其中我国西部和西北地区的太阳能年辐射总量超过 1800 kWh/m^2，全年日照时数达到 3200 h 以上。青藏高原西部和南部，太阳能年辐射总量甚至达到 2000 kWh/m^2 以上，全年日照时间更是高达 3400 h。

2.3.4　关键设备和材料

2.3.4.1　太阳能集热器

太阳能热利用是太阳能利用过程中最简单又比较容易实现的一种方式，目前使用得最为广泛的是各种形式的太阳能集热器。无论采用哪种形式的太阳能集热，都要处理好反射、辐射、吸收三方面的关系。对于太阳能集热器而言，影响其效率的因素有以下几个：①吸热体吸收太阳辐射的能力；②吸热体向外界环境的散热损失；③透明盖板对太阳辐射的透过能力及阻止吸热体向周围环境散热的能力。

太阳能集热器可分为聚光型和非聚光型。

2.3.4.1.1 非聚光型集热器

太阳能热水系统中所使用的集热器主要包括平板型和真空管型两类。真空管太阳能集热器又可分为全玻璃真空管太阳能集热器和热管真空管太阳能集热器。

(1) 平板太阳能集热器

平板太阳能集热器是一种吸收太阳辐射能并向工质传递热量的装置,它是一种特殊的热交换器,集热器中的工质与远距离的太阳进行热交换。平板太阳能集热器是由吸热板芯、壳体、透明盖板、保温材料及有关零部件组成。平板太阳能集热器接循环管道、保温水箱后,即可通过吸收太阳辐射能使水温升高。

平板太阳能集热器的基本工作原理十分简单,即阳光透过透明盖板照射到表面涂有吸收层的吸热体上,其中大部分太阳辐射能被吸收体所吸收,转变为热能,并传向流体通道中的工质。这样,从集热器底部入口的冷工质,在流体通道中被太阳能所加热,温度逐渐升高,加热后的热工质带着热能从集热器的上端出口蓄入贮水箱中待用,即为有用能量收益。与此同时,由于吸热体温度升高,通过透明盖板和外壳向环境散失热量,构成平板太阳能集热器的热损失。

平板太阳能集热器是太阳能热利用的常用部件,应用范围包括生产生活热水、工业热水、建筑供暖空调及泳池加热等方面。图 2.5 所示为平板太阳能集热器的结构示意图,主要部件包括透明盖板、吸热板、传热介质、隔热体及壳体。

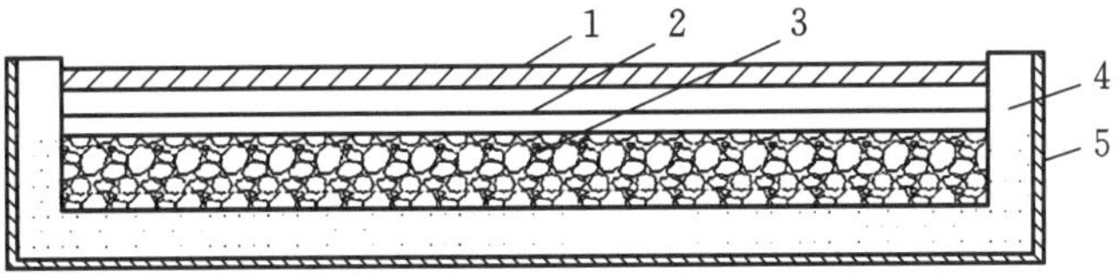

图 2.5 平板太阳能集热器结构示意图

1—透明盖板;2—吸热板;3—传热介质;4—隔热体;5—壳体

(2) 全玻璃真空管太阳能集热器

随着太阳能利用的不断发展,平板集热器在集热温度、高温效率、年平均效率等方面已不能满足某些装置的需要。全玻璃真空管太阳能集热器是由内、中、外三根同心圆玻璃管构成的,具有高吸收率和低发射率。

玻璃真空集热管的外管与中管之间的夹层需抽真空,并在中管外壁选择性加涂吸收涂层。集热器上下分别由十根玻璃真空集热管组成。各集热管与集热器中间的联箱连接,联箱中间处各插入一根细管,使集热器上下连接处均用橡胶密封圈密封。联箱为左右连通,从而组成介质的回路。

(3) 热管真空管太阳能集热器

热管真空管太阳能集热器主要由热管、吸热板、玻璃管等构成,其工作原理是金属吸热板吸收穿过真空管玻璃外壳的太阳辐射能,将其转变为热能,使热管蒸发段的传热介质气化,气体上升到热管冷凝段就将热量传递给热管内的工质,自身冷凝成液体,重新回到热管蒸发段,依次循环,使真空管内部的工质达到所需温度。热管蒸发段放置于真空管内部,冷凝段与换热流体进行热交换。由于热管换热属于相变换热，其换热效率有了极大程度的提高。

平板型太阳能集热器的耐冻性差，因此不能在寒冷地区使用，同时平板型太阳能集热器还有使用寿命较短、保温性能差、散热快等缺点。全玻璃真空管太阳能集热器虽改善了集热效率和使用寿命等问题，但其对水质要求高，若水质不佳则容易形成水垢，从而降低集热效率，若设计和安装不当还会导致真空管炸裂。热管真空管太阳能集热器通过热管真空管不同形式的组合，可用于不同气候条件的地区，并能满足多种用途的要求。热管真空管太阳能集热器不会因单管损坏而导致整个系统不能使用，适用于建筑一体化的热水系统；其热管的启动快、热容量大，短时间内即可产生热量，且在太阳能热水系统中可以制取更多的热水。

综上所述，由于热管真空管集热器具有集热效率高、保温性能好、抗冰冻等优点，现已在物料干燥、海水淡化以及太阳能热水系统等方面得到了较广泛应用。

2.3.4.1.2　聚光型集热器

聚光型集热器主要用于太阳能热发电。太阳能热发电技术作为一种新能源发电技术，由于其具有清洁无污染、可大功率发电等优势，已成为各个国家和地区关注的焦点，并迎来了高速发展。

聚光型太阳能集热器(Concentrating Solar Collector，CSC)利用点聚焦或者线聚焦实现了太阳光线的多倍聚集。碟式和塔式太阳能光热发电技术属于点聚焦集热类型，线性菲涅尔式和槽式太阳能光热发电技术属于线聚焦集热类型。与非聚光集热器相比，聚光型太阳能集热器能够产生高热流密度的辐射能，从而产生更高的温度。将聚光型太阳能集热器与热动力发电系统连接，可以实现光能到热能再到电能的转换，即聚光型太阳能热发电技术(Concentrating Solar Power，CSP)。

2.3.4.2　吸收涂层

20 世纪 50 年代初，以色列物理学家泰伯(Tabor)提出太阳光谱选择性吸收涂层的概念，利用太阳辐射的波长范围与集热器的热辐射波长范围不同，通过此吸收涂层增强吸热体对太阳辐射的吸收，减少吸热体向周围环境的热辐射损失，从而有效提高太阳能集热器的集热效率、工作温度和系统的性价比。

吸收涂层可分为非选择性吸收涂层和选择性吸收涂层两大类。非选择性吸收涂层是指吸收涂层的光学特性与辐射波长无关；选择性吸收涂层则是指吸收涂层的光学特性随辐射波长不同而有显著变化，从而实现对太阳光谱有选择性吸收的目的。

太阳辐射能主要集中在可见光和近红外波长范围内。对一个受热物体，太阳辐射主要在大于 3 μm 的红外区域。若物体表面对太阳辐射的可见光和近红外波有较高的吸收，自身被加热后向外界发射的辐射又很小，这种表面就称为选择性吸收表面。理想化的选择性吸收表面对太阳可见光和近红外波长范围的辐射能够完全吸收。这种理想化的选择性吸收材料或表面在自然界中并不存在，通常是通过技术手段获得高性能的吸收膜或表面，增加太阳光和近红外波长范围内光线的吸收，减少光线的反射。采取的办法主要有两种：一是利用选择性材料；二是考虑材料的光学效果，主要是利用涂层或薄膜的干涉效应和光学陷阱增强表面的高吸收率，以及利用减反膜减少光线的反射损失。

根据材料的性质，选择性吸收表面通常分为金属涂层、无机非金属涂层、有机(一般指高分子)涂层及半导体涂层。选择性吸收表面可以归纳为三大类:①在太阳可见光和近红外波长范围内有较高的吸收率,但是在红外波长范围内是透明的;②在太阳可见光和近红外波长范围内都有较高的吸收率,但是在红外波长范围内有高反射率;③在太阳可见光和近红外波长范围内是透明的,但是在红外波长范围内有高反射率。在实际应用中,可根据需要将三种类型的材料组合形成选择性吸收膜系。

通常,太阳光谱选择性吸收涂层要求高的太阳光吸收率、低的红外反射率以及优良的热稳定性。

2.3.4.3 光伏电池

光伏发电的主要原理是半导体的光电效应。光子照射到半导体上时,它的能量可以被半导体中某个电子全部吸收,电子吸收的能量足够大时就能克服半导体原子内部的库仑力做功,从而从半导体表面逃逸出来,成为光电子。硅原子有 4 个外层电子,如果在纯硅中掺入有 5 个外层电子的原子(如磷原子),就成为 N 型半导体;若在纯硅中掺入有 3 个外层电子的原子(如硼原子),就形成 P 型半导体。当 P 型半导体和 N 型半导体结合在一起时,接触面就会形成电势差,即成为太阳能电池。当太阳光照射到 P-N 结后,电流便从 P 型一边流向 N 型一边,形成电流。

太阳能光伏电池(简称光伏电池)可把太阳的光能直接转化为电能。地面光伏系统中大量使用的是以硅为基底的硅太阳能电池。硅太阳能电池可分为单晶硅太阳能电池、多晶硅太阳能电池、非晶硅太阳能电池。在能量转换效率和使用寿命等综合性能方面,单晶硅和多晶硅太阳能电池优于非晶硅太阳能电池。多晶硅太阳能电池比单晶硅太阳能电池转换效率低,但价格更便宜。

单晶硅光伏电池是开发较早、转换率最高和产量较大的一种光伏电池。单晶硅光伏电池的转换效率在我国已经平均达到 16.5%,而实验室记录的最高转换效率超过了 24.7%。这种光伏电池一般以高纯(纯度要求 99.9999%)的单晶硅硅棒为原料。

多晶硅光伏电池是以多晶硅材料为基体的光伏电池。由于多晶硅材料多以浇铸代替单晶硅的拉制过程,因而生产时间缩短,制造成本大幅度降低。再加之单晶硅硅棒呈圆柱状,用此制作的光伏电池也为圆片或带有圆角,在组成光伏组件后平面利用率较低。

非晶硅光伏电池是用非晶态硅为原料制成的一种新型薄膜电池。非晶态硅是一种不定形晶体结构的半导体。用它制作的光伏电池只有 1 μm 厚,相当于单晶硅光伏电池的 1/300。它的工艺制造过程与单晶硅光伏电池和多晶硅光伏电池相比更简化,硅的消耗量也少,单位电耗也降低了很多。

未来 10 年,晶硅电池仍会是光伏行业的主流,但要实现高于 28%的电池效率,仍需深入理解影响电池光电转换效率的因素,并探索可有效控制这些因素的途径。如果在未来几年里钙钛矿电池的寿命和大面积效率损失问题能够得到有效改善,那么高效率的钙钛矿/晶硅叠层电池有望成为未来的电池主流。

2.3.5 太阳能的应用

过去十年,我国太阳能光伏发电及风力发电的成本大幅降低,应用范围扩大。据中国电力企业联合会公布的文件,2019 年国家在发电领域持续发展绿色、低碳能源技术,促进能源消费结构转型,并取得了一定进展。新能源发电装机和发电量实现较大增长,全年并网核电、太阳能发电和风电分别同比增长 18.2%、26.5%和 10.9%。太阳能资源是可再生能源的一种重要类别,其利用方式如图 2.6 所示。目前,太阳能光热、光电技术使用较为广泛,在我国多用于光热及光伏发电。

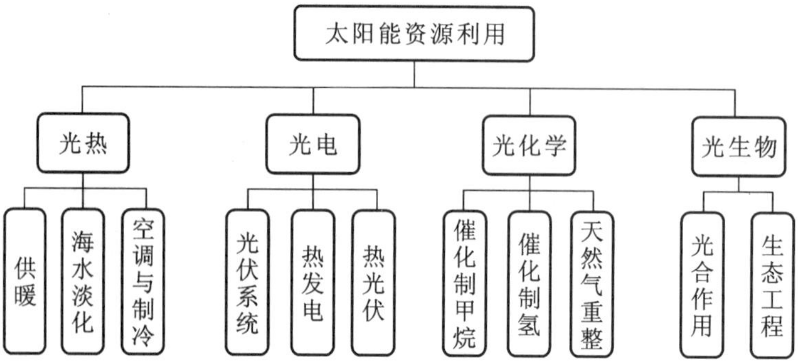

图 2.6　太阳能资源利用种类

2.3.5.1　太阳能光热发电

太阳能光热发电的原理是通过反射镜将太阳光汇聚到太阳能收集装置,加热收集装置内的传热介质(液体或气体),再加热水以形成蒸汽,带动发电机发电,或者直接带动发电机发电。太阳能热发电技术的发展大致分为四个阶段。表 2.5 详细地展示了不同阶段太阳能热发电的技术路线。

表 2.5　太阳能热发电的技术路线

	第一阶段	第二阶段	第三阶段	第四阶段
年光电效率	12%	20%	30%	35%
最高工质温度	430 ℃	530 ℃	950 ℃	1100 ℃
传热介质	水	熔融盐	陶瓷-空气	流化床-颗粒
2006—2010 年	1 MW,研究阶段	0.1 MWt,概念阶段	1 MWt,中试阶段	0.02 MWt,实验室阶段
2011—2015 年	10～100 MW,研究阶段	5～10 MW,研究阶段	5 MWt,中试阶段	1 MWt,中试阶段
2016—2020 年	10～1000 MW,研究阶段	10 MW,中试阶段	1 MWe,示范阶段	10 MWt,概念阶段
2021—2025 年	100～1000 MW,推行阶段	100 MW,示范阶段	5 MWe,中试阶段	1 MW,研究阶段
2026—2030 年			10 MW,示范阶段	10 MW,商业化阶段

随着科学技术的进步，应用较为普遍的聚光型集热器热发电系统有槽式、碟式、塔式和菲涅尔式四种，如图 2.7 所示。槽式太阳能发电系统中光线经抛物面反射镜反射汇聚于真空管吸热器表面，加热真空管内部换热介质，然后该介质与水换热产生大量蒸汽，从而驱动发电系统。碟式太阳能发电系统利用旋转抛物面反射镜反射太阳光线，位于焦点处的吸热器内部导热油被加热后经换热器将热量传递给热发电装置。塔式太阳能发电系统利用定日镜场追踪、反射太阳光线至高塔顶部的吸热器，吸热器内部高温换热介质利用换热器产生蒸汽，催动汽轮发电机组运行。菲涅尔式集热器利用菲涅尔透镜使太阳辐射聚集到接收器上。

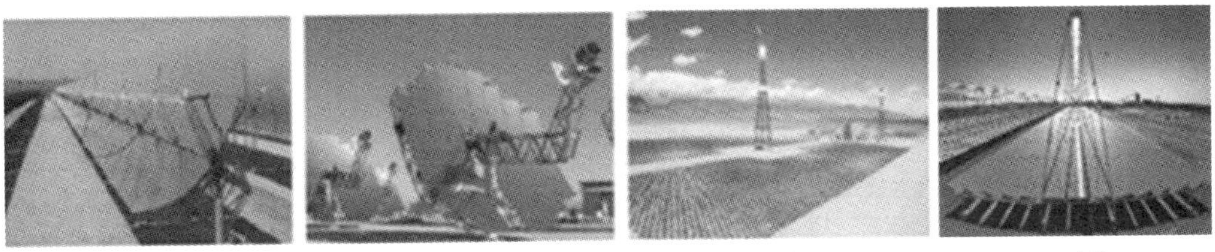

(a)　(b)　(c)　(d)

图 2.7　四种常见的聚光型太阳能发电系统

(a)槽式；(b)碟式；(c)塔式；(d)菲涅尔式

1968 年，意大利 Giovanni Francia 教授设计和建造了世界上第一座光热发电站。1981 年，美国在南加州建成了 10 MW Solar One 塔式光热电站；1984 年，美国 LUZ 公司建造了 SEGS-Ⅰ槽式光热电站并成功投运。截至 2023 年年底，全球光热发电累计装机容量达到 7550 MW。

2016 年，我国国家能源局发布了《关于推进太阳能热发电示范项目建设有关事项的通知》，在青海省、甘肃省等地启动首批 20 个太阳能热发电示范项目，以期攻克太阳能热发电的关键技术。甘肃敦煌 100 MW 熔盐塔式光热电站位于甘肃省敦煌市光电产业园区，由我国企业自主设计、投资和建设，2018 年 12 月底并网发电，是我国首批光热发电示范电站之一，也是全球最高、聚光面积最大的熔盐塔式光热电站。

图 2.8 至图 2.11 所示是目前主流的四种太阳能热发电示意图。这四种发电方式的特点见表 2.6。

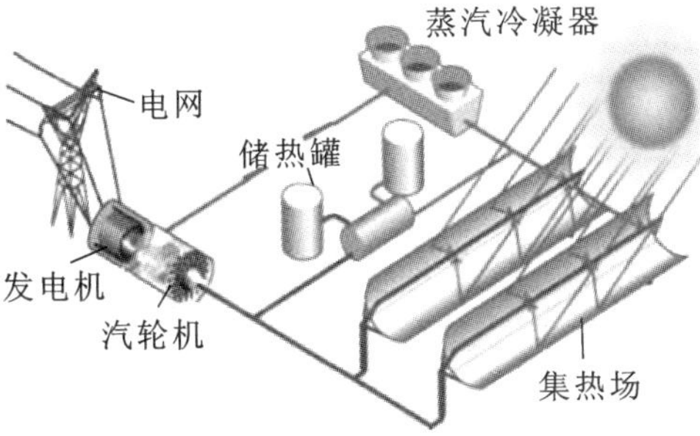

图 2.8　槽式集热器发电示意图

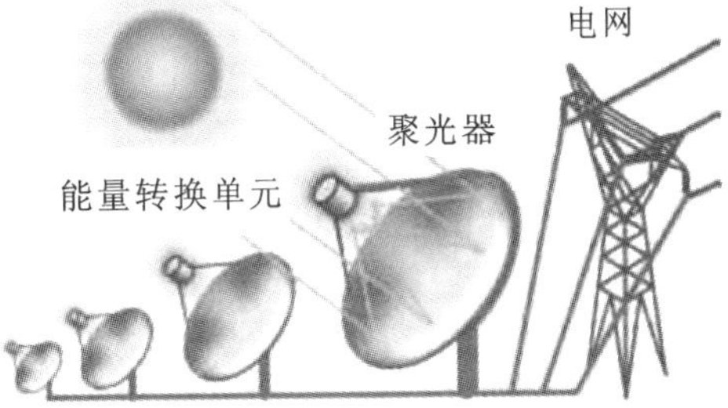

图 2.9　碟式集热器发电示意图

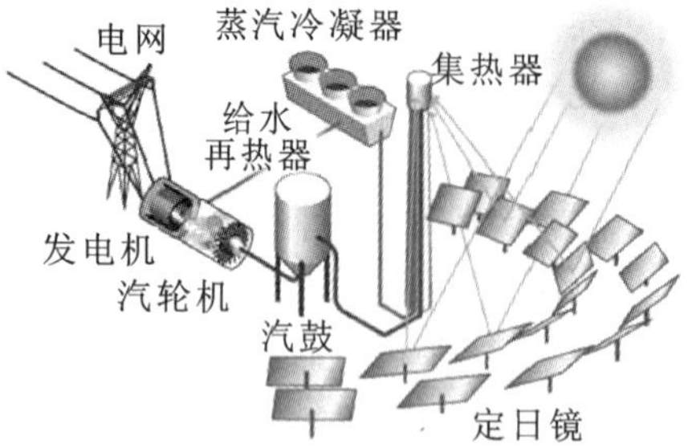

图 2.10　塔式集热器发电示意图

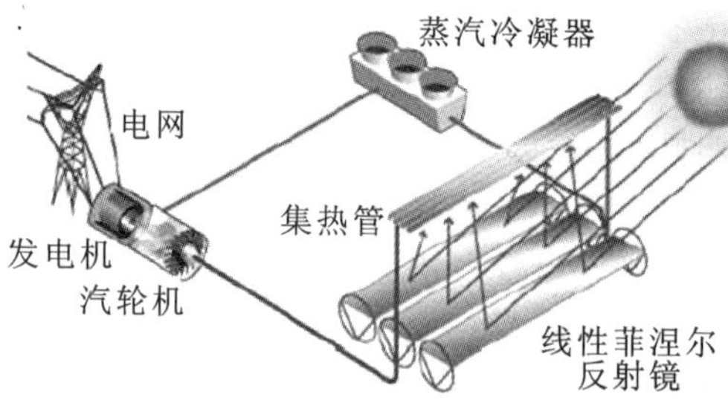

图 2.11　菲涅尔式集热器发电示意图

表 2.6　四种发电方式特点比较

发电方式	集热方式	跟踪形式	最高效率/%	成熟度	装机比例/%
槽式	线聚焦	单轴跟踪	18	商业化	＞70
塔式	点聚焦	双轴跟踪	25	示范	＜20
碟式	点聚焦	双轴跟踪	30	示范	＜10
菲涅尔式	线聚焦	固定	12	试点	＜10

从表 2.6 可以看出，目前太阳能槽式热发电的商业化最为成熟，其装机容量占太阳能热发电总装机容量的 70%以上。目前全球主要商业投运的槽式光热电站主要集中在美国、西班牙等国家，主要参数见表 2.7。

表 2.7　全球主要商业投运的槽式光热电站

电站名称	国家	汽轮机功率/MW	净功率/MW	镜场面积/($\times10^3$ m^2)	集热器出口额定温度/℃	投产年份
SEGS	美国	394	354	2314.978	307～390	1985—1990
Mojave Solar Project	美国	280	250	1559.347	393	2014
Solana Generating Station	美国	280	250	2233.958	390	2013
Genesis Solar Energy Project	美国	280	250	1928.32	390	2014
Nevada Solar One	美国	75	64	610.23	391	2007
Alvarado Ⅰ	西班牙	65	50	527.454	393	2009

(1) 槽式发电系统

太阳光透过大气层入射到地球表面，会产生较低热流密度的辐射能，直接利用此辐射能会影响其经济性，只有将低热流密度的辐射能通过聚集才会转化为高热流密度的辐射能。从光学理论分析可知，抛物面聚光是唯一一种可以把一束平行光汇聚到一点的线型。因此，抛物面聚光成为一种十分常见的聚光形式，太阳能槽式集热器就是其中的一种。图 2.12 所示为太阳能槽式集热器系统原理图。

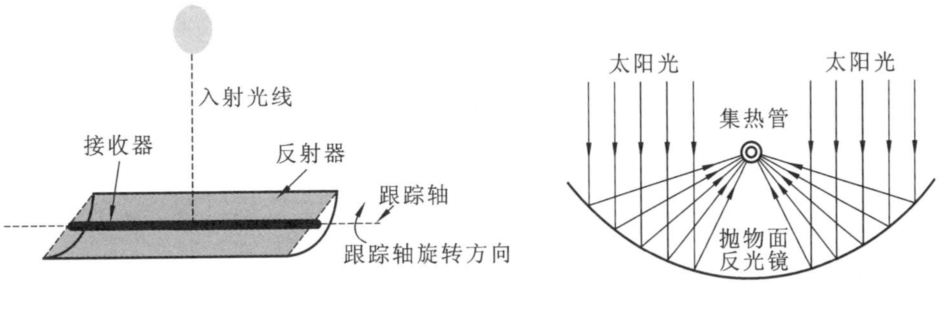

(a)　　　　　　　　(b)

图 2.12　太阳能槽式集热器系统原理图

槽式太阳能集热器由跟踪系统、聚光器和真空集热管三部分组成。

① 跟踪系统。由于太阳方位角和高度角处于时刻变化状态，为了保证集热器能更有效地吸收太阳辐照，提高光热转化效率，槽式太阳能集热器需采用跟踪系统。槽式电站一般为单轴跟踪，分为东西放置南北跟踪和南北放置东西跟踪两种跟踪方式。

② 聚光器。聚光器由反射镜和支架组成。其技术要求如下：具有较高的反射率（≥85%）；具有良好的聚光性能，聚光后的光带宽度小于吸热管直径；具有足够的刚度与强度，能保证聚光器在风荷载、雪荷载和自重等负荷下正常工作；具有良好的抗疲劳性能和抗腐蚀能力，有抗紫外线、防盐雾、防酸雨等性能；具有良好的保养、维护和运输性能；支架在满足整体刚性、强度的同时，还易拆卸、易组装、易保养。

③ 真空集热管。其是由一根两端开口且外表面覆盖有高吸收率、低发射率的选择性吸收涂层的中空金属管外套一根两端开口的同心玻璃圆管组成的，并用可伐合金、金属波纹管和法兰等对玻璃管和金属管进行封接，金属管和玻璃管之间的环状空间抽成真空，如图2.13所示。

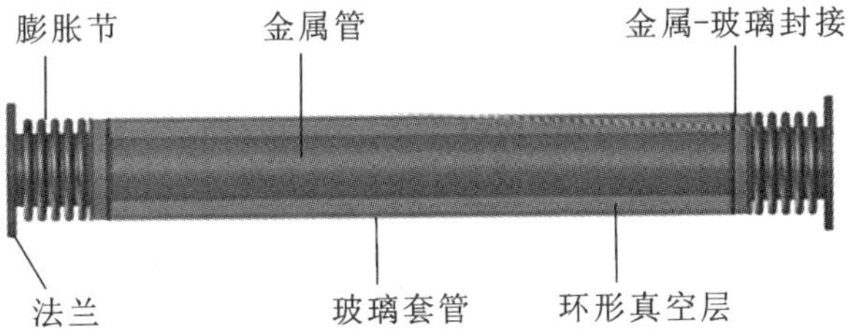

图 2.13　直通式真空集热管结构

典型的槽式太阳能热发电系统的工作原理如图 2.14 所示。槽式太阳能热发电是利用槽式反光镜将太阳光反射之后聚集在焦线位置，并通过跟踪驱动系统来实时跟踪太阳，布置在焦线处的集热管吸收聚焦后的太阳辐射能，将集热管内的工质加热到 150～400 ℃，被加热的传热工质依次通过过热器、蒸汽发生器和给水预热器，然后通过放热来产生高温、高压的过热蒸汽，进而使过热蒸汽推动汽轮机组完成发电。槽式热发电系统由聚光集热子系统、蓄热子系统、换热子系统、发电子系统和辅助能源子系统等五个子系统组成。目前常见的导热油槽式热发电系统中集热器内的工质通常为导热油，动力循环工质为水。随着技术的进步，出现了直接蒸汽发电系统(Direct Steam Generation System，DSG)。与常规双回路系统相比，DSG 系统的集热子系统和动力循环子系统的传热工质均为水，省略了过热器和蒸汽发生器，降低了系统成本。此外，由于导热油存在高温时裂解和碳化的风险，所以在实际应用中集热器导热油最高温度一般不超过 400 ℃。而 DSG 系统中水的最高温度可达 500 ℃，并且 DSG 系统降低了热损，可提高光电效率。另外，相较于导热油易燃、易泄漏的特点，DSG 系统的传热工质为水，减小了电站安全隐患和环境污染。基于以上特点，清洁高效的 DSG 系统得到了各国学者的广泛关注。实际槽式太阳能热发电设备如图 2.15 所示。

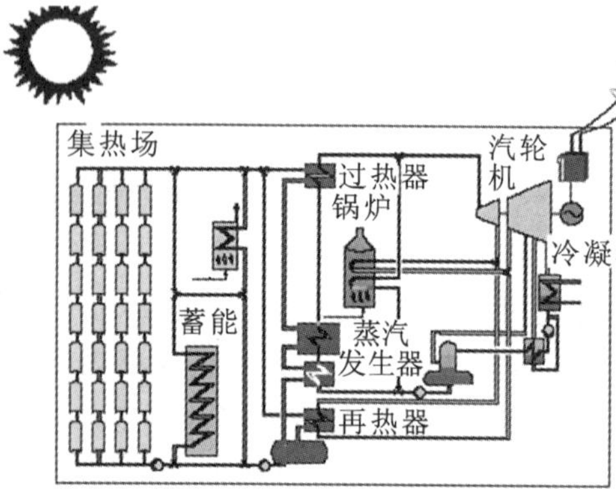

图 2.14　槽式太阳能热发电系统工作原理图

图 2.15　槽式太阳能热发电设备实景

(2) 碟式发电系统

碟式太阳能热发电系统一般主要由碟式聚光器、接收器、斯特林机和发电机组成。由于太阳辐射能的密度非常小，因此必须用碟式聚光器把类似垂直照射的大范围太阳光线汇集到接收器上，使接收器上的温度逐渐升高，直到温度达到可以正常发电的程度。吸热器将汇聚的太阳光能转换成热能。斯特林机适用于各种能源且效率高，所以它成为碟式太阳能热发电系统热机的第一选择。斯特林机提供的机械能带动发电机运行，可以进一步将机械能转化为电能。图 2.16 所示为碟式太阳能光热发电原理图。

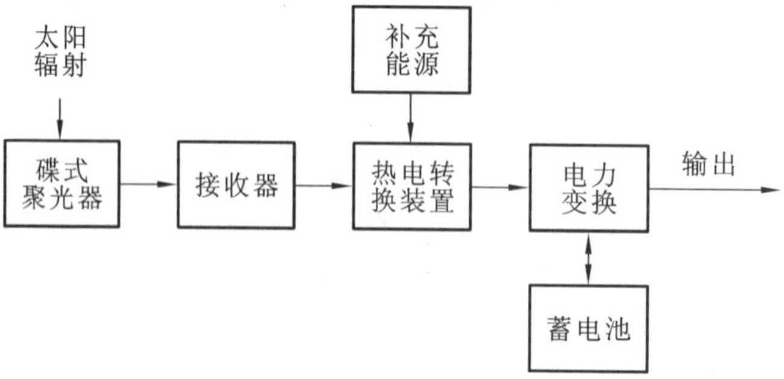

图 2.16　碟式太阳能光热发电原理图

碟式反光镜(碟式聚光器)是通过胶粘剂将反光材料与反光镜基体压合的办法来制作的。可作为反光材料的种类较多,典型的主要有反光膜、金属表面抛光、镀银反光镜等。超薄镀银反光镜是在 1 mm 厚的白玻璃上镀银,其全反射率(300～2600 nm)为 93%左右。反光镜大多选用玻璃钢作为基体材料。与其他材料相比,玻璃钢具有以下优点:质轻、耐候性好、易加工、抗冲击性强、成本较低。碟式反光镜的面积为几十平方米到数百平方米,很难造出整块的镜面,因此,是由多块镜片连接而成的,一般分为单碟和多碟两种面型。单碟面型是由多个小玻璃反射镜拼装成一个大型旋转抛物面反射镜;多碟面型由多个小圆形旋转抛物面反射镜阵列组成,每个小碟的焦点都一样。图 2.17 和图 2.18 所示分别为单碟面型和多碟面型旋转抛物面反射镜。

图 2.17　单碟面型旋转抛物面反射镜

图 2.18　多碟面型旋转抛物面反射镜

斯特林机属于外燃机,其主要功能是将热能转换为机械能。图 2.19 所示为斯特林机。

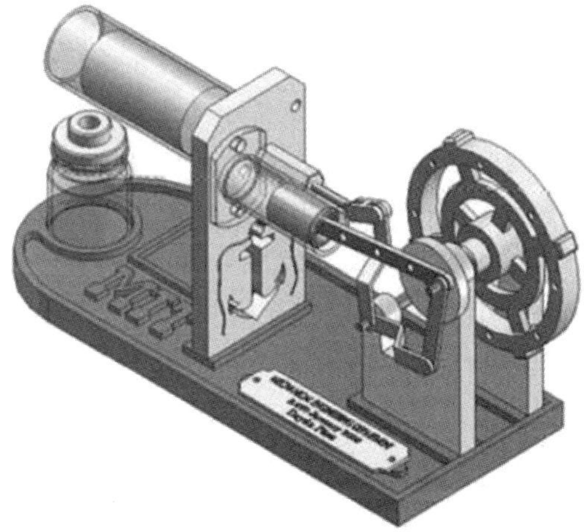

图 2.19　斯特林机

在四种太阳能光热发电技术中,碟式太阳能光热发电技术的转化效率是最高的。其聚光比高、接收器热损失小、高温,峰值光电转换效率可达 30%左右;结构紧凑、简单,易于布置；既可以集中并网，也可以建设分布式电站；占用土地的面积比较小；光电直接转换，不需要水源，非常适合在沙漠地区使用；易维护，运营成本低，发展潜力大。

碟式太阳能发电系统的不足之处是没有储热装置，其使用的斯特林发电机组连接得很紧密，没有空隙，并且加热器需要通过太阳光的辐射能量直接进行加热，没有太阳光，斯特林发动机组就立即停止运转。图 2.20 所示为碟式太阳能光热发电系统。

图 2.20　碟式太阳能光热发电系统

碟式太阳能光热发电系统中，跟踪控制的方式有视日跟踪控制和传感器跟踪控制两种。视日跟踪是指通过测量位置经纬度和高度等地理信息，通过高精度视日算法实现系统对太阳的跟踪控制。视日跟踪属于开环跟踪方式，存在误差累计。传感器跟踪控制系统中多采用光电传感器，通过采集入射光线和聚光器轴线的偏差角来调整聚光器位置，使聚光器轴线和入射光线平行。

美国南加州爱迪生电力公司（Southern California Edison，SCE）从 1986 年开始建立碟式太阳能光热发电系统，于 1988 年建成。该系统年平均光电转换效率为 12%。

目前，我国已有不少企业建立了相关示范系统。2003 年，中国科学院电工研究所完成了 10 m 多碟式点聚焦斯特林发电系统，如图 2.21 所示。2008 年，湘电集团有限公司已经相继成功研发出第一阶段 6 kW、第二阶段 25 kW 和第三阶段 32 kW 的碟式太阳能光热发电系统。2012 年，科林洁能公司（Cleanergy）在内蒙古鄂尔多斯市成功完成首座碟式斯特林太阳能发电站的建设，如图 2.22 所示。2015 年，中国航发西安航空发动机（集团）有限公司在铜川投资建设的碟式太阳能发电示范装置如图 2.23 所示。

(3) 塔式发电系统

目前，以商业模式运行的塔式太阳能热发电站多采用熔盐作为传热介质，整个系统可划分为 4 个子系统：集热系统、储热系统、热交换系统和发电系统，如图 2.24 所示。集热系统主要由定日镜场和吸热器组成。定日镜场由数量众多的定日镜构成，一般布置在吸热塔的四周或一侧。在运行期间，每台定日镜需实时跟踪太阳的位置，并将太阳光反射汇聚到吸热器表面。储存在冷盐罐中的熔盐经管道流入位于塔顶的吸热器中，通过对流与导热将太阳辐射转换为自身的热能。被加热的高温熔盐先流回热盐罐储存。随后，热盐罐中的熔盐被送入热交换系统，与水或蒸汽进行换热，产生高温高压蒸汽，推动汽轮机发电。而经过换热的熔盐温度降低，流回冷盐罐中，以待再次加热。由于使用了高塔聚焦，典型的塔式太阳能热发电系统可以实现1000以上的聚焦比，投射到塔顶吸热器的平均热流密度可达300～1000 kW/m^2，工作温度最高可以达到650 ℃以上，发电规模一般为50～100 MW。

图2.21　10 m多碟式太阳能聚光系统侧面图

图2.22　鄂尔多斯碟式斯特林太阳能发电站

图2.23　铜川碟式太阳能发电示范项目

在塔式太阳能热电联供系统中，由定日镜场和吸热器组成的聚光-集热系统将依据不同的太阳辐照水平最大程度地收集和利用太阳能，以满足用户侧对连续性供热的需求。图2.25所示为敦煌塔式太阳能光热发电项目。

(4) 菲涅尔式发电系统

菲涅尔式光热发电技术的工作机构和原理与槽式光热发电技术相似，是槽式光热发电技术的特例。它是将反射镜经过一系列同轴排列，使太阳光反射汇聚到聚光器和集热管(排管)的上部，聚光器再次将太阳光反射汇聚到集热管上。图2.26所示为菲涅尔式太阳能光热发电系统，其主要组成部分为线性菲涅尔式太阳能聚光系统。

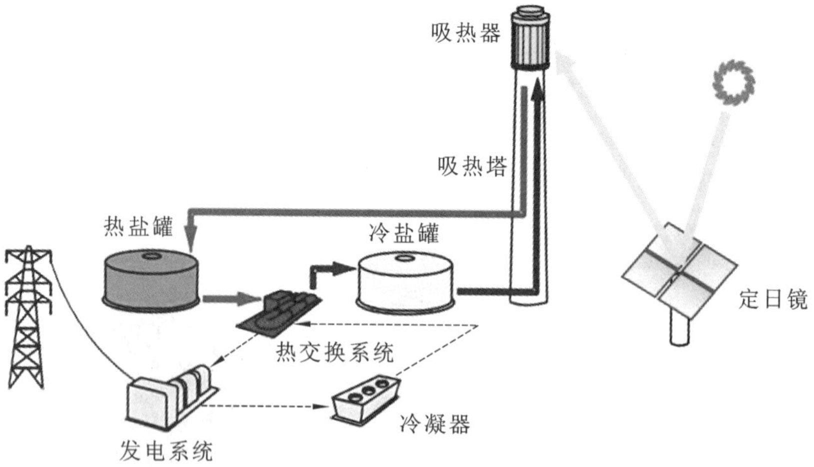

图 2.24　典型塔式太阳能热发电系统示意图

图 2.25　敦煌塔式太阳能光热发电项目

线性菲涅尔式聚光系统主要由主反射镜阵列(聚光镜场)、跟踪控制装置和接收器三部分构成。主反射镜阵列一般为平面镜或微曲面(圆柱面、抛物面等)镜等。主反射镜阵列在跟踪控制装置的驱动下实时二维跟踪太阳的位置,将入射的太阳光汇聚至固定安装的接收器。主反射镜阵列与地面距离较小,使得线性菲涅尔式太阳能聚光系统可以在不增加风荷载的情况下增大聚光比。线性菲涅尔式聚光镜场按南北向或东西向呈对称布置。

经线性菲涅尔式聚光系统主反射镜阵列的部分反射光直接投射到集热管上,剩余部分则经二次聚光器反射后投射到集热管上。管内传热介质(水、油、熔融盐等)被加热后流经换热器,将水加热到发电所需的高温蒸汽。采用二次聚光器 CPC 的线性菲涅尔式太阳能聚光系统如图 2.27 所示。

图 2.26 菲涅尔式太阳能光热发电系统

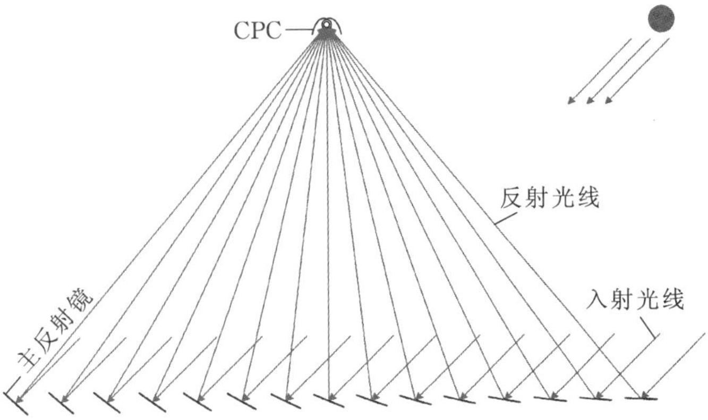

图 2.27 线性菲涅尔式聚光系统示意图

与槽式聚光系统相比，线性菲涅尔式聚光系统的光学效率略低。但是最新研究表明，线性菲涅尔式聚光系统的性能比预期的高，而且在低纬度时其性能与槽式聚光系统很接近。不仅如此，线性菲涅尔式聚光系统还有其他优势：发电成本可以降低到槽式聚光系统的53%～55%；在相同的发电能量下需要的空间最多为槽式聚光系统的1/3；主反射镜较窄，曲率非常小，几乎是平的，制造成本和维护成本低。与塔式聚光系统相比，线性菲涅尔式聚光系统也表现出了一些优势：线性特性使得操作和维护成本大大降低，且易于设计自动清洗装置；主反射镜单轴跟踪，可以共用同一驱动系统，而塔式系统每个定日镜都必须有自身单独的双轴跟踪装置和控制系统（是定日镜的主要成本）；可根据设计温度调整系统聚光比，而塔式系统聚光比高，因此对接收器材料的要求也非常高。

2.3.5.2 太阳能光伏发电

图 2.28 所示为太阳能光伏发电系统中的主要部件框图。独立的光伏发电系统主要由太阳电池方阵、蓄电池、控制器组成，并网发电系统则还需要逆变器和交流配电设备。太阳能光伏发电技术应用可包括如下几种形式。

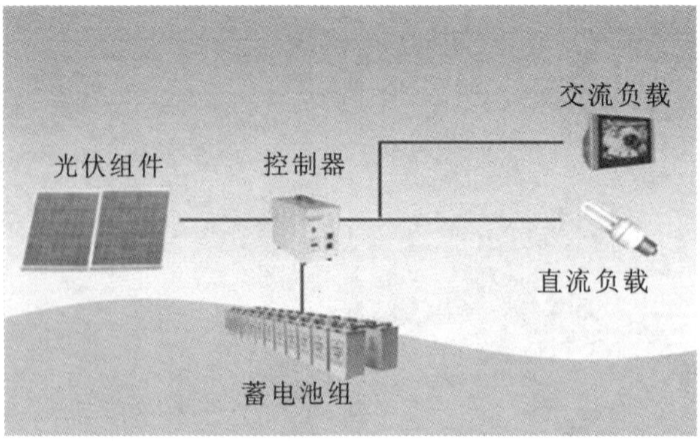

图 2.28　太阳能光伏发电系统中的主要部件框图

(1) 混合发电系统

太阳能光伏混合发电系统以太阳能和风力为主要能源，将不同类型的风力发电机组与光伏发电进行有效结合，从而确保混合发电系统供电的稳定性。我国西北地区有极其丰富的太阳能资源和风力资源，二者的有效混合可以弥补因光伏发电对天气的依赖而带来的技术缺陷。

(2) 聚光光伏技术

聚光光伏技术可以有效提升太阳能的利用效率。采用聚光板、镜面等方式，将太阳光线集中照射到聚光电池上，使太阳光线的强度得到有效提升，从而提升太阳能的转化效率。

(3) 并网光伏发电系统

光伏发电系统与电网并联，在公共电网的协调下为社会提供电能供应。并网光伏发电系统能够充分利用公共电网的资源，使光伏发电系统产出的电能能够在储能、运输等各个环节中获得可靠保障。

(4) 独立光伏发电系统

独立光伏发电系统通常建在偏远、缺乏电能的地区，或者作为便携式移动电源使用，如边疆哨岗、山区、农村等区域。该系统充分利用太阳能光伏发电技术的优势，在白天集中发电，并将电能存储在太阳能蓄电池中。虽然会受到自然环境因素的影响，且供电的稳定性较差，但对于电网很难覆盖的偏远区域，该系统可以满足当地居民的用电需求。

(5) 光伏空调

太阳能电驱动制冷是通过光伏组件发电来直接驱动压缩式制冷机。下面以太阳能光伏直流空调器为例进行介绍。

太阳能光伏直流空调器主要由太阳电池、蓄电池、控制器、升压电路、电源主电路、继电器主电路和直流变频空调器组成，其各部件的连接关系如图 2.29 所示。

此系统是美的集团研发的一种针对我国电网现状提出的并网发电技术应用模式。该模式将市电整流为直流电后与系统(包括太阳能发电系统、小型水力和风力发电系统)进行直流并联。220 V 的交流市电经过整流后所产生的高压直流电与来自太阳电池经过直流升压电路后的高压直流电相并联，共同为直流压缩机供电。由于市电整流电路的单向导电性决

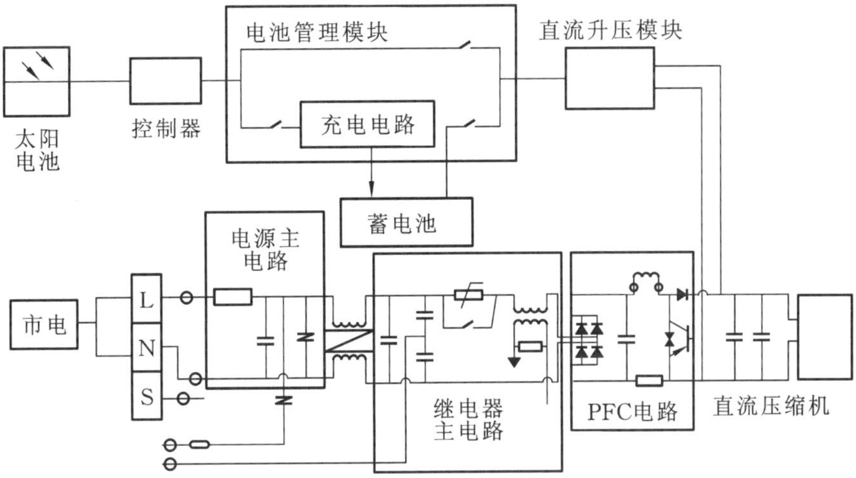

图 2.29 太阳能光伏空调的系统图

定了该类型电路结构不能向电网馈电，但其可在并联位置向负载端供电。

太阳能光伏直流空调系统的工作原理：在光照充足的条件下，照射在太阳电池上的太阳辐射转化成直流电，通过控制器来调节输出的电流和电压，使其尽可能达到稳定。较为稳定的直流电一方面经过直流升压模块提升电压后经过准并网电路中的 PFC 电路直接为直流压缩机供电，另一方面则经过充电电路储存在蓄电池中。当光照不足时，太阳电池发电量不足以使空调器正常运转，系统会通过电源主电路和继电器主电路自动调节市电输出功率，使得交流市电经过整流电路后作为辅助直流电为直流压缩机供电。这样就避免了在恶劣环境条件下光伏空调器不能正常运行的问题。另外，市电电源由于其功率大、电压高等特点也将作为压缩机的启动电源使用。

(6) 光储直柔技术

"光储直柔"(Photovoltaics，Energy storage，Direct current and Flexibility，PEDF)是指通过光伏等可再生能源发电、储能、直流配电和柔性用能来构建适应"碳中和"目标需求的新型建筑配电系统(或称建筑能源系统)。

"光储直柔"系统的基本构成形式见图 2.30。利用建筑表面敷设光伏板、充分利用建筑作为光伏等可再生能源的生产者是实现建筑低碳发展的重要途径；储能是实现建筑能量蓄存、调节的重要手段，需要从建筑层面整体考虑储能方式，包括建筑周围停靠的电动车等都可以作为有效的储能资源；直流化是实现建筑内光伏高效利用、高效机电设备产品利用的重要途径，系统内设备通过直流变换器连接到直流母线，在建筑内打造出直流配电系统；"光储直柔"建筑的最终目标是实现建筑整体柔性用能，使得建筑从仅是负载转变为具有可再生能源生产、自身用能、能量调蓄功能"三位一体"的复合体，也是建筑面向未来低碳能源系统构建要求应当发挥的重要功能。

"光储直柔"是建筑领域面向"碳中和"重大需求、实现技术创新突破的重要途径，目前已受到广泛关注并得到国家等层面的政策支持。《国务院关于印发 2030 年前碳达峰行动方案

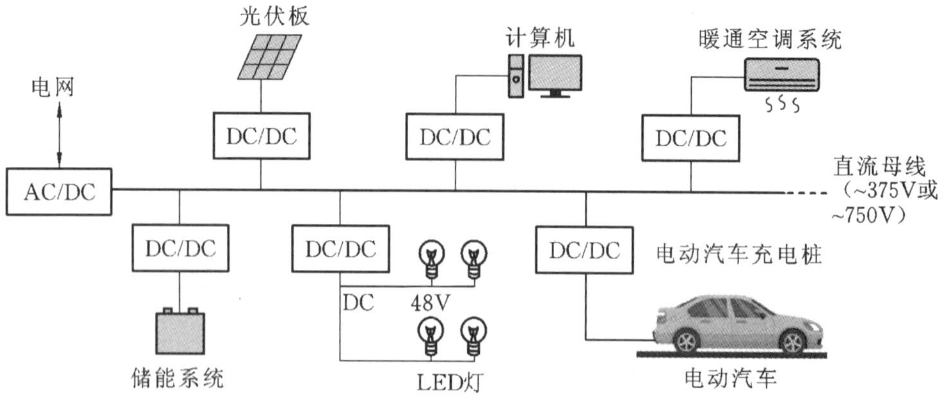

图 2.30 “光储直柔”建筑配电系统典型系统构架

的通知》中“城乡建设碳达峰行动”部分明确指出，要提高建筑终端电气化水平，建设集光伏发电、储能、直流配电、柔性用电于一体的“光储直柔”建筑。

目前，已有一些建筑开展了“光储直柔”系统的应用探索，包括深圳建科院未来大厦（图2.31）等，为从实际案例中摸索经验、完善该系统方式提供了重要参照。当然，现有案例还处于探索阶段，仍需要更多的研究及案例来支撑未来“光储直柔”建筑相关关键技术的深入研究和工程的规模化应用。

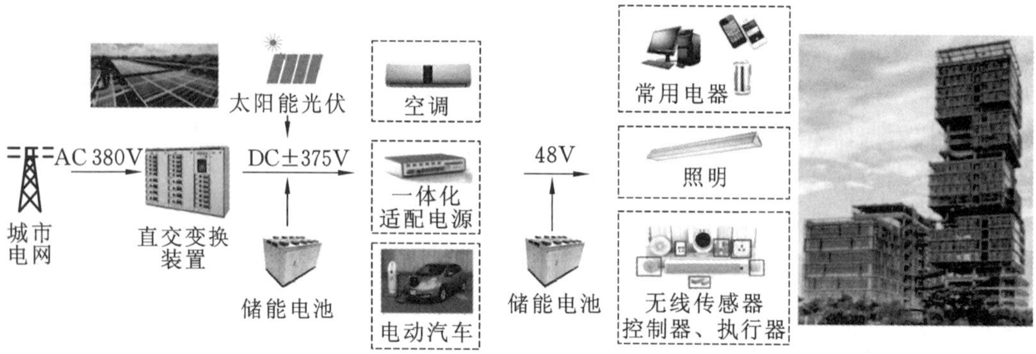

图 2.31 “光储直柔”建筑应用案例——深圳建科院未来大厦

总的来说，“光储直柔”技术的广泛应用还需进行如下工作：

① 在基础研究方面，需要对建筑具有的柔度、柔性调节目标等作出进一步定义、刻画。

② 在技术研究方面，既包含关键设备产品（如直流电器、直流变换器等）的研发，也包括适应“光储直柔”系统的设计分析方法、调控策略和响应方法的研究。

③ 在工程实践和示范应用方面，目前的应用案例多处于单种功能或单一场景层面，对于如何在大体量、多场景建筑中提出合理的“光储直柔”系统构建方案、建立合理的设计方法等，都需要进一步探索。

④ 在标准体系方面，“光储直柔”理念从无到有，进一步发展和推广应用需要标准支撑。目前除了已经颁布实施的《民用建筑直流配电设计标准》（T/CABEE 030—2022），即将正式

颁布的还有《建筑光储直柔系统评价标准》《建筑光储直柔系统变换器通用技术要求》等。还需要进一步梳理“光储直柔”关键的技术标准需求，进一步完善“光储直柔”建筑的标准体系，从而为指导实际系统的规划设计、建设运行、评估评价提供切实支持。

(7) 太阳能公路

太阳能公路是一种新型公路，如图 2.32 所示。太阳能公路的概念最早是由美国“太阳能之路”公司(Solar Roadways)提出的。不同于传统的沥青或水泥混凝土铺设的道路，太阳能公路采用新型的透光性材料作为面层材料。因此，太阳能公路既要具有足够的强度，符合公路行车要求，又要满足对太阳光的透射和聚焦作用，使得铺设在路面下的太阳能电池板能接收到太阳光的辐射，完成能量转换，同时可在道路中嵌入电热丝，利用光伏发电储备的电能进行加热，有效防止路面积雪、结冰。

图 2.32 太阳能公路

太阳能公路结构分为三层，其中最上层为半透明的保护层，在保护内部元件的同时也可以让太阳光透过；中间层为太阳能电池，用来产生电力；最底层用来隔绝土壤的湿气，避免其影响到电池内部的线路。

太阳能公路是国家新能源发展和创新能力的一种体现，目前美国、荷兰、法国、中国等国家已经开展了关于太阳能公路的研究。美国太阳能公路研究始于 2006 年，最终于 2014 年由爱达荷州的 Brusaw 夫妇修建完成。美国交通运输部为此投资了 10 万美元，依照太阳能公路的原理在社区公路上实施。其太阳能面板采用了多层六边形设计，顶层选用了耐磨的强化玻璃，在保证透光性的同时，也能为汽车提供强大的抓地力，并通过改进玻璃面板、预埋设加热丝，实现了自动加热功能，确保路面在恶劣的天气条件下不会结冰。

2017 年，我国首条太阳能公路在山东省济南市建造完成(约 1.1 km)。该公路采用承载式光伏路面技术，将符合车辆通行条件的光伏发电组件直接铺设在道路路面上，通过将收集到的太阳能转化为电能，以实现太阳能发电。该太阳能公路所采用的路面表层是类似毛玻璃的半透明新型材料，又称为“透明混凝土”，如图 2.33 所示。这种材料比沥青路面更加粗糙，具备更高的摩擦系数，防滑效果更好，表层硬度比普通沥青路面高 10 倍，即便是货车，也可在路面上行驶。此路面表层拥有较好的透光率，阳光穿过时，路面下的太阳能电池板可将光能转换成电能。新型太阳能公路的技术指标和通行安全系数均超过了当前普遍使用的沥青混凝土路面。

图 2.33　透明混凝土示意图

太阳能路面下预留了电磁感应线圈，未来随着电动汽车无线充电技术的配套使用，可实现电动汽车在行驶过程中充电。通过路面结冰检测系统，太阳能公路能够实时感知道路结冰情况，自动开启电力加热系统，实现电热转换，同步融化路面积雪，彻底解决公路因积雪封闭的困扰。

(8) 空间太阳能电站

空间太阳能电站(图 2.34)主要由太阳能发电装置、能量转换和发射装置、地面接收系统和转换装置组成。其主要工作原理是：太阳能发电装置将太阳能转化成电能，再由能量转换装置将电能转换成微波或激光等形式，并利用发射装置向地面发送波束，之后由地面的接收系统接收这些波束，最后通过转换装置将其转换为电能后接入电网。

图 2.34　空间太阳能电站示意图

之所以要在太空中建设太阳能电站，是因为太阳能在地面的利用率并不高，容易受很多因素（如云雨、季节、昼夜更替，以及大气层的吸收和散射等）的影响，并且在地面上接收的太阳能能量密度变化巨大，很不稳定。但在太空中，太阳能的利用率会大大提高。例如，1 m^2 的光伏电池，在多雾地区最多只能产生 0.1 kW 的电力，在我国西北地区，中午太阳直射时能产生 0.4 kW 左右的电力，但如果在脱离了对流层的太空中，能产生 10～14 kW 的电力。

与日益枯竭、不可再生且会带来环境污染问题的化石能源相比，太阳能更加高效、持久、无污染；与风力、水力相比，太阳能受自然因素的影响相对较小，同时覆盖面更广。利用空间太阳能电站发电不仅可以向偏远地区、受灾地区等特定地区供电，还可以灵活地为地面移动目标供电，同时能让航天器摆脱巨大的太阳能电池翼，大大提高功率水平和控制精度，在未来甚至可以利用空间太阳能电站进行空间燃料生产和空间加工制造，促进空间工业发展。

2019 年，我国的“空间太阳能电站系统项目”在西安电子科技大学启动，简称“逐日”工程。“逐日”工程的规划为“三小步，两大步”，实现从地面浮空试验到建立吉瓦级商业电站，预计 2015—2030 年实现中期规划，2030—2050 年实现远期规划。如果能按计划实现技术突破，我国陷入能源困境的局面将得到极大的缓解。2022 年 6 月 5 日，“逐日”工程团队传来了好消息，他们突破了高效率聚光与光电转换、微波转换等多项关键技术，实现了世界首个全链路全系统的空间太阳能电站地面验证系统。

2.3.5.3 太阳能其他热利用

太阳能热利用技术可应用于多个行业或领域：在低温（＜100 ℃）领域，太阳能热利用技术的开发和应用已趋于成熟，主要是为居民的日常生活供暖、供热，比如应用于民用太阳能热水器、室外太阳灶等；在中高温（≥100 ℃）领域，太阳能热利用技术的开发和应用主要集中在工农业方面，比如应用于太阳能海水淡化、纺织、食品加工和木材烘干等方面，同时也应用于单一或多种新能源联合发电领域。

(1) 太阳能海水淡化

淡水资源紧缺制约着社会和经济的发展，是各国面临的主要问题之一。海水淡化技术能有效缓解淡水短缺的现状，但传统的海水淡化工艺不仅会消耗大量能源，而且不利于环境保护。由于缺水的干旱地区往往太阳能资源较为丰富，因此这些地区具有发展新型高效的太阳能海水淡化技术的良好前景。

太阳能海水淡化技术是将太阳能热利用技术和传统的海水淡化系统相结合。太阳能海水淡化技术主要包括太阳能海水蒸馏技术和太阳能膜法海水淡化技术。这两种技术利用了太阳能的热能或太阳能热发电产生的电能进行海水淡化。

① 太阳能海水蒸馏技术

太阳能海水蒸馏技术是指以收集的太阳能热能替代传统的热源来加热海水，使海水浓缩、蒸发、汽化，再把蒸汽冷凝成淡水的技术，其工作流程如图 2.35 所示。

我国首个太阳能海水淡化示范项目就是典型的太阳能海水蒸馏技术的应用项目。该项目由上海骄英能源科技有限公司和海南惟德能源科技有限公司共同投资建设，于 2013 年 11 月 7 日正式投产，总投资额约为 1300 万元。该项目采用线性菲涅尔式聚光太阳能集热系统产出 170 ℃的热蒸汽，为低温多效蒸馏海水淡化系统提供热量，对海水进行蒸馏淡化，从而得到蒸馏水。该项目一期建设规模的总额定热功率为 180 kW，额定产水量为 1250 kg/h，

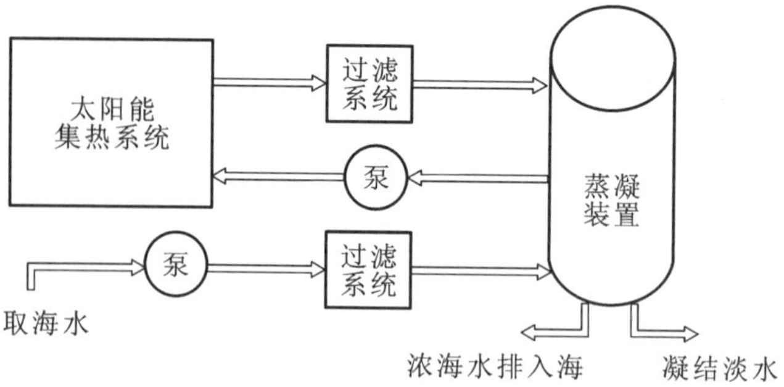

图 2.35　太阳能海水蒸馏技术的工作流程图

年均产水量约为 2000 t，可满足近 150 人一年的用水量。太阳能集热系统由 5 个 M2 型线性菲涅尔式太阳能跟踪聚焦集热模块组成，占地面积不足 700 m^2。

虽然太阳能海水蒸馏技术的应用较易实现，但由于其未能利用蒸汽的潜热，且蒸馏器的换热效率较低，导致其单位面积产水量低，极大地限制了太阳能海水蒸馏制水的效率。因此，为提高太阳能海水蒸馏制水的效率，开展新型高效蒸馏器的研究显得尤为必要。因此，有研究者研发了纸蜂窝结构高效蒸馏器，可回收蒸汽冷凝的热量，较大地提高了淡水产量。还有研究者在传统的太阳能海水蒸馏盘中增加了肋片，从而增大了有效换热面积，提高了系统的产水效率，经过理论和实验对比研究后发现系统的产水效率可提高 45.5%。

除此以外，一些高效的太阳能海水蒸馏新技术也处于开发改进阶段，如太阳能增湿-除湿海水淡化技术和毛细驱动太阳能局域热法海水淡化技术等。太阳能增湿-除湿海水淡化技术是以太阳能作为热源，经空气的加湿、去湿过程而获得淡水。毛细驱动太阳能局域热法海水淡化技术则是利用多孔介质毛细力自动抽吸海水至装置的蒸发表面，以太阳能作为热源加热装置表层的水分，通过强化蒸发过程得到淡水。该技术具备高产水效率和较低投入成本的优点。

② 太阳能膜法海水淡化技术

太阳能膜法海水淡化技术包括太阳能膜蒸馏法、太阳能反渗透法和太阳能电渗析法。太阳能膜蒸馏法的原理类似于太阳能蒸馏技术，是将太阳能加热后的海水送入膜组件进行气液分离，然后收集得到冷凝后的淡水；太阳能反渗透法和太阳能电渗析法则是利用太阳能发电技术（光伏发电和太阳能热发电）产生的电力驱动后端的海水淡化装置得到淡水。

摩洛哥的首个太阳能海水淡化项目就是典型的太阳能膜法海水淡化技术的应用案例。该项目于 2016 年 1 月 14 日正式投运，利用光伏发电进行供电，并利用太阳能热利用技术进行海水淡化。该项目共安装了 57 块光伏组件，总额定功率约为 10 kW；另外还配有 18 个太阳能集热器，额定集热功率为 14 kW；光伏组件和太阳能集热器分别为反渗透和膜蒸馏过程提供能量。

(2) 太阳能供热技术

太阳能供热方向主要包括利用太阳能为建筑供暖和将太阳能热用于工农业生产。

建筑采暖占冬季建筑能耗的较大比例，利用太阳能为建筑供暖不仅可以改善民生，而且可以减少化石能源的消耗并改善环境。近年来，太阳能供暖在我国政策扶持下逐渐得到推广。2020 年 6 月，国家能源局发布了《2020 年能源工作指导意见》，要求稳妥推进北方地区的清洁取暖，因地制宜选择清洁供暖技术路线。我国利用太阳能供暖最广泛的地区主要集中在北京市郊区及我国西部地区。除了为居民区日常供暖外，太阳能供暖系统也逐步应用在一些城市的公共建筑上，比如火车站、汽车站和图书馆等。太阳能供暖可以采用热泵技术或者聚光吸热技术。

直膨式太阳能热泵系统主要由太阳能集热-蒸发器、压缩机、冷凝器和节流阀组成。如图 2.36(a)所示，某直膨式太阳能热泵供热系统中，3.4 ℃、0.33 MPa 的饱和液态制冷剂工质在太阳能集热-蒸发器内吸热蒸发，变为 3.4 ℃、0.33 MPa 的饱和气态制冷剂工质，之后气态制冷剂工质被吸入压缩机中，绝热压缩为 56 ℃、1.53 MPa 的饱和气态制冷剂工质，再进入冷凝器，将热量释放给换热介质（水或空气）后冷凝为 50.09 ℃、1.53 MPa 的液态制冷剂工质，液态制冷剂工质通过节流阀后成为 3.4 ℃、0.33 MPa 的液态制冷剂工质，再次进入太阳能集热-蒸发器，由此完成一个循环。

直膨式太阳能热泵供热系统中制冷剂工质在太阳能集热-蒸发器、压缩机、冷凝器和节流阀进出口的物性参数取决于系统容量、系统设计及气象条件。为了获得良好的系统热力性能，国内外学者建议制冷剂蒸发温度比环境温度低 5～10 ℃，冷凝温度不宜超过 60 ℃。近年来，制冷剂通常采用 R134a、R410A、R407C 等绿色环保工质。

河北省张家口市涿鹿县跨季节水体储热塔式太阳能供热示范系统为典型的非热泵太阳能供热系统。该系统由中国科学院电工研究所设计开发，为张家口市涿鹿县矾山镇黄帝城小镇达华建国酒店供暖，供暖面积为 3000～5000 m²。该系统主要由塔式太阳能聚光吸热系统、水体储热系统、控制系统等组成，定日镜采光面积为 760 m²，水体储热容量为 3000 m³。该示范项目于 2018 年 4 月至 10 月初运行储热模式，再从 2018 年 10 月初开始运行供热模式。跨季节水体储热塔式太阳能供热示范系统的实景如图 2.36(b)所示。

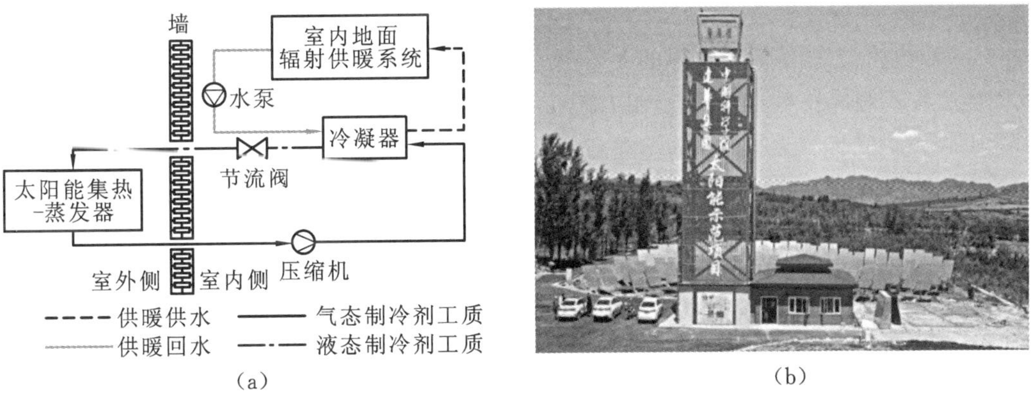

图 2.36 直膨式太阳能供热与跨季节水体储热塔式太阳能供热示范系统实景

(a)直膨式太阳能热泵供热系统；(b)跨季节水体储热塔式太阳能供热示范系统实景

太阳能供热系统可实现水的显热或潜热储热及供热，介质单一、易得，系统流程简单，一般在小规模、参数取值较低时的经济性较好。但水储热不适用于工农业生产方面的供热（如纺织印染、食品加工、木材加工、稠油开采等），因为工农业用气量的需求通常很大，且参数取值较高，此时熔盐储能供热就具有明显优势。典型的太阳能熔盐储能供热系统的工作流程如图 2.37 所示。

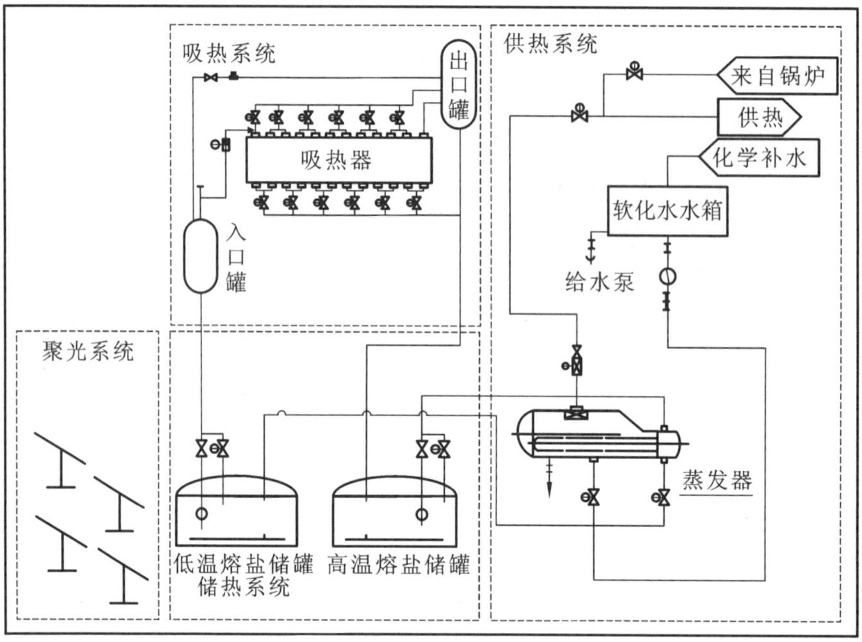

图 2.37　太阳能熔盐储能供热系统的工作流程图

该太阳能熔盐储能供热系统由四部分组成，分别为聚光系统、吸热系统、储热系统和供热系统。由于太阳能熔盐储能供热系统在大规模、高参数下供热的经济性优于水储热，因此有望得到大规模推广。

(3) 太阳能制冷技术

太阳能制冷主要是利用收集的太阳热能作为外界的补偿来实现制冷的一种技术，包括太阳能吸收式制冷技术、太阳能吸附式制冷技术和太阳能喷射式制冷技术等。相对来说，太阳能吸收式制冷技术的发展较为成熟，目前已进入实际应用阶段。

太阳能吸收式制冷技术最典型的应用是溴化锂太阳能吸收式制冷系统，该系统不仅制冷效率高，而且可以在较低热源温度下运行，在大型空调领域的应用较为广泛。溴化锂太阳能吸收式制冷系统由太阳能集热器、发生器、换热器、吸收器、蒸发器、冷凝器、泵和阀门等组成，其原理是利用水在高真空状态下沸点变低的特点来制冷，溴化锂为吸收剂，水为制冷剂。该系统的工作流程如图 2.38 所示。

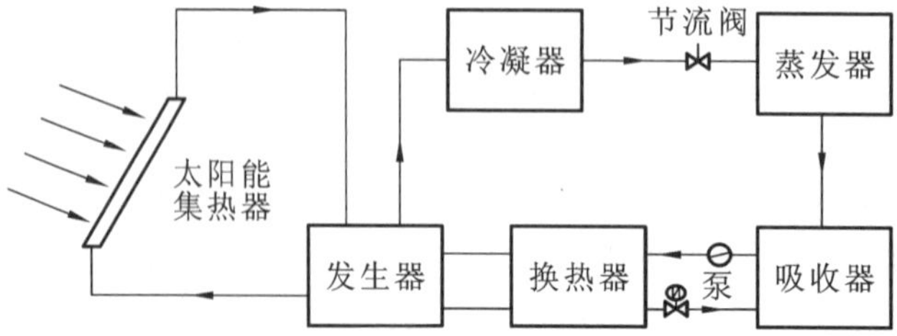

图 2.38　溴化锂太阳能吸收式制冷系统的工作流程简图

溴化锂太阳能吸收式制冷系统的工作流程:利用太阳能集热器收集的热能加热水,热水与溴化锂溶液在发生器内换热,溴化锂水溶液的浓度随着溶液中水的不断蒸发而不断升高,高浓度的溴化锂水溶液进入吸收器,蒸发出的水蒸气则进入冷凝器,被降温后凝结成高压液态水,再经节流阀降压后进入蒸发器中膨胀,汽化吸热发生制冷效应;低温水蒸气进入吸收器,被高浓度的溴化锂水溶液吸收,使溶液浓度逐步降低,再由泵送回发生器,完成完整的制冷循环。如此循环往复,太阳能集热器持续提供热量。

溴化锂太阳能吸收式制冷系统存在诸多优点,比如不会破坏臭氧层,制冷机在真空环境中运行,系统不排放有毒气体、无爆炸风险,且安装简便。但溴化锂太阳能吸收式制冷系统需要保证设计的严密性,因为一旦漏入空气,溴化锂溶液就会对设备产生一定的腐蚀性,从而影响整个系统的性能和使用寿命。

(4) 太阳池

太阳池可以很好地将太阳能收集并储存,并且可以将之转化为其他形式的能量。传统的太阳池分为淡水型太阳池和盐水型太阳池两种。其中淡水型太阳池是指灌注了非盐水溶液的太阳池。淡水型太阳池成本较高,所以在实际中的应用得不广泛。

盐水型太阳池根据深浅分为对流型太阳池和非对流型太阳池。较浅的为对流型太阳池,该类型太阳池一般储热性能比较差,很难对热量进行储存,无法长期稳定运行。目前非对流型太阳池应用较为广泛,因为该类型太阳池盐梯度呈梯度分布,因此也叫盐梯度太阳池。盐梯度太阳池是将不同浓度的盐溶液按从下往上盐度依次增大的方式灌注而成,具备将太阳能吸收、储存能力的太阳能热利用系统,因具有储热量大、工作稳定、可跨季度储热、廉价等优点,被广泛应用在海水淡化、供暖、制盐、发电等方面。

盐梯度太阳池从下往上依次为下对流层(Lower-Convective Zone,LCZ)、非对流层(Non-Convective Zone,NCZ)、上对流层(Upper-Convective Zone,UCZ)。其中下对流层灌注的盐水溶液接近饱和,该层盐度、温度均为最高,最高温度可达 90 ℃左右,因此也叫储热层;非对流层灌注具有一定盐梯度的盐水溶液,盐度值和温度值随着深度的增加而逐渐增大;上对流层盐度很小,接近于清水或者直接灌注清水,其中溶液分布均匀,温度接近所处环境温度。其结构如图 2.39 所示。

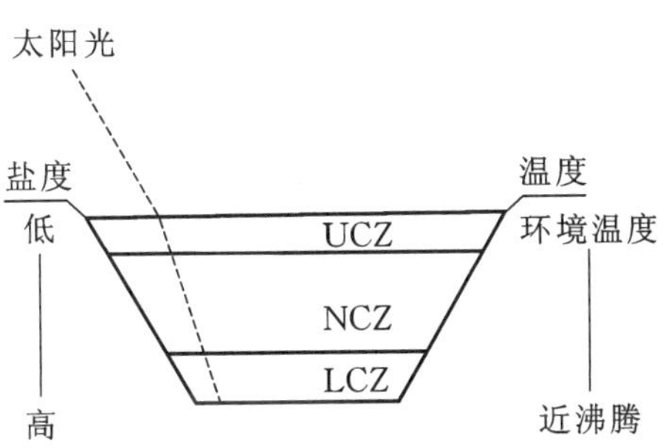

图 2.39 盐梯度太阳池结构图

由图 2.39 可以看出,太阳辐射穿过上对流层(UCZ)与非对流层(NCZ),到达下对流层(LCZ),被下对流层转化成热量储存。由于非对流层存在由上往下逐渐增加的密度梯度,这种密度梯度抑制了上对流层与下对流层由于温差发生的对流作用,故下对流层只能通过热传导的方式向上传热。又因为水与盐水的导热系数较小、非对流层厚度较厚，所以盐梯度太阳池下对流层向上的热量损失较小，热量会被储存起来，供外界利用。

盐梯度太阳池在拥有众多优点的同时，也存在一些不足。太阳池一般建在室外，外界因素会影响太阳池的稳定性、热学性能。这里的外界因素包括风扰动、落灰、藻类和微生物大量繁殖等，这些因素都可能导致太阳池稳定性变差、透明度降低等。除了外界因素，盐梯度太阳池内部的热量耗散也是有待解决的一个问题。因此，如何合理地弥补这些不足，通过提高盐梯度太阳池的性能来更好地运用太阳池，是当代研究学者重点关注的方向。

太阳池热能发电的工作原理：利用高温盐溶液在蒸发器内使低沸点介质蒸发产生蒸汽，推动汽轮机并带动发电机发电，从汽轮机排出的蒸汽进入冷凝器冷凝，冷凝液用循环泵抽回蒸发器，重新被太阳池的热盐溶液蒸发，开始新的循环。太阳池热发电方式最突出的优点是构造简单、生产成本低，它几乎不需要价格昂贵的不锈钢、玻璃和塑料等材料，只要一处浅水池和发电设备即可。另外，它能将大量的热储存起来，可以常年不间断地利用阳光发电，即使在夜晚和冬季也可以照常利用。因此，有研究者认为太阳池发电是所有太阳能应用中最为廉价和便于推广的一种技术。

(5) 太阳能热声发电

热声发动机是一种可将热能转换成高强度声能的新型发动机。这种新型发动机结构简单，整个系统没有机械运动部件，具有可靠性高的优势。而且与具有高温运动部件的斯特林发动机不同，为了提供大幅度的压力波动，热声发动机内通常充入高压气体（如氦气、氮气和氩气）作为工质，具有环保的优势。太阳能驱动的热声发电技术具有重要的科研价值。

1998 年，美国宾夕法尼亚大学的 Chen 和 Garrett 开始进行太阳能驱动热声发动机的研究，驱动 1 台小型驻波型热声发动机，最终可获得 300 W 的热量和 7.0 kPa 的压力振幅。从 2009 年开始，何雅玲课题组开展了太阳能热声发动机的研究工作，最终研制出了一台以菲涅尔透镜作为集热器和小型驻波型热声发动机组成的太阳能热声系统。2012 年，吴张华等将行波型热声发电系统与太阳能碟形集热器相结合，进行了太阳能热发电实验，最大可获得 200 W 的电功率。

目前，在太阳能热声发电技术的研究中，多采用驻波型热声发动机，而行波型热声发动机具有更高的热效率。图 2.40 所示为行波型热声发电系统的结构示意图。热声发电系统由热声发动机和直线发电机两部分组成，当外部热量进入热声发动机后，发动机内会产生高强度热声振荡，并推动直线发电机活塞及与其相连的动子作线性往复运动，带动直线发电机作次级运动，产生感应电动势，在外电路中接入负载电阻将电能引出，最终实现热—声—电的能量转换。

(6) 太阳能房

将太阳能的热利用与建筑相结合是目前节能建筑发展的主要趋势之一，太阳房就是其中一种。太阳房主要分为主动式和被动式两种。主动式太阳房就是在太阳房系统中设置常规能源驱动系统（如控制系统）——供调节用的水泵或风机及辅助热源等设备，它可根据需要调节室内温度以达到舒适的环境条件。而被动式太阳房主要靠太阳能向室内传递热量，不需要专门的蓄热器、热交换器、水泵（或风机）等设备，完全由自然的方式（经由辐射、传导和自然对流）进行。

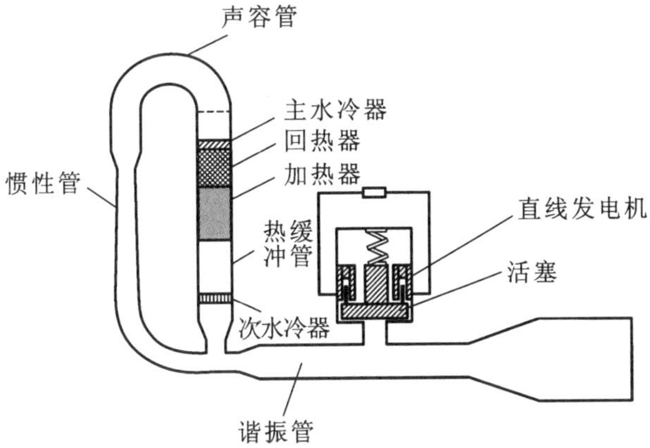

图 2.40 行波型热声发电系统结构示意图

被动式太阳房因其成本低,基本上不需要运行成本和维修费用,现已得到了较快的发展。在新农村、新牧区建设中,青海省积极推广应用太阳能热水器、被动式太阳房和太阳灶等太阳能热利用技术,并积极建设“太阳能采暖房”,充分利用太阳能保证当地的采暖需求。2009 年,在新疆天山的哈密伊吾县建造了被动式太阳能抗震组装房。被动式太阳能抗震组装房根据“温室效应”而建造,主要特点是节省取暖用煤、抗震性能较好、使用面积大、组装简便、造价低廉,各项指标均优于砖木结构和石膏土块抗震安居房。西藏地区于 2007 年在当雄县的村庄陆续建起了被动式太阳房。该太阳房有“玻璃能源屋顶”,由玻璃外罩、储热墙体、附加阳光间等组成,冬暖夏凉,在无辅助热源的情况下,冬季室内温度可提高 8 ℃以上,夏季室温则可降低 2～3 ℃。

被动式太阳房主要有直接受益式、集热墙式、附加阳光间式和组合式等几种形式。直接受益式太阳房是利用太阳光通过透光材料直接进入室内的采暖形式,它和普通房屋的差别最小。冬季阳光透过南向玻璃窗,使其直接照射到室内,从而使得室内温度升高,而仅有少部分阳光被反射到室内的其他面(包括窗),经反射或者通过窗户等透出室外。因此,由围护结构内表面吸收的太阳能,一部分以辐射和对流的方式在室内传递,一部分储存在蓄热体内,然后缓慢释放出热量,在太阳辐射强度不足时也能保持一定的温度,如图 2.41(a)所示。

集热墙式太阳房[图 2.41(b)]主要是依靠南向垂直集热墙体吸收穿过窗户的太阳能,然后通过传导、辐射及对流的传热方式把吸收的热量送入室内。围护结构的外表面一般被涂成黑色或某种暗色,以便有效地吸收太阳辐射能,从而可保证室内的温度维持在令人感觉舒适的范围内。

附加阳光间式太阳房是直接受益式太阳房和集热墙式太阳房的混合产物。如图 2.41(c)所示,它是将阳光间附加在所建太阳房的南向,中间用一堵墙(带门、窗或通风孔)把采暖间与阳光间隔开。一天当中,附加阳光间内的温度均比室外温度高,因此,阳光间既可以向房间提供太阳热能,又可作为一个缓冲区以减少房间的热量损失,同时使房屋与阳光间相邻的部分获得一个温和的环境。由于太阳光直接照射和加热阳光间,所以阳光间本身就具有直接受益系统的功能。因此,白天当阳光间内的温度高于相邻的房间温度时,通过打开门、窗或墙上的通风孔,将阳光间的热量通过对流传热传入相邻房间,其余时间关闭门、窗和墙上的通风孔。

组合式太阳房系统是由两个或两个以上被动式太阳房基本类型组合而成的。单一的形式总是会存在不足，因此，将不同的结构形式进行结合即可形成互补且更高效的采暖系统。而附加阳光间式太阳房实际就是由直接受益窗式太阳房与集热墙式太阳房组合而成的，具有采光效果好、全天室内供热均匀的优点。

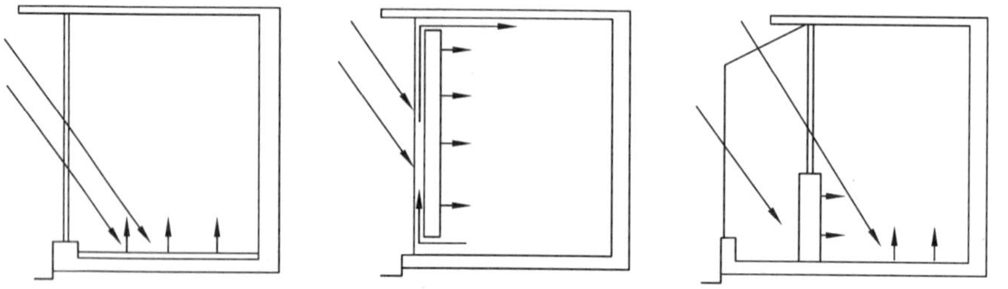

(a) (b) (c)

图 2.41 被动太阳房类型

(a)直接受益式；(b)集热墙式；(c)附加阳光间式

(7) 太阳灶

太阳灶是将太阳能转换为热能以烹饪食物的灶具。太阳灶作为太阳能利用的一种重要设备，在太阳能丰富的地区可减少环境污染。

当前，太阳灶已是较为成熟的产品。世界各国先后研制出了不同类型的太阳灶，如箱式太阳灶、聚光式太阳灶(图 2.42)、平板式太阳灶。我国对太阳灶的研究已经从分散的探索性实验发展为有组织的联合攻关与深入系统的研究。

为提高太阳灶的便携性，有研究者设计了可折叠太阳灶、便携式单轴自动跟踪烧水发电两用太阳灶(图 2.43)等。后者采用半抛物面作为太阳灶灶体，焦线位置加装食品级不锈钢加热管，在太阳灶的两翼安装薄膜光伏组件以实现光伏发电，电机传动实现仰角追光，使烧水和发电效率趋于最大。在户外野炊时，该太阳灶能够满足人们饮用开水的需求，借助于光伏发电，还可为出行者提供备用电源，避免手机电量不足带来的麻烦。随着大众不断追求更高的生活品质，该设计可为出行野炊提供更多的选择。

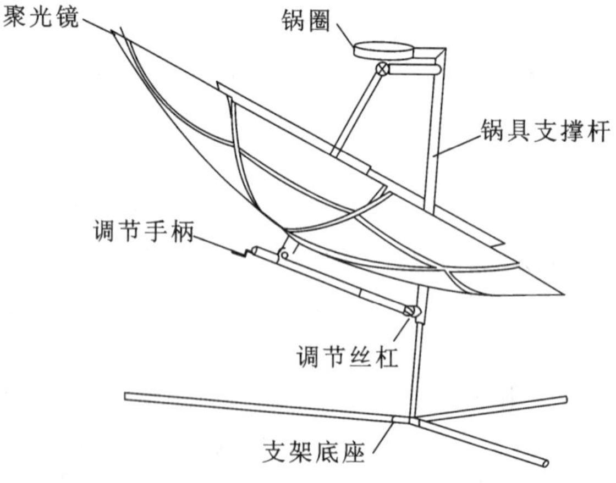

图 2.42 太阳灶整体结构

(a)

(b)

图 2.43 便携式单轴自动跟踪烧水发电两用太阳灶实物图

(8) 太阳能热水器

据统计，我国是目前全球太阳能热水器产量最多的国家。在太阳能热水器结构形式上，我国的太阳能热水器主要有真空管型太阳能热水器、平板型太阳能热水器和日晒型太阳能热水器三种，其中真空管型太阳能热水器(图 2.44)占太阳能热水器产量的 95%以上。而我国在太阳能热水器行业占据主导地位的一个重要原因就是在太阳能热水器技术上选择的是真空管而并非平板集热器。真空管太阳能热水器主要有开式、闭式两种类型，其主要部件有真空玻璃管、吸钡剂、储水罐、安装架和外部水源。其中，真空管是具有太阳吸收选择性涂层表面的圆柱管，其周围真空。储水罐是一种像水箱一样储存来自外部的水源的容器，它被放置在框架和真空管的顶部。管的顶部开口端与储水罐连接，管的底端放置在框架底部提供的支架上。其他的主要为一些支撑结构部件。

由于城市内高层建筑越来越多，传统的太阳能热水器已不能满足人们安装使用的空间，新一代的阳台壁挂太阳能正逐步走入人们的生活，成为高层住户的首选太阳能热水器产品。阳台壁挂式太阳能热水器(图 2.45)是一款分体式太阳能热水器，由太阳能板集热器、导管、储水箱三部分组成，其优点是节省空间、保温性能更佳、美观大方等。

图 2.44 典型的全玻璃真空管热水器外形图

图 2.45 阳台壁挂式太阳能热水器

我国的太阳能热水器市场经过几年的培育，已经步入快速发展期，已有约2300亿元的市场规模。未来5—10年，中国太阳能热水器市场保有量仍将保持20%以上的增长率。

(9) 太阳能烟囱

太阳能烟囱可被用于发电、通风、食品及农副产品干燥处理、海水淡化、改善局部地区小气候等，其中用于建筑的通风最为广泛。

① 太阳能烟囱发电

太阳能烟囱发电(Solar Chimney Power，SCP)技术又称为太阳能热空气发电(Solar Aero-Electric Power，SAEP)，是一种依靠集热棚收集太阳能，再利用烟囱效应驱动涡轮发电机进行发电的新型发电系统，其结构示意如图2.46所示。该系统的概念首先由Cabanyes于1903年提出，但在1978年由德国的Schlaich教授再次提及后才得到广泛关注。1981年，西德政府与西班牙电力公司历时2年，在西班牙Manzanares地区建造了世界上第一座太阳能烟囱发电站(Solar Chimney Power Plant，SCPP)，证明了SCP系统的可行性，继而掀起了研究热潮。但由于SCP系统的初期投资大、资金回收周期长，企业与政府的投资热情不高，迄今为止，全球尚未有兆瓦级的大型SCPP。现有研究大多是围绕SCP系统的结构优化、效率提升、成本降低等方面展开的理论分析和数值模拟，以及具有探索性质的试验研究。

2009年，内蒙古科技大学魏毅立教授带领团队在内蒙古乌海市沙漠地区建造了200 kW的太阳能热风发电示范工程(图2.47)，利用SCP系统并结合自然风以增加系统发电量，集热棚总面积为6170 m^2，烟囱高45.9 m。乌海的太阳能热风发电示范工程是世界上首例结合太阳能烟囱和风能的发电站，开辟了太阳能利用的新途径。该电站仅占用沙漠和荒地，有利于防沙、治沙，改善环境。此外，电站底部的隔水设计可减少沙漠水分蒸发，且运行中不产生任何污染，社会效益显著，对于我国西部地区太阳能的开发利用、缓解能源危机和改善生态环境具有重要意义。

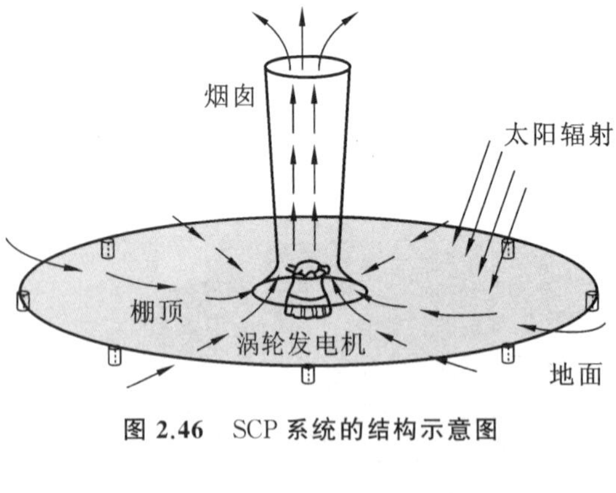

图2.46 SCP系统的结构示意图

图2.47 内蒙古乌海市太阳能热风发电示范工程

有研究者结合我国西部地域的特点，提出五类太阳能烟囱热气流利用模式：中小规模烟囱热气流驱动抽取地下水系统；较平整的小坡度山体上建造的斜坡集热棚式电站；依附于大坡度高山体建造的斜烟囱式电站；依附于大坡度、小跨度高山体建造的山洞烟囱式电站；平坦荒漠上建造的大规模漂浮烟囱电站。

② 太阳能烟囱海水淡化及取水

Kiwan 等提出了一种将 SCP 与海水淡化相结合的系统，结构如图 2.48 所示，集热棚内一半区域为水池，流动的空气将蒸发的水蒸气携带进入烟囱，随后水蒸气在烟囱内预冷凝并沿内壁回流至地面。根据构建的数值模型计算，相较于传统的 SCP 系统，SCP 与海水淡化相结合的系统的综合效率可提升 100 倍。

与之类似，太阳能烟囱还能进行空气取水、提水等工作，如图 2.49 所示。太阳光透过塑料或玻璃集热棚加热地面。为了增加地面的蓄热性能，将地面铺设一层水管作为蓄热材料。实际应用的烟囱一般采用钢筋混凝土结构，以保证一定的强度和防风抗震性能。上升的气流在烟囱中加速上升，推动安装在烟囱底部的涡轮旋转，并通过机械传动带动曲轴连杆机构，推动传动杆作垂直往复运动。抽水机抽取的地下水通过过滤器被提升到高位水塔中。高位水塔中的水不仅可通过喷淋设施清洗集热棚表面的灰尘，还可以输送到远处。

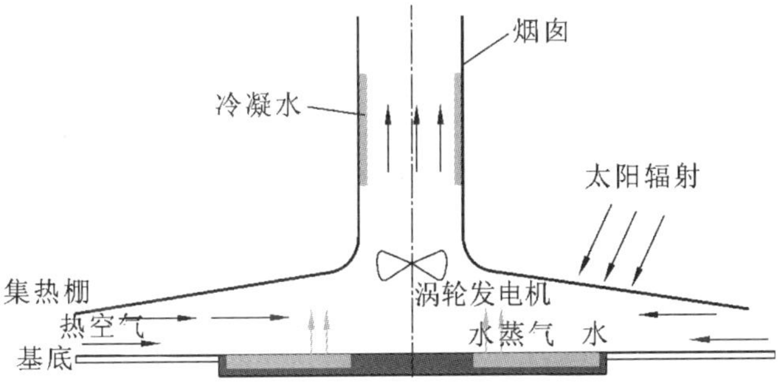

图 2.48 SCP 与海水淡化相结合的综合利用系统

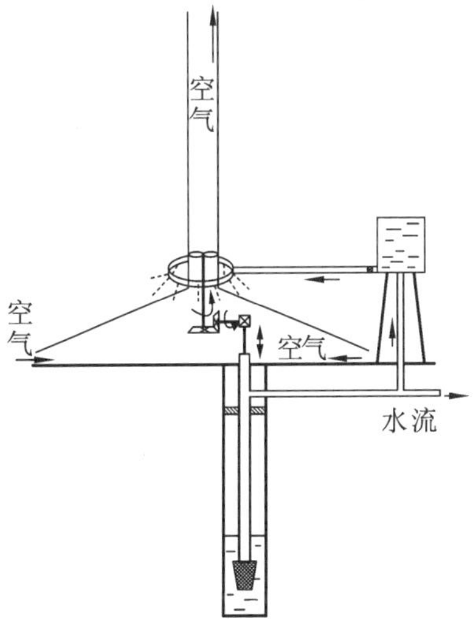

图 2.49 太阳能烟囱抽取地下水技术原理图

③ 太阳能烟囱干燥

太阳能粮食烟囱干燥装置（图 2.50）采用烟囱式设计，利用太阳辐射为空气流动提供浮升力，将热能转化为动能，强化自然通风，从而达到干燥粮食的目的。

太阳能粮食烟囱干燥装置由集热模块、储粮模块和烟囱模块构成。集热模块基于集热器设计，当太阳光入射时，面板吸收太阳光中的热量，同时热量通过空气介质从导管流出。烟囱模块提供了一个上下高度差，集热模块将热能传递给底部空气，上下空气温度存在差值，热对流效应增强，使粮食得到热量，从而使粮食内部水蒸气不断蒸发。

④ 太阳能烟囱通风

太阳能烟囱作为一种利用太阳辐射强化自然通风的有效手段，近年来已成为国内外研究的热点。应用在建筑中的太阳能烟囱主要由一个热吸收墙体和一个透明墙体组成。太阳光透过透明墙体加热热吸收墙，使烟囱通道中的气体被加热，烟囱内纵向梯度的温差促使烟

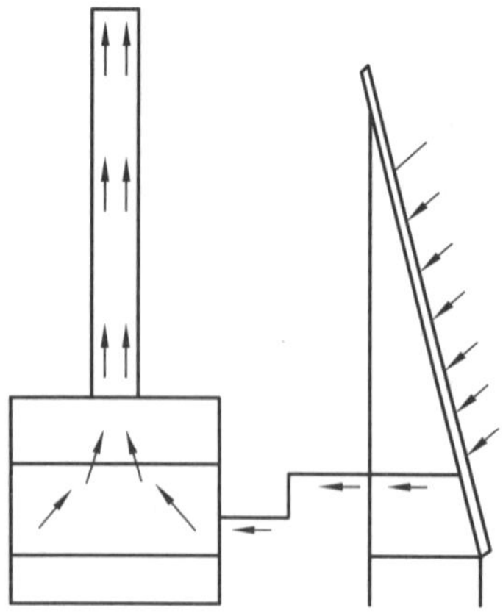

图 2.50　太阳能粮食烟囱干燥系统工作原理图

囱通道内空气向上运动，从建筑内部不断抽吸浑浊的空气并通过烟囱通道从其上口排出，从而在建筑内形成有效的空气流动。太阳能烟囱不仅可以带来有效的自然通风，还可以改善室内的热舒适性。

2010 年，Maerefat 提出了一种由太阳能烟囱和地埋管联合使用的被动式太阳能系统。该耦合系统利用太阳能烟囱产生的烟囱效应为地道风系统提供通风的动力，使室外新风不断补入室内。这种联合运行方式舍弃了传统地道风系统的风机，降低了风机的能耗，同时也提高了太阳能烟囱的应用范围，使得太阳能烟囱在除过渡季节以外的其他季节也可以使用。重庆大学张雅雅等人利用位于安徽省铜陵市的全尺寸实验台（图 2.51），研究了太阳能烟囱-地埋管耦合系统在夏热冬冷地区的通风性能，以及其对室内热环境的影响。结果表明，该耦合系统可以有效降低室内空调能耗。

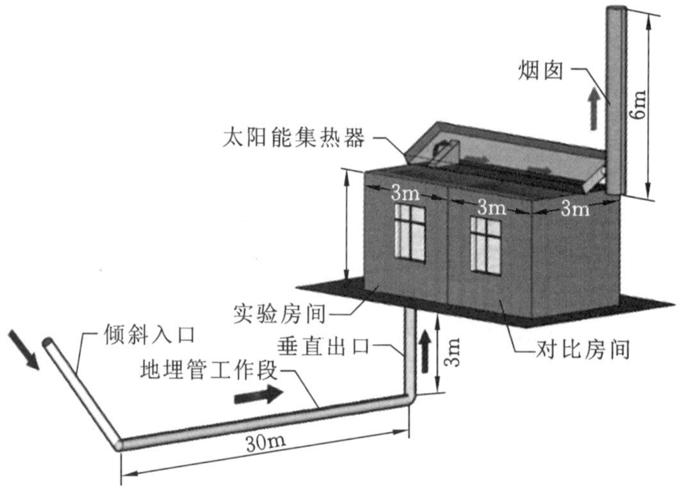

图 2.51　太阳能烟囱-地埋管耦合系统全尺寸实验台示意图

⑤ 空气净化塔

太阳能还能被用来净化空气。西安市建设有大型太阳能城市空气清洁系统，又称除霾塔（图 2.52），是世界上第一个利用太阳能及过滤技术进行空气净化的建筑结构。

除霾塔是一个科研项目，其主要科研目的是探索节能型新能源领域各个技术环节的协调和集成。除霾塔主要运用了热流理论、颗粒污染物过滤及光催化反应降低成霾因子等。在该塔中，太阳光对空气进行加热后，可以使得热气流上升；在塔的基础部周边安装了过滤网墙，当被污染过的空气通过这个过滤网墙时，就能够过滤掉空气中的颗粒态污染物质，导流塔再将净化后的空气排出。从统计数据上看，这个除霾塔过滤效率达到 80%，方圆10 km

内的雾霾浓度都能减少10%左右。据有关研究者声称，如果除霾塔在重度污染时工作一天，可以帮助25万～33万人改善呼吸条件。

图2.52 西安除霾塔

2.3.6 太阳能应用前景

从太阳能光伏市场的角度来讲，截至2021年，我国的太阳能光伏发电装机总量连续7年居全球首位，其中分布式光伏发电总量达到1.075×10^{9} kW，新增的并网光伏发电系统增加了2.9×10^{7} kW，2020年市场户用光伏电量超过1×10^{8} kW，2021年超过了2×10^{8} kW。我国的光伏产业链也位于世界领先水平，在全球前十的光伏硅晶制造企业中，有7家是中国企业。同时，我国光伏产业链的技术和完整程度也远胜于其他国家。

从太阳能光伏发电技术的发展历程来看，影响该技术进一步发展的主要原因是光伏材料成本较高。一方面，高转换率的光伏单晶硅电池板成本较高；另一方面，低转换率的光伏单晶硅电池板很难满足市场的实际需求。总而言之，我国现阶段的光伏电站建设没有充分利用我国的太阳能资源，大规模地面发电站没有在太阳能较充足、人口较稀少的区域发展；同时，分布式小型光伏发电站的市场化运行模式依然有待完善。未来，研究人员会集中主要力量解决这些问题，促进光伏发电站的进一步建设。总体来说，我国的太阳能光伏电站建设依然具有较广阔的前景，无论是土地资源的利用程度还是分布式光伏电站技术的利用状况，均具有广阔的发展空间，光伏发电技术的有效利用拥有良好的资源基础。

我国太阳能热水器的年产量和保有量均处于世界前列，但人均太阳能集热面积仍小于太阳能技术先进国家。中国农村地区太阳能光热利用技术得到了普及和推广，太阳能热水器的使用量已超过城市地区。然而，农村地区所使用的太阳能集热技术仍较为落后，光热收集和转换效率不高，产品质量参差不齐。部分厂商为了降低成本，产品性能参数不符合相关国家标准的规定，其安全性、可靠性、耐久性无法保证，产品质量和技术水平有待提高。

在其他方面，个人太阳能穿戴设备、家用太阳能利用设备、太阳能储能技术等依然具有较大的创新发展空间。

2.4 风　　能

2.4.1 概述

风是人类最常见的自然现象之一，在气象学上把垂直方向的大气运动称为气流，把水平方向的大气运动称为风。国际标准大气是指存在于地球周围，包围着地球，地球表面以上海拔 0～300 km 范围内的气体。大气流动是从压力高处往压力低处流，因此，大气压力差是风形成的主要原因。

风分为海风和陆风。由于陆地的比热容比海洋的小，所以白天陆地上的气温比海面上的空气温度上升得更快，这样，陆地上较热的空气就会膨胀上升，而海面上较冷的空气便流向陆地，以补充上升的热空气，这种从海洋吹向陆地的风称为“海风”。在夜间，其风向恰恰相反，因为陆地比海洋冷却得更快，所以陆地上的冷空气流向海面以补充上升的热空气，这种从陆地吹向海洋的风，称之为“陆风”。“陆风”在中纬度地区，可以从海岸线深入内陆 50 多千米，而在热带地区，则可深入内陆 200 多千米。

风能作为一种重要的可再生清洁能源，储量大、分布广，是目前重点进行开发利用的能源。风能是空气流动所产生的动能，是太阳能的一种转换形式。太阳光照射使地球表面各地区受热不均，引发空气运动，从而形成风。地球接受的太阳辐射能大约有 2％转化成风能。如果全球风能总量的 1％用来发电，就能满足全部能源消耗。在世界气象组织（WMO）发布的技术报告中认为：全球风能总储量为 3×10^{17} kW，其中可利用的风能为 2×10^{10} kW，是地球上可利用水能的 20 倍。风能资源储量是指离地面 10 m 高度层上的风能资源量，而非整层大气或整个近地层内的风能量。根据国家气象科学院的估算，我国陆地地面 10 m 高度层风能的理论可开发量为 3.2×10^{9} kW，实际可开发量为 2.53×10^{8} kW。海上风能可开发量是陆地风能储量的 3 倍。大型风力发电机要求考虑距地面 50 m 或更高处的风能资源，因此，中国可开发利用的风能资源可超过 20×10^{8} kW。

风能资源受地形的影响较大，世界风能资源多集中在沿海和开阔大陆的收缩地带。8 级以上的风能高值区主要分布于南半球中高纬度洋面和北半球的北大西洋、北太平洋以及北冰洋的中高纬度部分洋面上，大陆上风能则一般不超过 7 级，其中美国西部、西北欧沿海地区、乌拉尔山顶部和黑海地区等多风地带风能较大。我国风能资源的分布与气候背景有着非常密切的关系。我国风能资源丰富和较丰富的地区主要分布在两个大带：一个是三北地区丰富带；另一个是沿海及其岛屿地丰富带。

2.4.2 风能的应用

中国、埃及、荷兰、西班牙等国在很早就造出风车、风磨等利用风能的设备。在古代，人们利用风力提水、灌溉、磨碎谷物，用风帆推动船舶前进。到了 20 世纪，特别是 70 年代石油危机之后，人们则利用涡轮叶片将气流的机械能转化为电能。风力发电场的建设始于 19 世纪末的丹麦。到 20 世纪 90 年代初期，世界共有风力发电装置 10 万个以上，总发电能力超过了 250 万千瓦，目前正以每年 20 万千瓦的速度递增。

风能的利用主要依靠风力机。风力机是把风能转化为其他形式能量的旋转机械，利用风力可以发电、提水、助航、制冷、制热等。

(1) 风力发电

风力发电是利用风能最基本的一种方式，可以将风能转化成机械能，然后再将机械能传递给发电设备，利用发电机将这些机械能转化为电能。风力发电在实际应用过程中，需要将电力电子装置接入电网中，建立完善的风力发电系统。风力发电所需要的装置称作风力发电机组(图 2.53)，一般包括风轮、发电机、调向器(尾翼)、塔架、限速安全机构和储能装置等部件。风力发电的原理是利用风力带动风车叶片旋转，把风的动能转化成风轮轴的机械能，发电机在风轮轴的带动下旋转发电。由于自然界的风速是极不稳定的，风力发电机的输出功率也极不稳定，所以其产生的电能一般不能直接用在电气设备上，而是先用储能装置储存起来。

海上风能资源丰富，海上风电场规模和发电量比陆上风电大很多，且不占用土地资源，同时风力发电不需要消耗任何化石燃料，规模效益和环境效益都十分显著。海上风电场示意如图 2.54(a)所示。

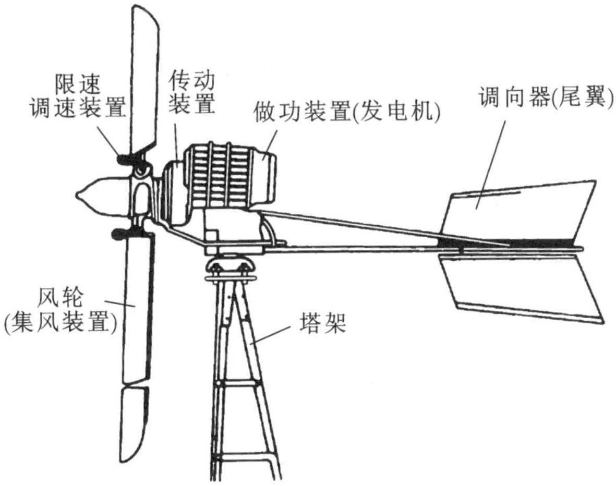

图 2.53 风力发电机组

(a)

(b)

图 2.54 海上风电及建筑风电

(a)海上风电场；(b)巴林世贸中心

风力发电机根据旋转轴的不同,可以分为水平轴风力机和垂直轴风力机。由于垂直轴风力发电机所占空间较小,一般安装在建筑的楼顶。当然,也存在水平轴风力机与建筑结合的情况,最典型的案例如巴林世贸中心,如图 2.54(b)所示。巴林位于卡塔尔和沙特阿拉伯之间,因独特的地理气候条件,使得其拥有丰富的海风资源,也为风能建筑的实践提供了良好的天然环境。巴林世贸中心高 240 m,共 50 层,其造型灵感来源于传统阿拉伯式风塔。双塔之间的 3 条横梁分别位于建筑的第 16 层、25 层和 35 层。其上安装的“风车”是直径 29 m的水平轴风力发电涡轮机,“风车”叶片每分钟转动 38 次,通过安装在引擎舱的一系列变速箱,最终使与其相连的发电机以 1500 r/min 的转速运行发电。

目前世界上最大的风力发电厂是我国的甘肃酒泉风电基地,这是我国第一个千万级风电基地项目,号称“陆上三峡”或“风电三峡”,如图 2.55 所示。

(a) (b)

图 2.55 酒泉肃北风电项目

(a)施工现场;(b)场景实拍

(2) 风力提水

风力提水是指利用风力来驱动提水机提水。风力提水机组是早期人们广泛使用的风力机械。其优点是投资少、功效高、经济耐用,目前世界上有 100 多万台风力提水机在运转。

现代风力提水机可以分为两类:一类是高扬程小流量的风力提水机,它与活塞泵相结合提取深井地下水,主要用于草原牧区,为人畜提供饮水;另一类是低扬程大流量的风力提水机,它与螺旋泵相结合以提取河水、湖水或海水,主要用于农田灌溉、水产养殖或制盐。风力提水机在我国应用广泛,如黄淮河平原的盐碱改造工程就可大规模采用风力提水机来改良土壤。武汉汉口江滩的芦苇荡风车也是一个抽水风车,主要用来抽取储存在蓄水池的江水,经过过滤后灌溉江滩绿化带里的植物,如图 2.56 所示。

我国常用的风力提水机按其使用技术指标可分为低扬程大流量风力提水机、中扬程大流量风力提水机、高扬程小流量风力提水机、风力机-空气压缩泵提水机和风力发电机-电泵提水机等。

① 低扬程大流量风力提水机是由低速或中速风力机与钢管链式水车或螺旋泵共同形成的一类提水机组。它可以提取河水、海水等地表水,用于盐场制盐、农田排水、灌溉和水产养殖等作业。机组扬程为 0.5~3 m,流量可达50~100 m^3/h。风力提水机的风轮直径为

5～7 m,风轮轴的动力通过两对锥齿轮传递给水车或螺旋泵,从而带动水车或水泵提水。这类风力机的风轮能够自动迎风,一般采用侧翼-配重调速机构进行自动调速。

② 中扬程大流量风力提水机是由高速桨叶匹配容积式水泵组成的提水机组。这类风力提水机组的风轮直径为 5～6 m,扬程为 10～20 m,流量为 15～25 m^3/h,可用于提取地下水进行农田灌溉或人工草场的灌溉。这种机组中的风力机一般为流线型升力桨叶风力机,性能先进、适用性强,但造价高于传统式风车。

图 2.56 武汉汉口江滩的风力提水机

③ 高扬程小流量风力提水机是由低速多叶片立轴风力机与活塞水泵共同组成的,这类机组的风轮直径一般为 2～6 m,扬程为 20～100 m,流量为 0.5～5.0 m^3/h,主要用于提取深井地下水。我国西北部、北部草原牧区常用这类机组为人畜提供清洁饮用水或为小面积草场提供灌溉用水。这类提水机是通过曲柄连杆机构把风轮轴的旋转运动变为活塞泵的往复直线运动来进行提水作业的。风轮的对风一般都是通过尾翼来自动调整的,并采用风轮偏置-尾翼挂接轴倾斜方法进行自动调速。

④ 风力机-空气压缩泵提水机的优点是可以把风机安装在距提水点一定距离且风况更好的位置,同时水井内没有运动部件,减小了惯性损失。

⑤ 风力发电机-电泵提水机的特点是风机发出的电不与电网连接,而是直接驱动水泵提水。

(3) 风力制热

随着人民生活水平的提高,家庭用能中热能的需要量越来越大,特别是在高纬度的欧洲、北美洲,取暖和烧水是耗能较大的。为解决家庭及低品位工业热能的需要,风力制热有了较大的发展。风力制热是将风能转换成热能,目前主要有以下三种转换途径:一是由风力发电机发电,再将电能通过电阻丝发热转换成热能。二是由风力机将风能转换成空气压缩能,再转换成热能,即由风力机带动离心压缩机,对空气进行绝热压缩而释放出热能,这也就是常说的热泵技术。三是由风力机直接产生热能。这种方法制热效率最高,可达 30%。风力机直接转换成热能也有多种方法,常用的有四种方法,即液体搅拌制热、固体摩擦制热、液体挤压制热和涡电流制热。

① 液体搅拌制热最为简单,是在风力机的转轴上连接一个搅拌转子,转子上装有叶片,将搅拌转子置于装满液体的搅拌罐内,罐的内壁为定子,也装有叶片。当转子带动叶片装置时,液体就在定子叶片之间以涡流运行,并不断撞击叶片,如此可使液体变热,就能得到所需要的热能。这种方法可以在任何风速下运行,比较安全、方便,且磨损小。

② 固体摩擦制热是指风力机的风轮转动，在转动轴上安装一组制动元件，利用离心原理，使制动元件与固体表面发生摩擦。用摩擦产生的热来加热油，然后用水套将热传出，即得到所需的热。这种方法比较简便，但是重点在于制动元件的材质要选择合适的耐磨材料。

③ 液体挤压制热主要利用液压泵和阻尼孔来进行制热。当风力机带动液压泵工作时，将液体工质（通常为油料）加压，使被加压的工质从狭小的阻尼孔高速喷出，迅速射在阻尼孔后尾流管中的液体上，于是发生液体分子间的高速冲击和摩擦，从而使液体发热。这种方法没有部件磨损，比较可靠。

④ 涡电流制热是风力机转轴驱动一个转子，在转子外缘与定子之间装上磁化线圈，当微弱电流通过磁化线圈时，便产生磁力线。这时转子转动切割磁力线，产生电流，并在定子和转子之间生成热，这就是涡电流制热。为了保持磁化线圈不被破坏，可在定子外套加一环形冷却水套，不断把热量带走，于是就可得到所需要的热水。这种制热过程主要是机械运转，磁化线圈所消耗的电量很少，而且可以从由风力发电充电的蓄电池中获得直流电源，风能转换效率较高。

（4）其他

近年来，风能应用也有了不同于传统的开发。

① 全永磁悬浮风力发电机

全永磁悬浮风力发电机（图 2.57）完全由永磁体构成，不带任何控制系统。2005 年，由中科院广州能源研究所、广州中科恒源能源科技有限公司、兰州环优磁机电科技有限公司联合研制的全永磁悬浮水平式离网型风力发电机组，于 12 月 26 日通过由广东省科技厅组织的技术鉴定。这台全永磁悬浮风力发电机完全由我国科技工作者自主研发。与传统风力发电机相比，全永磁悬浮风力发电机真正做到了“轻风启动，微风发电”，可用于开发国内广大地区的低风速资源，增加年发电时间。

② 风筝发电机

高空中的风力比地面上强很多，并且它的风力也更加持续稳定。在过去，从对流层中无穷无尽的风中获取能源的想法仅仅是个梦，如今一只放飞的风筝能帮助人们实现这个梦想——利用高空的风产出成本低廉的电力。越来越多的科研工作者提出各种各样的设想，来实现风筝发电（图 2.58）的梦想。

③ 风能跑车

风能跑车是利用风能行驶的跑车。现在国外已经研制出几款概念风能跑车，如图 2.59 所示。风能跑车有望成为未来人们出行的交通工具。

英国 Ecotricity 风能环保公司推出了一款名为“复仇女神”的纯电动超级跑车，使用纯绿色风电，完全符合当今节能环保的动力需求。设计师 Thomas Pastor 设计的 H Car 采用氢燃料电池和电动电池。H Car 的车轮，除了传统用途之外，更重要的是充当了可再生能源发电机。当车正常行驶的时候，车轮可以捕获风能。美国加利福尼亚州贝弗利希尔斯市的罗里·汉德尔和马克斯·布里克利纳斯设计出“方程式 AE”（Formula AE）跑车。这款双座跑车有四个通风口，其中两处在车身前部，另外两处分别位于车身两侧，方向朝后。跑车首先利用太阳能电池启动。随后,4个通风口改变车身周围的气流方向,将气流导入隐藏在车身内、与交流发电机相连的涡轮机中,由此增加20%～25%的可用电量。

图 2.57 全永磁悬浮风力发电机

图 2.58 风筝发电机

(a) (b) (c)

图 2.59 风能跑车

(a)"复仇女神";(b)H Car;(c)方程式 AE

2.4.3 发展趋势

"十四五"以来,国家持续加大对大型风光电基地开发建设的力度,《"十四五"电力发展规划》《"十四五"现代能源体系规划》等规划方案均提出要大力推进大型风光电基地建设。风能的主要应用依然是风力发电,风电发展趋势如下:

(1) 风电机组规模日益大型化

近年来,我国风电装机规模稳步扩大,根据《中国海洋能源发展报告 2023》和国家能源局相关披露可知,2023 年我国新增风电装机并网 75.9GW,同比增长 1.017 倍。单机大型化对提高自然资源集约利用效率和降低风场单位能源造价具有显著意义,整机厂商开发出单机容量和叶轮直径越来越大的风机,以适应更广泛的风资源特性。

(2) 风电场的选址日益扩大化

随着风电技术的不断成熟,风电场的选址也呈现出新的发展趋势。首先是风电场选址由强风带向弱风带过渡。其次是风电场选址由平坦地形向复杂地形扩展。再次是风电场选址由陆上向海上转移。

(3) 风能应用技术不断拓展

为了充分利用风能，降低风电对电网的影响，将风能与其他能源组成互补系统是一种有效的新途径。目前，除了技术上比较成熟的风电/光伏发电互补系统、风电/柴油发电互补系统外，近年来还不断开发出风电/水电互补系统、风电/燃气轮机发电互补系统等。

(4) 风电成本逐渐降低

尽管风电成本受到很多因素的制约，但其发展趋势是成本逐渐降低。

(5) 风电的绿色特性越发凸显

与传统的化石能源相比，尽管目前风电在市场上还缺乏竞争力，但其绿色特性却日益凸显。风电生产时主要利用当地自然风能转化为机械能，再将机械能转化为电能，整个过程不排放任何有毒有害气体。虽然风电场在建设过程中可能产生噪声污染，但是工程建设一般距离居民区较远，对居民的生活影响较小；风力发电机组的运行噪声也在国家标准的要求之内，而且风电对大气、水体、陆地均无污染，因此具有明显的环境效益，凸显了风电的绿色特性。

2.5 地 热 能

2.5.1 概述

地热能是指能够经济地被人类利用的地球内部的热能，其总量丰富、能量密度大、分布广泛，具有绿色低碳、适用性强、稳定性好等特点。在众多可再生能源中，地热能是唯一与太阳无关的能源。与风能、水能等其他新能源相比，地热能受外界因素影响小，且基本不受地理位置的限制，是一种发展潜力巨大的可再生能源。在我国结构能源调整、环境污染治理、清洁能源供暖的背景下，地热能将会发挥至关重要的作用。

2009—2011 年，国土资源部在系统收集我国基础地质、地热地质、水文地质、城市地质、石油地质等已有资料的基础上，对地热资源潜力进行了重新评价。这一最新评价认为，中国浅层地热能资源量相当于 95 亿吨标准煤。每年浅层地热能可利用资源量相当于 3.5 亿吨标准煤。这些地热能如果能被全部有效开发利用，则每年可节约 2.5 亿吨标准煤，减少 CO_2 排放约 5 亿吨。全国沉积盆地地热资源储量折合标准煤 8530 亿吨；每年可利用的常规地热资源总量相当于 6.4 亿吨标准煤，每年可减少 CO_2 排放 13 亿吨。中国大陆 3000～10000 m 深处干热岩资源总计相当于 860 万亿吨标准煤，是中国目前年度能源消耗总量的 26 万倍。

据国土资源部最新的评价数据资料显示，我国现已查明有 287 个地级以上城市浅层地热能、12 个主要沉积盆地地热资源、2562 处温泉区隆起山地地热资源。目前，利用地热发电的有 4 处，其中西藏有 3 处，分别是羊八井、那曲和朗久 3 个地热田，总装机容量约为 25 MW；广东丰顺地区有 1 处，其装机容量约为 0.3 MW。其余地区主要将地热用于供暖、热泵、洗浴、医疗、养殖和农业大棚等。我国高温地热资源分布在滇藏和川西地区，对流型地热资源分布在东南沿海地区(如广东、福建)，传导性地热资源分布于华北平原、松辽盆地。

2.5.2 地热能的应用现况

2.5.2.1 地热能的分类

综合考虑热流体传输方式、温度范围以及开发利用方式等因素，地热资源可分为浅层地热能、水热型地热能和干热岩型地热能(增强型地热系统)三种类型，见表2.8。

表2.8 地热资源分类

分类	浅层地热能	水热型地热能			增强型地热能(干热岩)
		低温地热能	中温地热能	高温地热能	
温度范围	<25 ℃	<90 ℃	90～150 ℃	>150 ℃	>200 ℃

2.5.2.2 国际应用

冰岛是拥有丰富地热资源的国家之一。20世纪70年代以来，冰岛大力发展了本国地热能的开发与利用。截至2018年，冰岛90%的采暖是由地热能供应的，90%的游泳池由地热能加热，地热发电装机容量755 MW。其中，首都雷克雅未克全部利用地热采暖，该地区50多个地热井主要由该市能源公司运营，形成了世界上最大最成熟的地热供暖系统。另外，冰岛还利用地热资源养鱼、除雪、进行温室种植和工业生产等，已形成了资源开发与环境保护相协调的发展模式。

另一个地热能利用较完善的国家是土耳其。截至2019年，该国11.6万所住宅供暖，450万平方米温室，4.64万所酒店、康养设施，以及部分工业烘干、制冷等采用地热能供给，地热直接利用总量达3500 MW，成为地热非电利用居世界前四的国家。但其最受瞩目的还是近些年在地热发电领域的突破。经过十几年的发展，土耳其地热发电装机容量已从2005年的20 MW、世界第16位，飞跃至2019年的1595 MW、世界第4位，增长近80倍，成功进入世界地热发电强国行列。土耳其地热发展迅速的主要原因之一是政府立法，凡投资地热发电的企业或组织均给予政策优惠，如基本激励电价为10.5美分/(kW·h)，额外激励为2美分/(kW·h)，极大地推动了民间资本参与地热基础设施建设。

还有一些地热开发强国(如美国、菲律宾、德国、瑞士等)都在充分利用地热。

2.5.2.3 国内地热能的应用

我国地热资源储量巨大(表2.9)，在直接利用方面优势明显，在温泉疗养和地热供暖方面长期处于世界领先地位。根据相关数据统计，截至2014年年底，在我国的地热资源利用中，浅层地热能利用(地源热泵)占比58%，中深层地热供暖占比约19%，温泉疗养、洗浴占比18%。目前，我国地热直接利用装机容量和地热能利用量均居世界首位。

(1) 浅层地热能开发利用

浅层地热能是指地表以下200 m深度范围内在当前技术经济条件下具备开发利用价值的、蕴藏在地壳浅部岩土体和地下水中温度低于25 ℃的低温地热资源。浅层地热能既包括浅层岩土体、地下水所包含的热能，也包括地表水所包含的热能。浅层地热能属于低位热能，适合采用热泵技术加以利用，利用时不产生 CO_2、SO_2 等污染气体，目前主要用于城市冬季供暖和夏季制冷。

相较于欧美等发达国家，我国应用地源热泵技术，虽然起步晚，但发展很快。地源热泵机组通过地埋管循环系统和热泵设备将冷热量转移至建筑物需求端，其优点是运行稳定、环保、不受环境温度影响，在极端天气下能提供稳定高效的能源供给。地源热泵技术引进国内已有 20 余年，经过十余年的快速发展，现已作为一种主要的浅层地热能利用方式，在我国东北、华北等地得到广泛应用和大力推广。

表 2.9　我国 12 个主要盆地(平原)地热资源评价结果统计

盆地(平原)	面积/km^2	热储层系	地热资源量/($\times 10^{18}$ J)	折合标准煤/($\times 10^{8}$ t)
华北平原	90000	明华镇组、馆陶组、基岩	5420.5	1852.5
河淮盆地	68050	新近系	1984.7	678.3
苏北盆地	31750	新近系	495.0	169.2
下辽河盆地	3385	新近系	31.9	10.9
渭河-运城盆地	24625	新近系、第四系	3652.1	1248.2
松辽盆地	144400	白垩系中、上统	992.4	339.2
鄂尔多斯盆地	159600	下白垩系、侏罗系、三叠系、二叠系	2548.1	870.8
四川盆地	200000	侏罗系、三叠系、二叠系	7783.8	2660.2
银川平原	2515	第三系、奥陶系	409.8	140.0
西宁盆地	834	第三系	238.7	81.6
江汉盆地	28000	新近系	241.5	82.5
河套平原	28000	新近系	1165.9	398.5
合计	781159		24964.4	8531.9

(2) 水热型地热能开发利用

水热型地热资源也称常规地热资源，是指较深的地下水或蒸汽中所蕴含的地热资源，是目前地热勘探开发的主体。地热能主要蕴含在天然出露的温泉和通过人工钻井直接开采利用的地热流体中。其中，水热型地热资源按温度分级，可分为高温地热资源（温度≥150 ℃）、中温地热资源（90 ℃≤温度<150 ℃）和低温地热资源（温度<90 ℃）三级；按构造成因，可分为沉积盆地型地热资源和隆起山地型地热资源；按热传输方式，可分为传导型地热资源和对流型地热资源。

水热型地热能的开发利用主要用于供暖、温泉疗养、种植等方面。水热型地热能开发主要以抽取深层地下热水的形式进行。由于通过该方式开发地热能简单方便、经济性好，近十年来在国内发展迅速，特别是在地热供暖利用方面。近年来，随着环保要求的进一步提高，一些地区也相继出台了相关文件来严格限制地下热水的抽采，要求水热型地热能供暖项目“以灌定采”，确保完全实现地下水的同层回灌。

(3) 无干扰式地热能开发利用

无干扰式地热能利用技术是近年来国内兴起的一种新型地热能供暖技术。中深层地热能无干扰供热技术是通过钻机向地下一定深度(一般为 2000～3000 m,可为单井也可为对接井)钻孔,通过特定换热器将地下深处热量导出,再通过热泵设备进行升温,为地面建筑物进行供热的新技术。这一技术与水热型地热利用技术的区别在于不开采使用地下热水,对地下水环境干扰较小,在任何地方都可以进行地热交换,是一种典型的分布式能源。针对该类型中深层供热技术的诸多优点,该项技术在陕西、山东、河北、河南等省得到了大力推广,目前全国已实现供暖面积超过 1000 万平方米。

(4) 地热发电

我国地热发电起步于 20 世纪 70 年代,当时以开发中低温地热能为主要发展方向,在江西、广东等地区先后建立了多个地热发电示范基地。1977 年,我国开始涉足中高温地热发电,在西藏羊八井成功建成了第一个中高温地热发电站。台湾、藏南、滇西和川西是我国高温水热型地热资源的主要分布地区,是未来地热发电的潜力区。

西藏的羊八井地热发电站是世界上海拔最高的地热发电站(图 2.60),开创了国际上利用中低温地热发电的先河。“十四五”时期,西藏将大力培育地热能产业,保护好生态环境,改善能源消费结构,将地热资源优势转化为产业优势。

图 2.60 羊八井地热电站工作人员检查设备状况

(5) 增强型地热能(干热岩)

干热岩 (Hot-Dry-Rock,HDR)一般指温度大于 200 ℃,埋深数千米,内部不存在流体或仅有少量地下流体的高温岩体。干热岩的热能赋存于各种变质岩或结晶岩类岩体中,较常见的干热岩有黑云母片麻岩、花岗岩、花岗闪长岩等。干热岩的开发利用需要人工制造热储,向注水井 (回灌井) 高压注入温度较低的水,使岩体产生裂缝。随着低温水的不断注入,裂缝不断增加、扩大,并相互连通,最终形成一个大致呈面状的人工干热岩热储构造。注入的水沿着裂隙运动,并与周边的岩石发生热交换,产生高达 200～300 ℃的高温高压水或水汽混合物,这些产物从生产井中被开采出来,利用完的尾水通过注入井返回地下,形成一个闭式回路。

干热岩在地球内部普遍存在,但有开发潜力的干热岩资源分布在新火山活动区、地壳较薄地区等板块或构造体边缘。我国陆地地下 3～10 km 范围内干热岩资源量折合标准煤 856 万亿吨。根据国际干热岩标准,以其 2%作为可开采资源量计,约为 2015 年全国能源总消耗量的 4000 倍。我国干热岩分为 4 种类型:①高热流花岗岩型,集中在我国东南沿海地区;②沉积盆地型,主要分布在关中、咸阳、贵德、共和、东北等白垩系形成的盆地下部;③近代火山型,分布在我国腾冲、长白山、五大连池等地区;④强烈构造活动型,主要分布在我国青藏高原地区。

2.5.3 发展趋势

未来地热能的发展趋势就是技术创新，主要体现在以下几个方面：

(1) 深度勘探技术的提升。可帮助人们更好地了解地下资源分布情况，为地热能的开发提供更加科学的依据。

(2) 新型材料的应用。这些新材料在耐高温、耐侵蚀、导热性、机械强度等方面具有很强的优势，可以大大提高地热能设备的效率和使用寿命。

(3) 低温地热资源开发。未来地热能技术创新将积极探索低温地热资源的开发。这类资源虽然温度相对较低，但可以广泛应用于城市供暖、生活热水等领域，同时还可以有效提高地热能的利用效率。

未来地热能的发展趋势也需要政策的配合与支持。政府在制定相关政策时需要考虑到以下几点：

(1) 给予优惠政策。政府可以给予地热能发电企业一定的税收优惠或财政补贴，以提高其积极性，推动地热能的开发和利用。

(2) 加大投资力度。政府可以加大对地热能技术研发和市场开拓的投资力度，提高其市场竞争力。

(3) 优化能源结构。政府可以通过调整能源结构，逐步减少对石化能源的依赖，增加可再生能源的比重，促进地热能的广泛应用。

未来地热能的发展趋势还将在应用领域拓展。目前，地热能主要用于发电、供暖等方面，但未来它还将广泛应用于以下方面：

(1) 工业生产。地热能可以用于各类生产过程中的加热、干燥等环节，可节约成本，提高效率。

(2) 农业生产。地热能可以用于温室等设施的供暖，提高作物的生长速度和质量。

(3) 交通运输。地热能可以用于地铁、高速公路等交通设施的供暖和制冷，提高乘客舒适度。

总之，未来地热能的发展趋势是多方面的，需要技术创新、政策配合和应用领域拓展三方面的共同努力。相信未来地热能的发展将有更广泛的应用空间和更好的发展前景。

2.6 生物质能

2.6.1 概述

生物质能作为地球上最古老的能源之一，是太阳能以化学能形式储存在生物质中的能量形式，即以生物质为载体的能量。它直接或间接地来源于绿色植物的光合作用，可转化为常规的固态、液态及气态燃料，取之不尽、用之不竭，是一种可再生能源，同时也是唯一一种可再生的碳源。生物质能具有以下特点：

(1) 可再生性。生物质能是从太阳能转化而来的，通过植物的光合作用将太阳能转化为化学能，储存在生物质内部，与风能、太阳能等同属可再生能源，可实现能源的永续利用。

(2) 清洁和低碳性。生物质能中的有害物质含量低,属于清洁能源。同时,生物质能的转化过程是通过绿色植物的光合作用将二氧化碳和水合成生物质。生物质能在使用过程中又生成二氧化碳和水,形成二氧化碳的循环排放过程,能够有效减少人类二氧化碳的净排放量。

(3) 可替代性。利用现代技术可以将生物质能源转化成可替代化石燃料的生物质成型燃料、生物质可燃气、生物质液体燃料等。在热转化方面,生物质能源可以直接燃烧,或经过转换形成便于储存和运输的固体、气体和液体燃料,可用于大部分使用石油、煤炭及天然气的工业锅炉和窑炉中。

(4) 原料丰富。生物质能源资源丰富,分布广泛。我国生物质资源可转换为能源的潜力约 5 亿吨标准煤,随着造林面积的扩大和经济社会的发展,今后我国生物质能源转换的潜力可达 10 亿吨标准煤。

生物质能按照其来源可以分为六大类:①农业生物质能资源,包括农业作物、农作物收获时残留在农田内的农作物秸秆、农业加工业的废弃物等;②林业生物质资源,是指森林生长和林业生产过程中提供的生物质能源、木材采运和加工过程中的废弃物、林业副产品的废弃物;③禽畜粪便,主要作为沼气的发酵原料;④生活垃圾,主要由居民生活垃圾、商业和服务业垃圾、少量建筑垃圾等废弃物所构成的混合物;⑤能源植物,例如制糖作物、油料植物等;⑥水生植物,例如蓝藻,可厌氧发酵成甲醇。

2.6.2 生物质能的转化技术

生物质能的应用伴随着能量的转移和转化,主要可分为物理转化、化学转化和生物转化三个类别。其转化技术如图 2.61 所示。

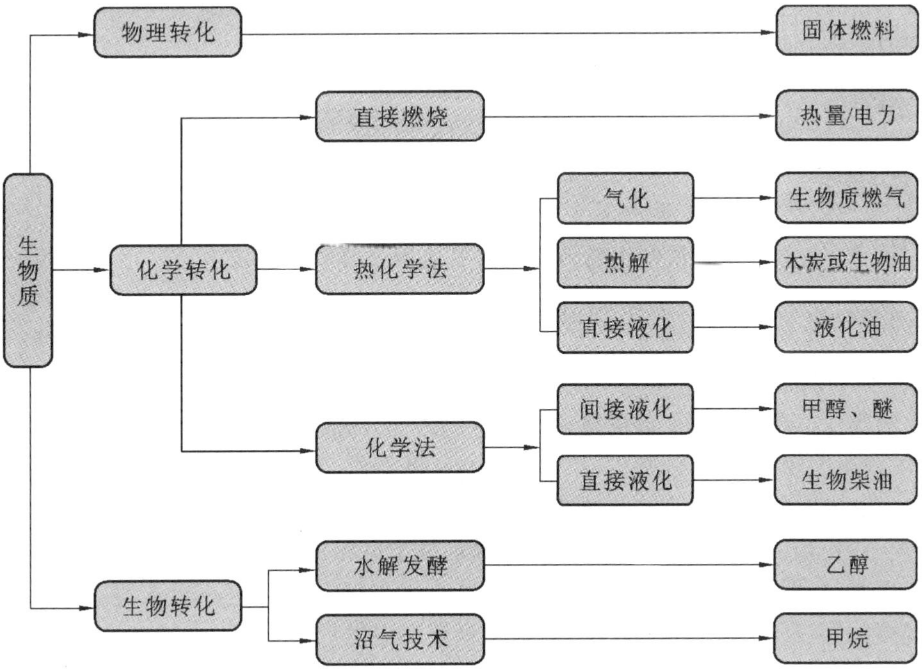

图 2.61 生物质能转化技术

(1)物理转化

物理转化主要是指生物质的固化。生物质固化就是将生物质粉碎至一定的平均粒径，不添加黏结剂，在高压条件下挤压成一定形状。其黏结力主要是靠挤压过程中所产生的热量，使得生物质中的木质素产生塑化黏结，成型物再进一步炭化制成木炭。

物理转化解决了生物质形状各异、堆积密度小且较松散、运输和储存使用不方便等问题，提高了生物质的使用效率，但固体在运输方面不如气体、液体方便。该技术尚存在机组可靠性较差、生产能力与能耗、原料粒度与水分、包装与设备配套等方面的问题。

(2)化学转化

生物质化学转化主要包括以下几个方面：

① 直接燃烧：利用生物质原料生产热能的传统方法是直接燃烧，燃烧过程中产生的能量可被用来产生电能或供热。在生物质燃烧用于烹饪、房间供暖的过程中，能量的利用效率极低，只能达到10%～30%。而在高效率的燃烧装置中，生物质能的利用效率可大幅度提高，接近石化能源的利用效率。

② 生物质的热解：将生物质转化为更为有用的燃料，是热化学转化方法之一。在热解过程中，生物质经过在无氧条件下加热或在缺氧条件下不完全燃烧后，最终转化成高能量密度的气体、液体或固体产物。

③ 生物质的气化：以氧气(空气、富氧或纯氧)、水蒸气或氢气作为气化剂，在高温下通过热化学反应将生物质的可燃部分转化为可燃气(主要为一氧化碳、氢气和甲烷，以及富氢化合物的混合物，还含有少量的二氧化碳和氮气)。通过气化，原先的固体生物质被转化为更便于使用的气体燃料，可用来供热、加热水蒸气或直接供给燃气机以产生电能，并且能量转换效率较固态生物质的直接燃烧有较大的提高。气化技术是目前生物质能源转化利用技术研究的重要方向之一。

生物转化

④ 生物质的液化：在高温高压条件下使生物质发生热化学转化。通过液化可将生物质转化成高热值的液体产物。生物质液化是将固态的大分子有机聚合物转化为液态的小分子有机物的过程。

(3)生物转化

生物质的生物转化主要有水解发酵和沼气技术。

2.6.3 生物质能的应用现状

(1) 生物质发电

生物质发电技术是目前最成熟、发展规模最大的现代生物质能利用技术。目前，全球共有约3800座生物质发电厂，装机容量约为6000万千瓦，生物质发电技术在欧美发展得最为完善。丹麦的农林废弃物直接燃烧发电技术(图2.62所示为丹麦某生物质能发电站)，挪威、瑞典、芬兰和美国的生物质混燃发电技术均处于世界领先水平。日本的垃圾焚烧发电技术发展迅速，处理量占生活垃圾无害化清运量的70%以上。

我国的生物质发电以直燃发电为主，起步较晚但发展非常迅速。截至2017年年底，我国生物质发电并网装机总容量为1476.2万千瓦，其中农林生物质发电累计并网装机700.9万千瓦，生活垃圾焚烧发电累计并网装机725.3万千瓦，沼气发电累计并网装机50.0万千瓦。我国生物质发电装机总容量仅次于美国，居世界第二位。截至2021年7月底，我国生物质发电装机3409万千瓦，同比增长31.2%。

图2.62 丹麦某生物质能发电站

我国规划处理规模最大的垃圾焚烧发电厂是广州福山循环经济产业园(图2.63)。该园区每天处理约2040 t有机废弃物，包括餐饮垃圾、厨余垃圾、动物固废、粪污等，利用核心技术，采用"分别预处理＋联合厌氧＋资源化利用"的总体工艺路线进行处理，最终生产出电能、沼气、生物柴油等清洁能源和绿色有机肥原料等资源化产品。

图2.63 福山循环经济产业园

(2) 生物液体燃料

生物液体燃料是最具发展潜力的替代燃料，其中生物柴油和燃料乙醇技术已经实现了规模化发展。由于优点较多，生物柴油已逐渐成为世界各国新能源研究的焦点，并被定义为一种极具发展潜力的新型绿色能源。生物柴油消费地区主要集中在欧洲、美洲、东南亚等地区，欧洲地区生物柴油消费量占全球总消费量的 47%。目前，欧洲地区主要以菜籽油为原料，少量从东南亚地区进口棕榈油制成生物柴油，产品供不应求。

与欧美国家相比，我国生物柴油产业起步较晚。受国内生物柴油需求总量及产品价格变动的影响，我国生物柴油市场规模呈现出较大的波动性。据统计，2021 年我国生物柴油市场规模约为 43.24 亿元，2022 年我国生物柴油市场规模增长至 66.23 亿元。2021 年我国生物液体燃料产量 440 万吨。

我国以玉米、木薯等为原料的 1 代和 1.5 代生产技术工艺成熟稳定，以秸秆等农林废弃物为原料的 2 代先进生物燃料技术已具备产业化示范条件，目前我国生物燃料乙醇产量约为 260 万吨/年，仅占全球总产量的 3%，仍然有较大的发展空间。我国利用纤维素生产生物航油技术取得突破，实现了生物质中半纤维素和纤维素共转化合成生物航空燃油，目前已在国际上率先进入示范应用阶段。以动植物油脂为原料，采用自主研发的加氢技术、催化剂体系和工艺技术生产的生物航空燃油已成功应用于商业化载客飞行示范，这使得我国成为全球少数几个拥有生物航空燃油自主研发生产技术并成功商业化的国家之一。

全球碳减排趋势使得生物柴油前景广阔。生物柴油是典型的“绿色能源”，具有原料来源广泛且可再生、燃烧性能好、环保效果显著等特性。2021 年，欧盟委员会修订的《可再生能源指令》正式执行，提出了 2021—2030 年可再生能源发展的目标和规划，并将进一步优化生物燃料结构，鼓励以废弃的油脂为原料生产先进生物燃料。2021 年 7 月，欧盟委员会的最新提案提议：到 2030 年温室气体减排目标提升到 55%，到 2050 年前实现碳中和，可再生能源在最终能源消费总量中的总体份额目标从 32%上升到 40%，可再生燃料在运输领域的占比从 14%上升到 26%。从具体细则来看，未来废油脂甲酯将成为替代棕榈油甲酯的主力，需求量有望大幅提升。欧洲的巨大需求将为生物柴油带来广阔市场。2022 年 7 月，欧盟委员会通过了《可再生能源指令》的修正草案，将 2030 年可再生能源的总体占比目标进一步提升至 45%。

目前，我国尚未强制要求在柴油中添加生物柴油，但上海已在公交车、环卫车上推广应用生物柴油并向社会销售。2021 年 10 月，国务院颁发的《2030 年碳达峰行动方案》中“重点任务”提出，大力推进先进生物液体燃料、可持续航空燃料替代传统燃油，积极扩大先进生物液体燃料等新能源、清洁能源在交通运输领域的应用。随着国家和各地配套措施的落地实施，有望为我国生物柴油行业带来巨大的发展空间。2023 年 11 月 21 日，国家能源局发布关于组织开展生物柴油推广应用试点示范的通知，目标为拓展国内生物柴油的应用场景，探索建立可复制、可推广的政策体系、发展路径，逐步形成示范效应和规模效应，为继续扩大生物柴油等绿色液体燃料应用范围积累经验。

图 2.64　脂肪燃料快艇

新西兰航海家、环境保护家皮特·贝修恩制造了一艘脂肪燃料快艇(图 2.64)，该船以脂肪作为燃料，最高时速可以达到 74 km，它曾以 60 天 23 小时 49 分的时间环绕地球一周，创下了快艇的最高纪录。

(3) 生物燃气技术

生物燃气技术已经成熟，并实现产业化。目前欧洲是沼气技术最成熟的地区，德国、瑞典、丹麦、荷兰等发达国家的生物燃气工程装备已达到了设计标准化、产品系列化、组装模块化、生产工业化和操作规范化。德国是目前世界上农村沼气工程数量最多的国家；瑞典是沼气提纯技术最好的国家；丹麦是集中型沼气工程发展得最有特色的国家，其中集中型联合发酵沼气工程已经非常成熟，并用于集中处理畜禽粪便、农作物秸秆和工业废弃物。

我国生物质气化产业主要由气化发电和农村气化供气组成。农村的沼气利用有着较长的发展历史，但生物燃气工程建设起步于 20 世纪 70 年代。我国目前在生物质气化及沼气制备领域都有国际一流的研究团队，如中国科学院广州能源研究所、中国科学院成都生物研究所、农业农村部沼气研究所、农业农村部规划设计研究院和东北农业大学等，这为相关研究提供了关键技术及平台基础。近年来，规模化生物燃气工程得到了较快的发展，形成了热电联供、提纯车用并网等模式。

例如，茅台循环经济产业示范园(图 2.65)建有 3000 m^3 厌氧发酵罐 16 座，以处理茅台酒厂酒糟和高浓度酿酒废水为主，生产的生物天然气一部分并入当地城镇燃气管网，另一部分供酒厂生产蒸汽；沼渣沼液用于高粱等酿酒原料种植。自 2017 年投入运行以来，该示范园年处理酒糟 4.13 万吨、高浓度酿酒废水 4.16 万吨，生产生物天然气 491.5 万立方米(其中 200 万立方米天然气进入城镇管网，其余的天然气用来生产蒸汽)，年产沼液肥 5.4 万吨。该项目实现了酒厂废弃物的生态循环利用，解决了赤水河流域酿酒废弃物污染问题，取得了较好的经济效益和环境效益，年产沼气可替代 6380 吨标准煤，减排二氧化碳 1.59 万吨。

图 2.65 茅台循环经济产业示范园天然气项目

(4) 固体成型燃料技术

目前，欧美国家的固体成型燃料技术较成熟，相关标准体系也较为完善，形成了从原料收集、储藏、预处理到成型燃料生产、配送和应用的整个产业链。德国、瑞典、芬兰、丹麦、加拿大、美国等国的固体成型燃料每年生产量均可达 2000 万吨以上。近年来，我国生物质固体成型燃料技术也取得了明显的进展，生产和应用已形成了一定的规模。但近几年来，我国成型燃料产业发展呈现先增后降的趋势，全国年利用规模由 2010 年的 300 万吨增长到 2014 年的 850 吨，2015 年后开始回落，其主要原因是生物质直燃发电的环境效益受到争议，部分省份甚至限制了生物质直燃、混燃发电项目。此外，我国很多中小型成型燃料生产车间因为环境卫生不达标而被强制关停。

(5) 生物基材料及化学品

生物基材料及化学品是未来发展的一大重点。目前,世界各国都在通过多种手段积极推动和促进生物基合成材料的发展。随着生物炼制技术和生物催化技术的不断进步,促使高能耗、高污染的有机合成逐渐被绿色可持续的生物合成所取代,由糖、淀粉、纤维素生产的生物基材料及化学品的产能增长迅猛,其中中间体平台化合物、聚合物占据主导地位。我国生物基材料已经具备一定产业规模,部分技术接近国际先进水平。当前,我国生物基材料行业以每年20%～30%的速度增长,逐步走向工业规模化实际应用和产业化阶段。图2.66所示为竹炭复合生物基材料。

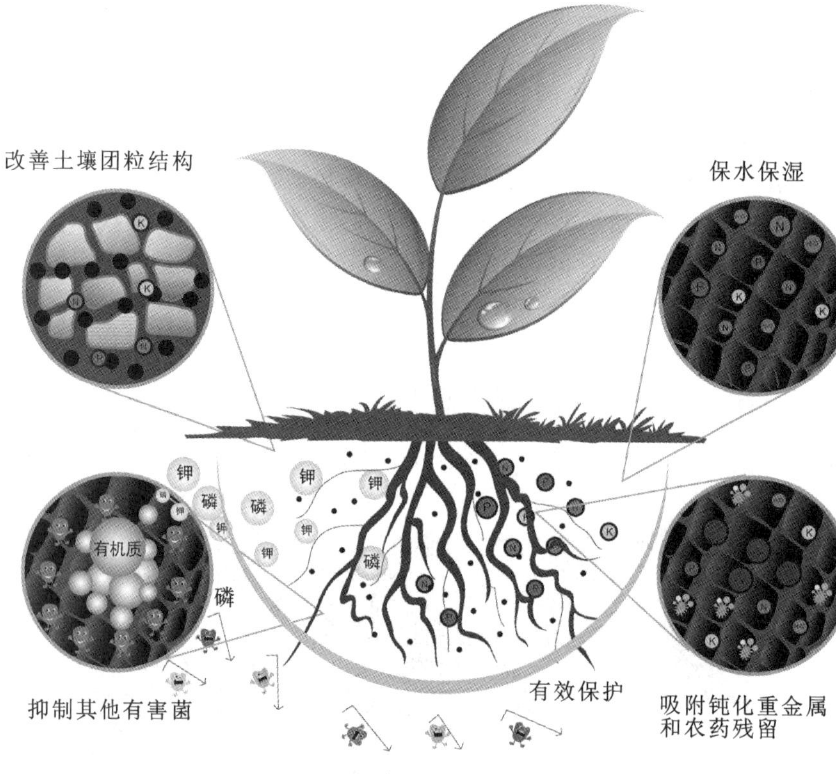

图 2.66　竹炭复合生物基材料示意图

2.6.4　发展趋势及对策

在"双碳"目标下,生物质能产业发展正迎来诸多利好。"十四五"时期,生物质能的市场潜力正逐渐释放,中长期前景良好,但与此同时,行业发展也面临诸多瓶颈和挑战。大力发展生物质能,应着力解决行业当前面临的各种问题,采取有效举措,助推行业走绿色低碳、自然循环、可持续和高质量发展之路,推动我国能源结构转型。

(1) 加强原始性创新,促进生物质能源的高值利用

生物质资源利用要走综合化、高值化的路径。在高值化研究方面需要深入认识生物质

的不同营养组织、不同生长阶段的微观结构及其演变规律，探索生物质结构演变规律对解聚特性的影响。融合更多学科的知识与研究方法，多维度、多视角地对生物质的水热转化过程进行研究，逐步丰富与完善生物质水热催化转化理论与方法。树立多元化利用新理念，发展生物质资源高效转化为燃料、化学品、材料等多种产品的特色技术和理论体系。生物质综合利用的重点是发展绿色制造、促进多能互补、开展工农一体化利用。绿色制造要以工业生物技术为核心，结合生物学、化学、工程学等技术，从生物质等原料出发，构建生产化学品、能源与材料的新工业模式。多能互补是建立适应社会可持续发展的"品级对口、多子相干、能势匹配、多能互补、碳氢循环"的能源转化利用新理念，构建洁净低碳、安全高效的国家能源供应与转化利用新体系，实现多能互补、提质增效的能源综合高效转化利用模式。生物质资源工农一体化利用是将生物燃料、肥料、饲料进行一体化设计，实现生物质全组分的高效转化与循环利用。

(2) 加强顶层设计，进行系统设计规划

发展生物质能技术，必须与"美丽乡村建设"等国家重大战略相结合。要统筹考虑各种需求，协同考虑能源、资源、环境、生产模式、生活方式等，进行多元技术集成；要通过工业化的手段实现技术的规模化、组织化、装备化；采用市场化的运行模式，将资本运作、技术服务、商品交易等融入生物质能产业的发展。必须转变农村零散化、个体化的生产生活模式，设计、规划与人居环境相耦合的集中养殖和集中种植区域，以农村废物循环代谢及资源化、能源化利用为控制要素，实现废物的近零排放与资源最大化利用，构建生产—生活—生态一体化协调发展的新的农村发展模式，以实现连片发展、协同发展、规模发展。

(3) 构建多种废物协同处理的能源化工系统

构建智能化、规模化多原料来源的物理、化学、生物转化一体的农村废弃物综合利用系统，改变传统单一处置模式，增进各种生物质的互补与融合，实现多种废弃物协同处置与多联产。如畜禽粪便—能源作物协同处置与能源化利用系统、农村垃圾—畜禽粪便—生物质废物协同处置与多联产系统、多联产技术产品深加工系统等，建设"代谢共生产业园"，实现区域内单一工程对各类乡村废物处置利用，实现各类农村废物全量协同资源化利用，将农林废弃物转化为可燃气、化工原料、有机肥及其他资源，提高农村废弃物综合利用的有效性和经济性。

(4) 加强国际交流与合作

引进国外先进的生物质利用技术和设备，并进行消化、吸收和再创新，加快研制生物质关键技术和装备，打破国际垄断，建立拥有自主知识产权的技术体系，建立符合中国国情的生物质能开发利用结构体系；加强平台建设并完善技术创新体系，依托科研院所、大学和大型骨干企业，联合国内相关机构，组建工程技术中心及重点实验室。设立重大科技专项，对农林废物能源化工系统、生活固废综合利用系统、特色农林废物资源化系统、畜禽粪便能源化工系统、多种废物协同处置与多联产系统，以及能源植物选种育种与利用系统等技术方向的关键技术开展技术攻关。

2.7 小水电和潮汐能

水力发电是一种最经济的能源，也是一种永不枯竭的能源。在太阳的作用下，地球上的水蒸发成水蒸气，在空气中又冷凝成雨雪降下，通过江河汇入海洋，如此循环不止，生生不息。水电作为一种可再生、无污染的清洁能源，已被人们关注多年。从19世纪末到现在，大中型水电站已经是世界范围内广泛应用、较为成熟的可再生能源技术。虽然大中型水电站在减少能耗和温室排放的同时提供了巨大的电力来源，但其建设和使用时也会对环境产生负面影响，如大坝会阻挡天然河道的畅通，改变陆地和水生生态系统，破坏植被。因此，对生态环境影响较小的小水电站和潮汐能电站日益受到人们的重视。

2.7.1 小水电

2.7.1.1 小水电的定义

小水电是小型水电站的简称，是指发电装机规模较小的水电站。世界各国对小水电没有统一的定义，即使是同一国家，其在不同时期，标准也不尽相同。我国在1982年将单站容量小于12 MW、单机容量小于6 kW的电站称为小水电站，但现在这一容量范围已扩展到50 MW。此外，按装机容量可把小水电划分为微型、小小型和小型三类。表2.10为有关组织和一些国家对小水电容量的定义与分类。

表2.10 有关组织和一些国家对小水电的定义与分类

单位：kW

国家或国际组织名称	分类		
	微型	小小型	小型
国际小水电组织	<100	101～500	501～10000
联合国工业发展组织	<100	101～2000	2001～10000
欧洲小水电协会	—	—	<15000
拉美能源组织	<50	51～500	501～5000
中国	<100	101～1000	1001～50000
菲律宾	—	51～500	<15000
泰国	<200	201～6000	6001～15000
瑞典	—	—	101～15000
法国	<500	501～2000	2001～8000
挪威	—	—	<10000
希腊	<100	101～1000	1001～15000
英国	<1000	—	<5000
瑞士	<300	301～2000	<10000
西班牙	—	—	<10000
德国	—	—	<10000
美国	<500	501～2000	<15000

2.7.1.2 小水电的应用

小水电主要以发电为主,按河段水力资源的开发方式可分为三种类型:堤坝式、引水式和混合式。三种方式各适用于不同的河道地形、地质、水文等自然条件。

(1) 堤坝式水电站:在河道上修建河坝(或闸),抬高上游水以集中落差,并形成水库以调节流量,用输水管或隧洞把水库里的水引至厂房,通过水轮发电机组发电。根据水电站厂房位置的不同,堤坝式水电站又分为河床式水电站与坝后式水电站,如图 2.67 和图 2.68 所示。河床式水电站通常是一种低水头大流量的水电站,坝后式水电站适用于水头较大的情况。

(2) 引水式水电站:在地势险峻、水流湍急的河流中上游,或坡度较陡的河段上,采用人工修建的引水建筑物引水,以集中落差发电。这种水电站通常是一种高水头小流量的水电站,如图 2.69 所示。

(3) 混合式水电站:其落差是由拦河坝抬高水头和引水集中落差共同形成的。当上游河段地形平缓、下游河段坡降较陡时,宜在上游筑坝,可形成水库,调节水量,在下游修建引水渠道(管道),以集中较大落差,如图 2.70 所示。

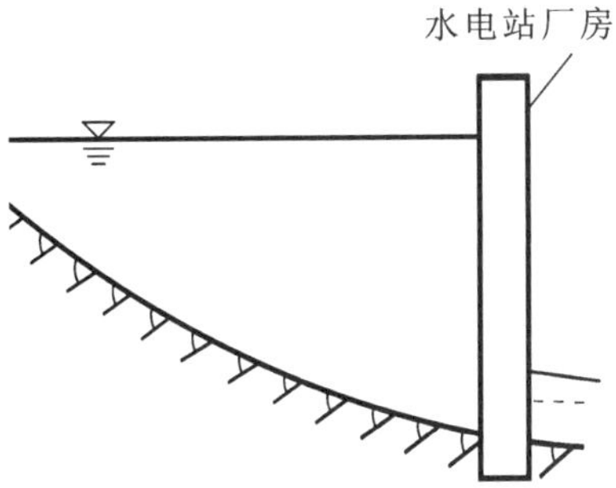

图 2.67 河床式水电站

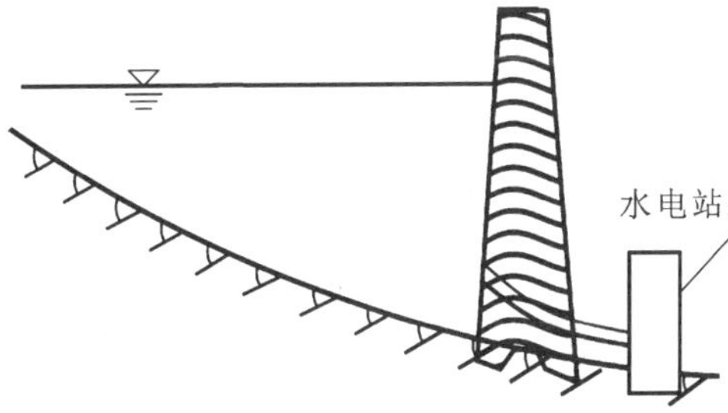

图 2.68 坝后式水电站

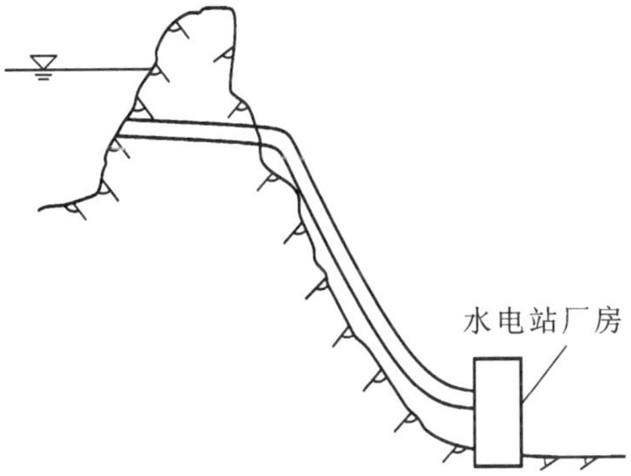

图 2.69 引水式水电站

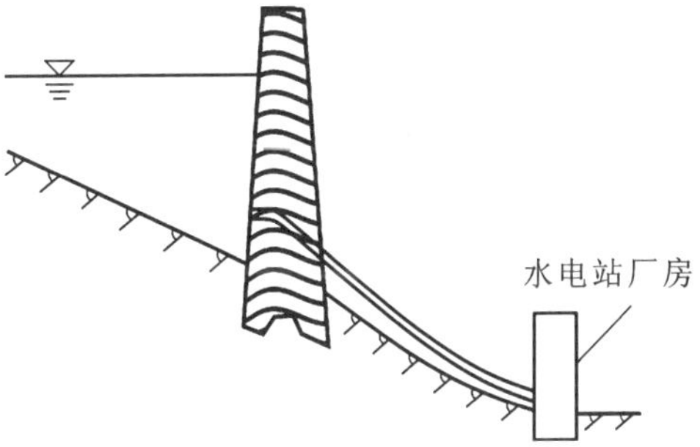

图 2.70 混合式水电站

2.7.1.3 小水电发展

根据联合国工业发展组织(UNIDO)和国际小水电中心(ICSHP)共同发布的第三版《世界小水电发展报告 2019》可知,全球小水电资源蕴藏量估算为 229 GW。截至 2019 年年底,全球小水电(低于 10 MW)的总装机容量为 78 GW,对比 2013 年增加了约 10%。世界上大部分(66%)的小水电资源仍有待开发。

在小水电发展方面,中国、意大利、日本、挪威和美国位居全球前五,这五国的装机容量之和为全球总容量的67%。其中,中国占据主导地位,分别占全球总装机容量(10 MW以下)的51%,占全球小水电资源总潜力的29%左右,是其他四国总量的4倍多。截至2016年,美国已开发潜力达到57%,欧洲约为48%,日本和印度分别为35%和18%,与2013年的数据相比,印度的总装机容量增加了18.6%(25 MW以下),而日本仅增加了0.8%。

过去大部分农村水电站以发电为主,随着经济社会发展,单一功能已无法满足公众的需求。近年来,针对小水电发展过程中不平衡不充分的问题,水利部落实新发展理念,以绿色发展为方向,积极推动农村水电转型升级。水利部先后提出"有限、有序、有偿"开发农村水能资源、建设绿色水电等发展思路,组织各地开展中小河流水能资源规划修编,出台推进绿色小水电发展的指导意见,颁布了《绿色小水电评价标准》。

截至2020年年底,我国在建农村水电站规模348.2万千瓦,共建成43957座,装机容量8133.8万千瓦,占全国水电装机容量的22%,19个省份累计创建绿色小水电站338座。截至2020年年底,长江经济带小水电清理整改阶段性任务如期完成。

2.7.2 潮汐能

2.7.2.1 潮汐与潮汐能成因

潮汐是海水受太阳、月球和地球引力的相互作用而发生的周期性涨落现象,潮汐过程线如图2.71所示。海水上涨的过程称为"涨潮",涨到最高位置称为"高潮",在高潮时一般会出现既不上涨也不下落的平稳现象,即"平潮"。通常取平潮中间时刻为"高潮时",取平潮时的高度为"高潮高"。海水下落的过程称为"落潮",落到最低点位置时称为"低潮",在低潮时海水既不上涨也不下落,即"停潮",取停潮的中间时刻为"低潮时",取停潮的高度为"低潮高"。从低潮时到高潮时的时间间隔称为"涨潮时",由高潮时到低潮时的时间间隔称为"落潮时",相邻高潮与低潮的潮位高度差称为"潮差",从高潮到相邻的低潮的潮差称为"落潮差",由低潮到相邻的高潮的潮差称为"涨潮差"。根据潮汐涨落周期和相邻潮差的不同,可以把潮汐现象分为正规半日潮、混合潮以及全日潮三种类型。

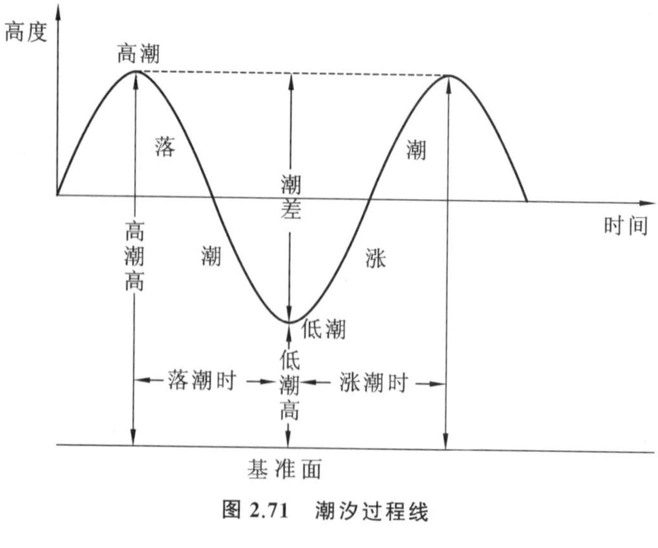

图2.71 潮汐过程线

潮汐能是海水周期性涨落运动时所具有的能量，其水位差表现为势能，其潮流的速度表现为动能。这两种能量都可以利用，是一种可再生能源。海洋的潮汐中蕴藏着巨大的能量。在涨潮的过程中，汹涌而来的海水具有很大的动能，而随着海水水位的升高，就把海水的巨大动能转化为势能；在落潮的过程中，海水奔腾而去，水位逐渐降低，势能又转化为动能。世界上潮差的较大值为 13～15 m，但一般来说，平均潮差在 3 m 以上就有了实际应用价值。

2.7.2.2　潮汐能的应用

潮汐能的利用方式主要是发电。潮汐发电是利用海湾、河口等有利地形建筑水堤，形成水库，以便于大量蓄积海水，并在坝中或坝旁建造水力发电厂房，通过水轮发电机组进行发电。理论上来说，潮汐势能的大小决定了潮汐电站可能的装机容量。潮汐势能和年发电量的大小与潮差的平方成正比，潮差越大，潮汐电站的装机容量就越大，发电量也相应增加。同时发电量还与水库面积成正比，如果想得到较大的发电量，就要通过堤坝拦截形成面积较大的水库。潮汐能发电示意图如图 2.72 所示。

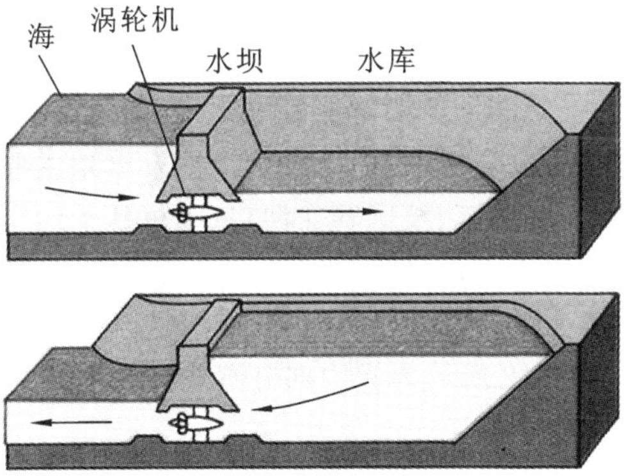

图 2.72　潮汐能发电示意图

潮水的流动与河水的流动不同，它是不断变换方向的，故潮汐发电可分为三种形式，见表 2.11。

表 2.11　不同潮汐发电形式

名称	示意图	特点
单库单向电站		使用一个水库，仅在涨潮（或落潮）时发电
单库双向电站	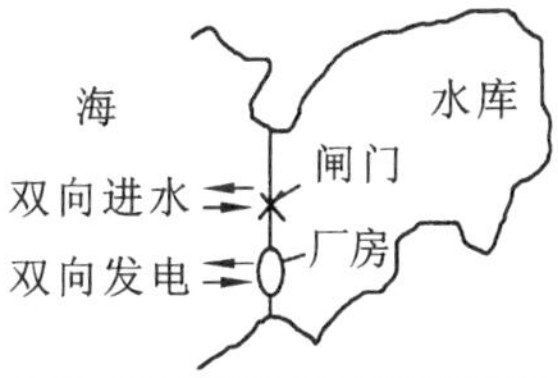	使用一个水库，但是涨潮与落潮时均可发电，在平潮时不能发电

续表2.11

名称	示意图	特点
双库单向电站	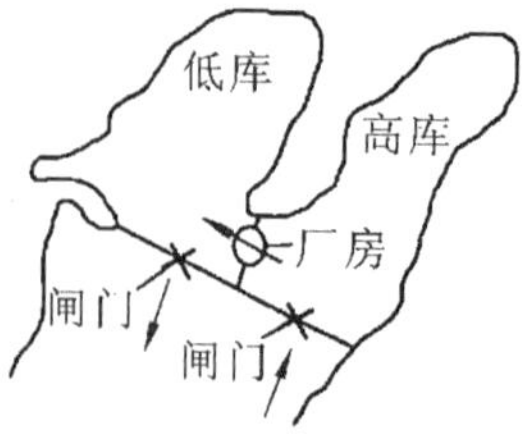	使用两个相邻的水库，一个水库在涨潮时进水，另一个水库在落潮时出水，保持前一个水库的水位总比后一个水库的水位高，故前者称为高库，后者称为低库。水轮发电机组放在两水库之间的隔坝内，两水库始终保持着水位差，故可以全天发电

2.7.2.3　潮汐能电站的发展

世界上第一座潮汐能电站始建于德国。其后，英国、美国、法国、加拿大、印度、韩国等都对其投入大量人力、物力，使潮汐能电站得以蓬勃发展。1968 年，法国在朗斯河口建成了当时世界上最大的潮汐能发电站——朗斯潮汐能电站，其发电量为 5.44×10^{8} kW·h。1984 年，加拿大在芬地湾建成了安纳波利斯潮汐能发电站，它的建成和良好效益证明了大型潮汐能电站的可行性。现今，世界上仍在运行的著名潮汐能发电站主要有法国朗斯潮汐能电站，美国阿拉斯加尼克湾、加拿大芬地湾、英国赛文河口、阿根廷圣约瑟湾、韩国仁川湾等地的潮汐能电站。预计到 2030 年，世界潮汐能电站的年发电总量将达 $6.00\times^{11}$ kW·h。

我国沿海多港湾、岛屿，大陆岸线长达 6134.9 km，岛屿岸线长 11673.9 km，沿岸分布着众多的潮汐能电站库址。表 2.12 所示为我国部分潮汐能发电站的基本情况。

表 2.12　我国部分潮汐能发电站的基本情况

名称	所在地	装机容量/kW	发电方式	平均潮差/m
江厦潮汐能电站	浙江	3000	单库双向	5.08
幸福洋潮汐能电站	福建	1280	单向退潮式	4.54
白沙口潮汐能电站	山东	40000	单库单向	2.50
海山潮汐能电站	浙江	150	双库单向	—
岳浦潮汐能电站	浙江	—	单库单向	3.60
浏河潮汐能电站	江苏	150	双向发电	—

江厦潮汐能电站位于我国浙江温岭乐清湾。站址地处半日潮潮区，平均潮差 5.08 m，最大潮差 8.39 m。电站水库面积约 5 km^2，库边海涂围垦后，发电水库面积约 2 km^2，采用单库双向发电方式。枢纽建筑物由堤坝、厂房、水闸组成，坝长 670 m，最大坝高15.5 m；水闸有 5 孔，每孔净宽 3 m，采用油压启闭机启闭闸门；厂房建在左岸岩基上，全长 57.4 m。总装机容量 3900 kW，由 5 台机组组成，机组具有双向发电和双向泄水功能，实际年发电量为 $5.00\times10^{6}\sim6.00\times10^{6}$ kW·h(设计年发电量为 9.97×10^{6} kW·h)。电站为科学实验电站，主要研究潮汐能特点、海工建筑物技术、潮汐发电机组，以及潮汐能的综合利用等。电站运

行以来已取得一些科研成果，并积累了经验。该电站已发展成著名风景区雁荡山的一个景点，如图 2.73 所示。

图 2.73 江厦潮汐能电站

随着潮汐能开发利用技术的推动和发电成本的降低，它已是目前利用得最为成熟的海洋能资源，其发展具有以下两个趋势：

(1) 传统拦坝式潮汐电站向更大装机规模发展

从工作原理来看，拦坝式潮汐发电与水力发电相似，海水腐蚀性及海洋生物附着等对潮汐能电站及水轮机有影响，建造拦坝对当地海洋生态环境、海域使用功能等也会有一定影响，使得各国建设潮汐能电站时都较为谨慎。针对围填海工程、内河疏浚等特殊应用，韩国等开展了较大规模的潮汐能开发利用，取得了较好的效果，后续还启动了更大装机规模的潮汐能电站建设研究。

(2) 环境友好型潮汐能技术成为新的研究方向

传统拦坝式潮汐能电站建设在一定程度上会对当地海洋生态环境造成影响。从国际上看，动态潮汐能、海湾内外相位差发电等环境友好型潮汐能利用技术已成为国际潮汐能技术新的研究方向。除动态潮汐能、海湾内外相位差发电技术以外，澳大利亚 Woodshed 技术公司还研究了利用半岛或海峡等自然海岸形态对潮汐的迟滞影响而形成的潮位差进行发电，对海洋生态环境基本没有影响。

2.8 波 浪 能

2.8.1 概述

波浪的能量来自于风和海面的相互作用。风是引起水面波动的主要外界因素。当风掠过海面时，海水表面因受到空气的摩擦力和大气压力的作用而产生动荡。一般情况下，风力达到 10 级以上时，波浪的高度可达 12 m，相当于四层楼高，更有甚者，常常高达 15 m 以上。海上常见六七级风，它掀起的波浪也足有 3～6 m 高。海水是由质点组成的，风的吹动或者潮汐的运动均会使海水质点相对海平面发生位移现象，从而使波浪具有势能，而海水质点的运动又会使波浪具有动能。因此，实际上波浪能是海洋表面所具有的动能和势能的总和。

波浪所储存的能量通过摩擦和湍动而消散，其消散速度的大小取决于波浪的特征和水深。深水海区大浪的能量消散速度很慢，从而导致了波浪系统的复杂性，使它常常伴有局地风和几天前在远处产生的风暴的影响。波浪可以用波高、波长（相邻的两个波峰之间的距离）和波周期（相邻的两个波峰之间的传播时间）等特征来描述。

波浪能具有巨大的开发潜力，它由风力作用产生，但相对于风能，波浪能更加稳定，空间分布也较为集中，是一种极具发展前景的清洁能源。海洋波浪能的开发已有 200 多年的历史，其相关技术也有了突破性进展。

波浪能作为一种可再生能源，相较于其他可再生能源（如风能、太阳能）具有以下优点：①波浪能在可再生能源中具有最高的能量密度；②波浪能开发利用中产生的负面环境影响很小；③波浪传输的距离很长，而其能量的损失却很小；④波浪能利用设备可以在 90％的时间内运行，而风能利用设备和太阳能利用设备只有 20％～30％的时间可以运行。

波浪能是海洋能的一种具体形态，也是海洋能中最主要的能源之一，它的开发和利用对缓解能源危机和减少环境污染是非常重要的。汹涌的海浪运动产生巨大的、持续的和环保的能量，如果能将海浪的动能及其他水面的波浪能充分利用起来，那么世界能源的前景会相当广阔和光明。

2.8.2 波浪能发电技术

当前各国都在研究波浪发电，而海浪能发电装置的种类也是不胜枚举。这些发电装置均源于几种基本的原理：将波浪作用下物体的运动转化为电能；将波浪压力的变化转化为电能；将波浪的势能转化为动能等。波浪能发电装置可分为能量采集系统和能量转换系统两部分。采集系统的作用是捕获波浪能，其主要形式有点吸收式（振荡浮子式）、摆式、振荡水柱式、越浪式、筏式和点头鸭式等 6 种类型。提高波浪能俘获量的技术有通过波浪能绕射或折射的聚波技术、通过系统与波浪共振的惯性聚波技术等。

转换系统的作用是把俘获的波浪能转换为某种特定形式的机械能或电能。它主要由以下几个部分组成：空气叶轮、低水头水轮机、液压系统、机械系统以及发电机等。

以下是当前几种常见发电装置，如图 2.74 至图 2.78 所示。

（1）摆式波浪能发电装置：主要部件是浮力摆，浮力摆下方与液压装置相连。在波浪的推动作用下，浮力摆不停地做前后摆动的往复运动，待液压缸加以收集后，再由发电机将机械能转换成可直接利用的电能，从而实现波浪能的转化。

（2）筏式波浪能发电装置：主要由液压系统和铰接阀体组成，铰接处安装液压转化系统，包括活塞杆、液压缸以及液压控制柜。当有波浪时，波浪会带动筏体上下运动，进而使铰接处往复弯曲，往复运动产生的机械能经液压装置收集后用于发电机发电，实现波浪能量的转化。海蛇式波浪能发电装置属于筏式波浪能发电装置的一种。海蛇式波浪能发电装置属于一种半潜式系统，此类发电装置由数个圆柱体衔接而成。相互连接的圆柱体间安装液压缸和发电机等结构。当圆柱体随波浪做相对运动时，圆筒间将会产生扭矩来驱动装置内的活塞杆做拉伸和压缩运动。液压缸里的压力油在液压缸的高压作用下将泵出并推动液压马达旋转，进而实现能量的转化。该类发电装置的系统和整流电路都位于结构内部，封闭性较好。

(3) 点吸收式(振荡浮子式)波浪能发电装置：由振荡水柱式发电装置演变而来，主要结构包括浮体、质量体和发电机等。其工作原理主要是通过波浪能的运动来带动浮子不断进行上下垂荡，与质量体产生相对运动，再通过液压装置等将收集到的动能和势能储存起来进行发电。

(4) 点头鸭式波浪能发电装置：主要是利用波浪运动来促使浮子绕装置回转轴旋转，利用旋转运动来进行发电。在波浪入射波的作用下，浮子鸭嘴部分产生了水平位移，而在入射波过去后，鸭嘴又回到了垂直状态。浮子绕回转轴往复摇摆运动的能量经液压装置收集后，通过电力系统转化为可直接利用的电能，从而实现能量的转化。

(5) 振荡水柱式波浪能发电装置：主要是由气室和空气涡轮机组成，通过波浪的运动使得气室中的水柱上下运动，水柱的上下运动会挤压气室内部的空气，进而使发电机转动。装置内部的空气涡轮机在空气的作用下做往复正反运动，实现波浪能量的高效转化。

(6) 越浪式波浪能发电装置：其工作原理和堤坝水利工程的很相似，主要是利用水面高度差产生的势能进行发电。越浪式波浪能发电装置通常建立在岸边上，使用多个蓄水池放在彼此的顶部，波浪入射波迎来的方向上设有特殊开口用以捕捉入射波，波浪从开口涌进蓄水装置中与自由水平面产生高度差，接着利用涡轮机将水的势能转化为电能。越浪式波浪能装置主要包括收缩波道技术(tapered channel)、槽式技术(seaslot-cone generator)和波龙(wave dragon)。

(a)

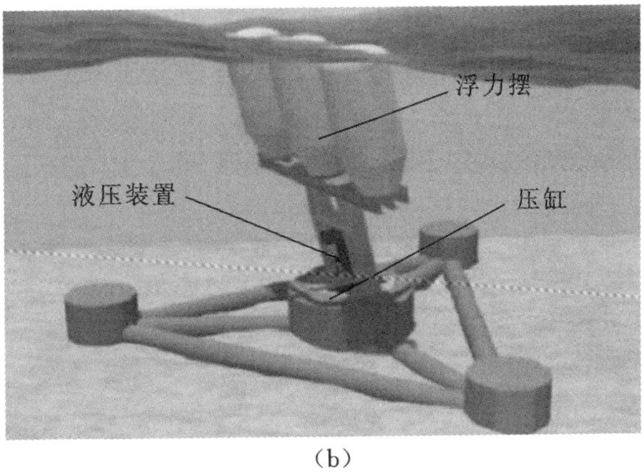

(b)

图 2.74 摆式波浪能发电装置

振荡水柱式装置作为最早发展起来的第一代波浪能发电技术，虽然一级俘获宽度比较高，但是二级空气透平转换效率低，导致整体转换效率低。越浪式装置由于需要收缩波道和高位水库结构，尺寸往往较大，建造成本高。除此之外，岸式越浪装置对地形要求严苛，漂浮式越浪装置对锚泊系统要求高。点吸收式(振荡浮子式)装置依靠浮子的相对振荡运动来俘获波浪能，结构简单，造价成本低，通过优化俘获浮子，可以达到很高的一级俘获宽度比，同

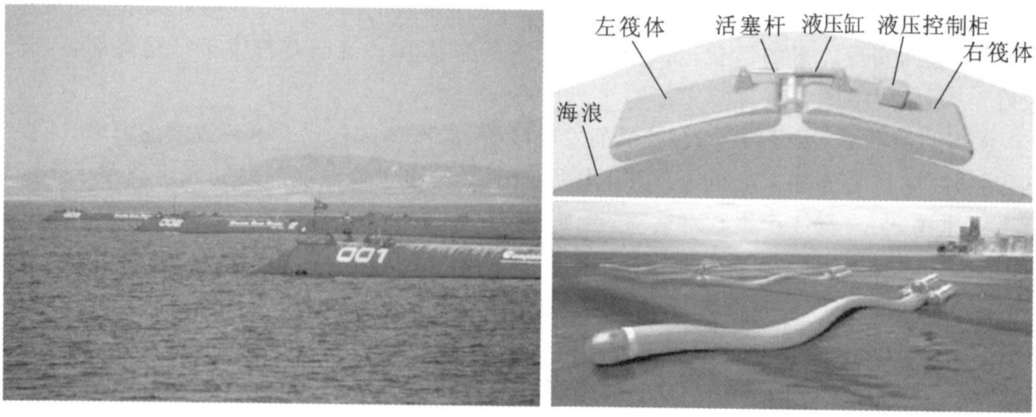

(a) (b)

图 2.75 筏式波浪能发电装置

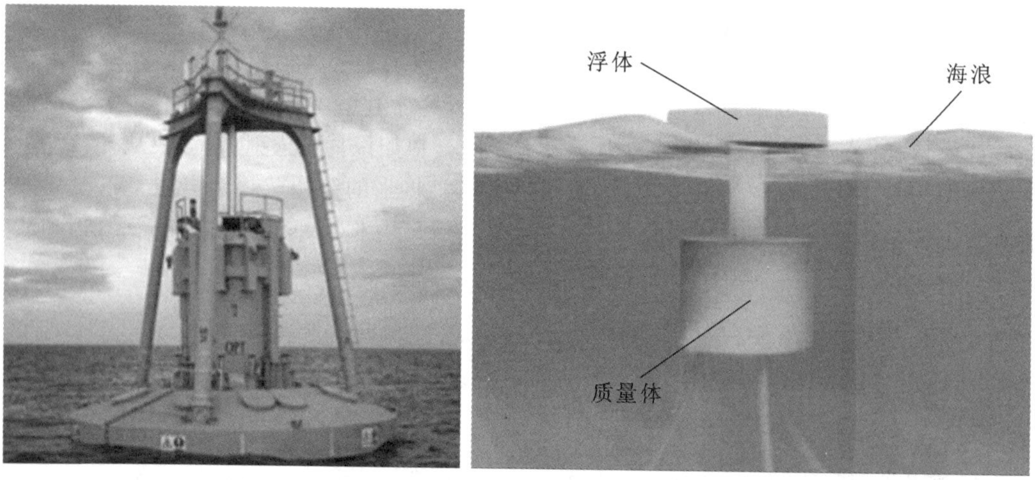

(a) (b)

图 2.76 点吸收式(振荡浮子式)波浪能发电装置

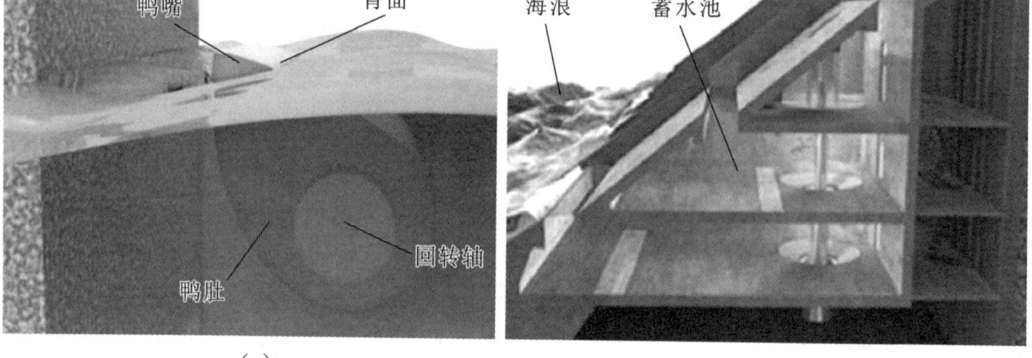

(a) (b)

图 2.77 点头鸭式与越浪式波浪能发电装置

(a)　　　　　　　　　　　　　　　(b)

图 2.78　振荡水柱式波浪能发电装置

时依靠成熟的液压能量转换系统可以实现装置整体的高可靠性、高效率和长使用寿命。点头鸭式装置需要在海域内固定,能截获大部分的波浪能,效率较高,但其吸收功率源的方式单一、频响宽度较小、制造成本较高、可靠性和生存能力一般。

近年来,国内外发展得较好的波能转换装置绝大部分为离岸漂浮振荡浮子式。

2.8.3 波浪能发电装置研究开发综述

全球范围内,目前仅有英国、爱尔兰、丹麦、美国、澳大利亚和挪威等国家研发了波力发电装置。

当前,能够持续在海洋中运行的离岸波浪能装置已经逐渐呈现,如英国的改良筏式装置第二代海蛇(Pelamis)和浮力摆装置牡蛎(Oyster),美国的点吸收装置 Power Buoy,爱尔兰的漂浮振荡水柱式装置 OE Buoy 等,有的作为示范或特殊军用,进行了独立发电和并网测试。点吸收式结构简单,易于模块化制造,单位体积功率比较高,但容易"随波逐流",对波频敏感,俘获波能有限。摆式装置有英国的 Oyster、葡萄牙的 Wave Roller 等,其结构简单、装置可靠性较好,但岸式结构受潮汐涨落影响,漂浮式转动轴固定需刚性系泊,俘获波能有限。振荡水柱式的代表性装置有澳大利亚的 Ocean linx 和爱尔兰的 OE Buoy。振荡水柱式由空气作为能量传递介质,能量传递过程中无活动部件,大浪条件下不易损坏,可靠性高,装置排水量相对较小,目前空气透平转换效率低(15%),其水动力特性不够理想。越浪式装置有丹麦的 Wave Dragon、挪威的 TAPCHAN 等,水体本身为能量传递介质,能量传递过程中无活动部件,但结构体积大,波浪越浪量和转换效率受有效波高影响,如果有非常好的波浪条件,那么建造成本可控制在较合理水平。

筏式的代表性装置有英国的 Pelamis,该装置吸收能量多、发电功率大,对波频变化敏感度不高,使得装置能在设计工况下高效俘能,在极端海况下低效俘能,从而具有高的生存能力。这种筏式波浪能转换装置的优点是发电效率高,如第二代 Pelamis 装置(由五节长 36 m、直径为 4 m 的圆筒组成)在海上试验中所测得的俘获宽度比(效率)达 86%,该装置自由悬浮在水中可应对恶劣海况,安全性较高且结构简单,但成本相对较高。

近年来,我国在波浪能发电研究领域中取得了不少成就。相关科研单位和高校开展了相关的研究。

中科院广州能源所于2013年制造了100 kW漂浮点鸭式发电装置,装置重350 t,长宽高尺寸为23×12×14 m,有效波高0.7～4.0 m,在大万山岛进行了海试。2015年11月20日,中科院广州能源所开始在万山岛海域测试100 kW鹰式装置的性能,该装置长宽高为36×24×16 m,吃水深12 m,为半潜驳船与波浪能转换设备的结合体,在波高0.6～2.5 m(对应波周期4.0～6.5 s)时装置发电效率约20%。福建智盛能源科技有限公司在2018年第二十届中国国际高新技术成果交易会上也向大众展示了一款采用"能量集"新技术的波浪发电装置。该技术将波浪能量集中在一台发电机上,成功地使发电能量呈几何级增长。

清华国际研发团队通过几年的探索,研发了适应各类波高和不同能量密度的筏式波龙Ⅰ型发电装置,该装置基于波浪能利用技术的研究现状,在Pelamis装置技术基础上作了一些重大的技术改进和创新,具有生存能力强、能量转换效率高、频响宽度宽的优势。目前该装置已完成了理论研究和实验室试验,准备适时打造样机开展海试。

图2.79　兆瓦级波浪能发电平台水动力学性能模型

2022年6月21日,南方电网广东电网公司牵头研究的兆瓦级波浪能发电平台在东莞正式开工建造,这意味着在不久的将来,深远海域的波浪也能为海岛提供稳定可靠的绿色电能。该项目利用发电平台充分"吸收"波浪,并将其转换为绿色电能,从而实现对海岛的稳定供电。在满负荷的条件下,兆瓦级波浪能发电装置每天可产电2.4万千瓦时,大约能够为3500户家庭提供绿色电力,相当于为远海岛礁增加了一个大型"移动充电宝"。其模型如图2.79所示。

2.8.4　发展展望

虽然波浪能发电装置种类繁多,且相关研究与开发已取得了一定的成果,但是相较于太阳能、风能等清洁能源,它还未在生活中普及开来,其主要原因如下:

(1) 可靠性差。波浪能发电装置在海洋环境中工作,巨浪、台风等恶劣天气会导致装置的破坏、失效或者下沉;由于海水的腐蚀性和海洋生物附着,会使得波浪发电装置的部件失效等。因此,在海洋恶劣环境中,波浪发电装置的生存可靠性较低,这是波浪能发电装置必须解决的难题。

(2) 稳定性弱。海洋所蕴藏的可再生能源中,波浪能是最不稳定的能源,它不能定期产生,而且时刻在变化。大多数波浪能发电装置采用三相交流发电机,但波浪的随机性和不稳定性使得发电机输出电压的幅值、频率及相位均不稳定,将其导入电网会增加电压控制难度。

(3) 发电效率低。波浪能发电装置需要将波浪能进行一次转换、中间转换和二次转换,波浪能转换效率过低,能量消耗大。而且,波浪能的能量分散,不易集中,会造成装置的发电效率较低。

(4) 发电成本高。波浪能发电的广泛普及面临的最大问题就是波浪能发电装置的成本太高。据有关专家计算,海洋波浪能的发电成本比常规热电高出10倍。而且,由于波浪能发电装置尺寸较大,建造、布放和维修成本都较高,在商业应用上还有很长的路要走。

近年来,波浪能发电技术发展迅速,波浪能装置的应用价值也日益突显。因此,如同其他新技术一样,波浪能发电技术需要合理有序地规划发展方向,开拓应用领域或市场,才可长远发展。

波浪能发展方向

2.9 氢能和燃料电池

2.9.1 氢能概述

氢是一种洁净的二次能源载体,能方便地转换成电和热,转化效率较高,有多种来源途径。采用可再生能源实现大规模制氢,通过氢气的桥接作用,既可为燃料电池提供氢源,也可转化为液体燃料,从而有可能实现由化石能源顺利过渡到可再生能源的可持续循环。氢能作为连接可再生能源与传统化石能源的桥梁,可以为实现"氢经济"与"后化石能源时代"能源系统起到桥接作用。因此,氢能作为洁净能源利用是未来能源变革的重要组成部分。

(1) 国外氢能源产业化发展的形势

美国、俄罗斯、日本、欧盟等多个国家和组织都开展了氢能源战略布局。美国重视氢能源产业技术优势的建立和前瞻技术的研发,发布了《美国氢能经济路线图——减排及驱动氢能在全美实现增长》,在氢能源经济的迅速兴起和发展进程中,不断开展相关产业活动。俄罗斯发布的《2035年能源战略草案》明确将氢能源作为能源行业的战略重点,目标是通过扩大氢气产能,到2035年成为全球重要的氢能源经济国家。日本高度重视氢能源产业发展,致力于构建氢能源社会和氢经济,明确提出将氢能源社会纳入国家发展战略,并先后发布了《氢能源基本战略》和《氢能/燃料电池战略发展路线图》,规划实现氢能社会战略的技术路线。欧盟将氢能源作为能源转型和低碳发展的重要保障,加快了氢能产业的推进步伐,推出《气候中性的欧洲氢能战略》,宣布建立欧盟氢能产业联盟,将绿氢作为未来氢能源发展重点,大力促进氢能源特别是可再生能源制氢产业的发展以及氢能源的广泛应用。

各国除了明确氢能源产业发展战略外,还制定了一系列产业支持政策,不断完善氢能源产业政策体系。

(2) 国内氢能源产业化发展的形势

我国是全球最大的氢生产国,丰富的资源为发展氢能源产业奠定了物质基础。自2011年以来,我国持续出台了支持氢能源产业发展的政策,从战略定位、产业结构、科技创新、财政金融等多个方面相继发布了一系列支持政策,引导鼓励氢能源产业发展。《中国氢能产业基础设施发展蓝皮书(2016)》首次提出我国氢能源产业的发展路线图,制定了我国在氢能源领域基础设施和燃料电池汽车的发展目标;2019年,将加强氢能基础设施建设写进了《政府工作报告》,该报告中明确提出"推动充电、加氢等设施建设"。《中国制造2025》明确提出燃料电池汽车发展规划,将发展氢燃料电池提升到战略高度。2020年,国家发展改革委提请十三届全国人大三次会议审查的《关于2019年国民经济和社会发展计划执行情况与2020年国民经济和社会发展计划草案的报告》中明确指出,要制定国家氢能源产业发展战略规划，这是氢能源首次被写入年度国民经济和社会发展计划。2020 年 4 月，在《中华人民共和国能源法（征求意见稿）》中，首次将氢能纳入能源范畴。氢能产业作为国家战略性新兴产业，正迎来政策性利好的发展机遇。

近年来，我国氢能产业发展得如火如荼，各省市相继出台了政策跟进并示范实施，结合产业链特点和各自的优势，提出了各自的发展重点。目前，我国已初步形成京津冀、长三角、珠三角、山东半岛及中部地区等氢能产业集群和示范应用。随着氢能及燃料电池汽车产业的不断发展，我国氢能产业政策导向及产业定位逐渐明朗。随着《氢能产业发展中长期规划（2021—2035 年）》《关于印发"十大创新""十强产业""十大扩需求"2022 年行动计划的通知》的相继出台，国家正稳步推进氢能多元化应用示范，推动氢能在各领域的应用，实现产业规模化发展。

2.9.2 氢能系统

氢能系统一般由氢源开发和制氢、储氢、运输及氢能利用等技术领域构成，其中储氢和氢能利用技术最关键。近年来，氢能系统的 5 个技术领域都得到了长足的发展，有些已经可以与传统能源的技术和成本相比拟。尽管制氢所需的能量通常大于氢利用时所释放的能量，但氢能系统的灵活高效、环保及可再生性使其依然具有较好的竞争力。

2.9.2.1 氢源开发和制氢技术

到目前为止，氢源的开发和制氢技术主要有化石燃料（石油、煤和天然气）的裂解、电解水和生物制氢。

制氢所需的原材料一般为碳氢化合物和水。工业用氢的制备方法主要是化石燃料的热分解，包括天然气的重整、碳氢化合物的部分氧化和煤的气化，产氢的成本较低。然而，这些技术严重依赖化石燃料资源且排放二氧化碳。近年来也提出了从化石燃料产氢而不释放二氧化碳的方法，即直接热分解和催化裂解碳氢化合物。这种方法已经被用于制备碳，但制碳成本比制氢成本高，因此还处于发展阶段。

电解水制氢的能量效率相当高，通常大于 70%，但需要通电，因此较为昂贵。电解水制氢的发展方向是与风能、太阳能、地热能以及潮汐能等清洁能源相互配合，从而降低成本。这些清洁能源由于其能量与时间的关系具有波动性，所以在发电时系统给出的电能是间歇性的，通常不可直接进入电网，必须调节后方可入网。一种成本较低的方法是利用可再生能源电解制氢，然后利用氢能发电入网或转化为其他能量形式。太阳能电池电解水制氢的能量效率可高达 93%以上，但太阳能电池成本较高，导致大规模制氢的成本上升，因此降低太阳能电池的成本是关键。另外值得一提的是，利用风能发电-电解水制氢可降低制氢成本。目前风电的完全成本已经下降到 0.5～0.6 元/(kW · h)，并且随着技术进步和风电制造业的规模化，成本还将进一步下降，而火电目前的不完全成本为 0.2～0.3 元/(kW · h)，但这并不包括化石能源价格未来的不断上升以及污染排放的处理成本，因此风电的完全成本在不远的将来有可能低于火电的不完全成本，从而降低电解水制氢的成本。

与传统的热化学或电化学制氢技术相比，生物制氢具有能耗低、污染小等优势。近年来生物制氢技术在发酵菌株筛选、产氢机制、制氢工艺等方面取得了较大进展，已经成为未来制氢技术发展的重要方向。但生物制氢技术目前存在的问题也较多，如产氢率相对高的菌株的筛选、提高产氢效率的合理的产氢工艺设计、高效制氢过程的开发与产氢反应器的放大、发酵细菌产氢的稳定性和连续性、混合细菌发酵产氢过程中彼此之间的抑制、发酵末端产物对细菌的反馈抑制等还需要进一步研究。

2.9.2.2 储氢技术

按氢的聚集状态，储氢的方式可分为高压气态储氢、低温液态储氢以及固体储氢材料储氢。由于在常压下氢气的密度只有 0.08988 g/L，体积能量密度非常低，因此必须对其进行高压压缩以提高能量密度。高压气态储氢通常是将氢气压缩至压力高达 70 MPa，再储存于碳纤维增强的复合材料罐中，从而作为电动汽车的车载氢源等，如通用汽车研发的氢能 3 号燃料电池汽车的车载氢源在 70 MPa 下携带 3.1 kg 氢，可使汽车运行 270 km。高压气态储氢的关键是超高压压缩技术和耐超高压复合材料技术，其缺点是制作罐体的复合材料碳纤维的价格太高。另外一种提高氢气能量密度的方法是低温液态储氢。在压力为 70 MPa、液氮温度(77 K)下，氢为液态，此时的密度为 0.070 kg/L，约为常压下氢气密度的 1000 倍，为常温(压力为 70 MPa 时密度为 0.039 kg/L)时的 2 倍，因此低温液态储氢技术相对于高压气态储氢具有更大的吸引力。然而低温液态储氢技术的关键是如何降低汽车在停车时车载低温液态储氢罐中液态氢的汽化损耗。该汽化损耗有时可以达到每天 1%甚至更多。即使消除了液态氢的汽化损耗，液化氢气需要的能量及低温氢气较低的燃烧焓(较常温常压下的值约低 40%)都是低温储氢技术需要解决的技术难题。一些固体氢化物在一定的条件下可以可逆地吸放氢，从而避免了高压和低温所带来的技术难题，因此广泛研究更安全、高效的固体储氢材料及其吸放氢性能，就成为储氢技术未来的主要发展方向。

固体储氢材料最重要的性能是储氢量(一般为每克储氢材料吸放氢的克数，以质量分数来计)和吸放氢动力学(吸放氢温度、压力和速率)。从最初的金属间化合物[诸如 AB_5 型(如 $LaNi_5$，储氢量约为 1.5%)]合金体系到现在新型的钛基固溶体合金体系(如 TiVCrMn 合金，储氢量为 2.5%～4%)，合金体系的储氢量越来越高且价格越来越便宜，但是，其储氢量还远未达到美国能源部设定用于车载氢源的 6.5%储氢量。最近十几年来，质量轻、储氢量大的固体储氢材料相继被研发出来，有望解决储氢量的问题。研究表明，$Mg(NH_2)_2$-LiH 系统在 120～200 ℃内可逆吸放氢的量高达 7%。然而，这些固体储氢材料系统或多或少地存在问题，难以在实际中应用，如氨基化物系统在释放氢的同时会伴随有氨气，后者会危害燃料电池的寿命，同时也会降低该系统的储氢量；而其他系统存在吸放氢动力学较慢、可逆性较差或者吸放氢条件较为苛刻等问题。尽管如此，相较于高压气态储氢、低温液态储氢以及金属间化合物固体储氢材料，这些储氢量大的轻质储氢材料是今后研发的重点。当然，还有其他新型固体储氢材料[如单壁碳纳米管、多孔纳米金属无机网络材料(MOFs)、可形成氢簇的过氢化物等]也具有很大的发展前途。

2.9.2.3 氢的输运技术

根据需求，氢可采取气态、液态和固态的方式输运。氢在长距离输运时可采用地下管道输运。目前已有 200 km 输氢管道用于实际的例子，将来也可对天然气输运管道做较小的改动，用来输运氢，这样可以降低输运成本，但输运管道材料的氢脆和泄漏问题值得特别注意。从经济角度考虑，超过 1000 km 的管道输氢要比输电更节省成本。当然，短距离区域间的氢输运可采用高压气罐、液罐以及固态储氢罐，但成本非常高，是产氢成本的 2～5 倍。

我国较为知名的济源-洛阳氢气管道于 2015 年 12 月投产，是国内已建管径最大、压力最高、输气量最大的长距离输氢管道。

2022 年 2 月 8 日，日本千代田公司利用化学品运输船将甲基环己烷(MCH)运往海外，完成了首次 MCH 形式的海上氢气运输；2 月 25 日，日本川崎重工业株式会社宣布世界上第一艘液化氢运输船 Suiso Frontier (图 2.80)经过了约 25 天的航行，带着第一批来自澳大利亚的氢气成功运抵日本。这是氢气作为未来全球无碳替代燃料的一个重要里程碑。

图 2.80　液化氢运输船 Suiso Frontier

2.9.2.4　氢能的利用技术

氢能转化为其他形式的能量，即氢能的利用技术已经应用于实际，如电动汽车、燃料电池发电等，并且还在不断地发展。氢能的利用技术大致可分为三类：一为与氧直接反应燃烧产生热能；二为在燃料电池中发电；三为氢化物中的化学能与氢能相互转换。在这些技术利用中充分体现了氢能的两个优点——高效和清洁。

第一类氢能利用技术与氧直接反应燃烧又可分为以下 3 种：①直接燃烧产生水蒸气，其效率接近 100%，可用于用电高峰期间电厂发电、工业水蒸气供给、小型生物和医药用水蒸气发生器。②内燃机和涡轮发动机燃料。氢内燃机比汽油内燃机的平均效率要高出约 20%，并且其排放的氮氧化物要比汽油内燃机低 1 个数量级。尽管其在内燃机缸内混合气体中的能量密度较低，仍会导致约 15%的能量损失，但可以通过采用先进的燃料喷射技术和液氢加以改进。氢涡轮发动机的进口温度比燃油涡轮发动机高出 800 ℃，提高了效率，并且由于燃烧后的产物为水蒸气，避免了发动机叶片上的沉积物，减轻了高温腐蚀，减少了维护费用，延长了发动机的寿命。③低温催化氧化。在合适的催化剂作用下，氢可与氧在室温至 500 ℃范围内催化氧化产生水蒸气，从而产生热能，由于催化氧化的温度远低于氢火焰的温度(约为 3000 ℃),不会产生氮氧化物污染物,并且氢源的浓度远高于氢爆炸的极限浓度(75%),因此这种方式可用于家庭厨房灶具燃料,较安全。

第二类氢能利用技术:在燃料电池中发电是氢能利用技术中最具吸引力和最有前景的技术,即无须燃烧,依靠电化学反应产生直流电。

第三类氢能利用技术:氢与金属可逆反应生成金属氢化物,不但可以储氢,而且还伴随着热量的放出(生成氢化物)与吸收(氢化物分解)以及氢气压力的变化,因此有可能用于制冷制热、气体压缩、真空系统、废热利用、发电以及氢气的提纯与分离等,目前这些技术还有待进一步开发。

2.9.3 燃料电池

氢能将对传统的供电、用电方式产生巨大影响。由于大型电网的安全问题频发,人们逐渐认识到目前的大规模集中式发电和远距离输电的缺点,并开始重视燃料电池分布式电站。氢燃料电池具有燃料能量转化率高、噪声低以及零排放等优点,可广泛应用于汽车、飞机、列车等交通工具以及固定电站等。自燃料电池在载人航天、水下潜艇、分布式电站获得应用以来,燃料电池一直受到各国政府和企业的关注,其研发、示范和商业化应用的资金投入不断增加。在未来煤电占比相对较低的情况下,由于风能、太阳能等可再生能源技术规模的增大,整个上游的电源结构会越来越清洁。在这种结构下,新能源汽车特别是纯电动汽车、基于电解水制氢的燃料电池汽车,排放强度会明显下降。而燃料电池汽车不同于纯电动汽车,它实现了上游发电和终端用电在时间上的"分离",进而使得氢能相较于波动性较大的风能和太阳能(纯电动车技术路线),互补能力更强。

根据电池中所采用电解液的不同,燃料电池可分为碱性燃料电池(AFC)、导电聚合物膜或质子交换膜燃料电池(PEMFC,其原理如图 2.81 所示)、磷酸燃料电池(PAFC)、熔融碳酸盐燃料电池(MCFC)、固体氧化物燃料电池(SOFC)。相对于氢与氧直接反应燃烧,燃料

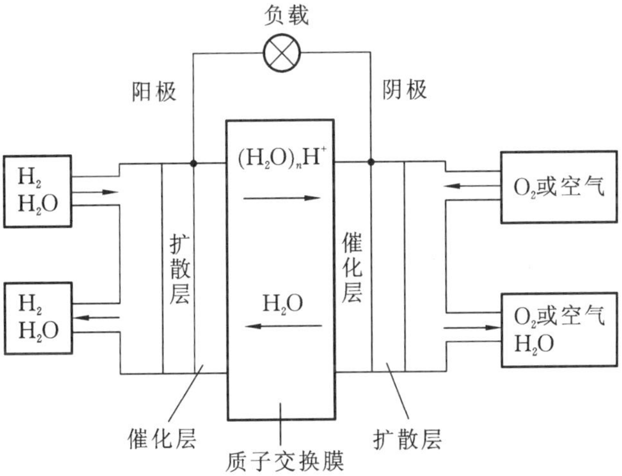

图 2.81 质子交换膜燃料电池的原理

电池最大的优点是具有更高的能量转换效率。燃料电池的理论转换效率接近 83%，而实际转换效率只是电池电压的函数。例如，燃料电池在典型工作电压（0.6～0.8 V）时，能量转换效率为 48%～64%，而且产物只有水蒸气，从而实现了零排放。当然，燃料电池最大的缺点是成本太高，另一个缺点是加氢站等基础设施少。为了解决这一问题，电动汽车生产厂家已经与石油、天然气公司合作开发以汽油和甲醇为燃料的汽车用燃料电池，但以汽油和甲醇作为燃料也带来了一些诸如催化剂中毒、发动机瞬间荷载降低等技术难题。

不同类型燃料电池特点见表 2.13。

表 2.13　不同类型燃料电池特点（来自中国储能网）

燃料电池类型	碱性燃料电池（AFC）	磷酸燃料电池（PAFC）	熔融碳酸盐燃料电池（MCFC）	固体氧化物燃料电池（SOFC）	质子交换膜燃料电池（PEMFC）
电解质	KHO	磷酸	Li_2CO_3-K_2CO_3	YSZ	含氟质子膜
电解质形态	液体	液体	液体	固体	固体
燃料种类	H_2	H_2、天然气	H_3、天然气、沼气	H_4、天然气、沼气	H_5、甲醇、天然气
工作温度/℃	50～200	150～220	约 650	900～1050	60～80
主要应用领域	航天、机动车	洁净电站、轻便电源	洁净电站	洁净电站、联合循环发电	机动车、洁净电站、潜艇便携电源、航天

2.9.3.1　市场发展现状

在我国经济和技术实力较强的珠三角、长三角和北京等地区，聚集了我国燃料电池发展的主要企业。并且，近年来燃料电池投资热度持续升温，由几年前的数家发展到现在的近千家燃料电池企业。上汽集团对燃料电池乘用车投入力度较大，并于 2017 年发布了国内第一款商业化燃料电池轻型客车——大通 V80。燃料电池叉车方面，我国已有东莞氢宇等企业布局，随着氢能市场不断成熟，我国叉车市场会是燃料电池另一个巨大的应用场景。表2.14所示为我国氢能产业发展路线图。

2022 年 7 月 26 日至 7 月 30 日举办的第二届中国国际消费品博览会上，海马汽车第三代氢燃料电池汽车 7X-H 亮相。该车是 70 MPa 氢燃料电池 MPV，采用高功率密度金属堆、高集成高效率燃料电池系统、高安全车载氢系统，整车在综合工况下续驶里程为 800 km，一次加满氢气仅需 3～5 min。2022 年 8 月 4 日，以“联合赋能 氢领未来”为主题的国家燃料电池汽车示范应用·上海市第一批车辆集中发车仪式正式举行。在交车现场，在氢能源轻卡及重卡“大块头”商用车中，近 20 台上汽大通 MAXUSMIFA 氢组成的“氢能源乘用车 MPV”车阵独树一帜，这批 MIFA 氢也正式交付用户。截至目前，MIFA 氢已实现 100 余台的用户交付，成为全球首批实现商业化运营的氢能源 MPV。

表 2.14 我国氢能产业发展路线图

时间	总体目标	功能目标	发展重点
2020 年	加氢站数量达到 100 座;燃料电池车辆达到一万辆	冷启动温度达到 −30 ℃,优化动力系统结构,降低车型成本	燃料电池堆、基础材料、控制技术、储氢技术等共性关键技术;关键零部件;加氢站等基础设施建设
2025 年	燃料电池车辆达到十万辆级规模	冷启动温度达到 −40 ℃,批量化降低车成本,与同级别混合动力车相当	
2030 年	加氢站数量达到 1000 座;燃料电池车辆保有量达到 100 万辆	整体性能与传统汽车相当,具有产品竞争优势	

在燃料电池汽车产业化进程中,我国推出了独特的落地方式——打造示范城市群。目前,国内已初步形成京津冀、华东、华南、华中等 7 大氢能与燃料电池产业集群,产业生态体系基本建立。截至 2020 年 10 月,已有 35 座示范城市开展了燃料电池汽车的示范应用工作,其中佛山、上海和深圳等城市最突出,青岛、阳泉、唐山、邯郸、广州等地已开展燃料电池重卡的示范运营。最近几年,燃料电池汽车版的"十城千辆工程"示范应用也在全面部署。

从新能源汽车国家监测和管理平台运行数据来看,氢燃料电池汽车区域集中度比较高。截至 2020 年年底,该平台累计接入氢燃料电池汽车 6002 辆,排名前 10 位的省份接入量为 5744 辆,占全国氢燃料电池汽车接入量的 95.7%。其中,广东省居首位,氢燃料电池汽车接入量为 2415 辆,占比达 40.2%;上海市排第二位,氢燃料电池汽车接入量为 1376 辆,占比达 22.9%;北京市、江苏省、河南省、山东省、四川省、河北省、湖北省、浙江省等,氢燃料电池汽车接入量均在 100 辆以上。

在氢燃料电池公交车领域,截至 2020 年年底,已累计接入 2222 辆,占该平台氢燃料电池汽车接入量的 37.02%。而排行前 10 位的省份累计接入氢燃料电池公交车为 2170 辆,占全国氢燃料电池公交车接入量的 97.7%。其中,广东省排首位,氢燃料电池公交车接入量为 1036 辆,占全国氢燃料电池公交车接入量的 46.6%,而河南省、山东省、河北省、四川省、浙江省等氢燃料电池公交车接入量均在 100 辆以上。

在氢燃料电池物流车领域,截至 2020 年年底,已累计接入 3153 辆,占该平台氢燃料电池汽车接入量的 52.5%。而排行前 5 位的省市累计接入氢燃料电池物流车 2929 辆,占全国氢燃料电池物流车接入量的 92.9%。其中,广东省和上海市最突出,分别为 1376 辆和 1018 辆,在全国氢燃料电池物流车接入量中占比分别为 43.6%、32.3%。

2.9.3.2 技术现状及问题

(1) 在系统方面,国内燃料电池开发以车用质子交换膜燃料电池为主,已经具有系统自主开发能力且生产能力较强。但在燃料电池系统关键零部件方面,还与国际先进水平差距较大,基本没有成熟的产品。

(2) 在电堆方面,国内燃料电池电堆正起步,电堆及产业链企业数量逐渐增长,产能量级提升，截至2018年，国内电堆产能超过40万千瓦。

(3) 在双极板方面，由于机加工石墨板成本高，复合材料双极板近年来开始走向应用，如石墨/树脂复合材料、膨胀石墨/树脂复合材料、不锈钢/石墨复合材料等。

(4) 在膜电极方面，以新源动力股份有限公司、武汉理工新能源为代表，初步具备了不同程度的生产线，年产能为数千平方米到数万平方米，但还需要开发以狭缝涂布为代表的大批量生产技术。市场上主要生产全氟磺酸膜的企业主要来自于美国、日本、加拿大及中国。我国已具备质子交换膜国产化能力，如山东东岳集团生产的质子交换膜性能出色，具备规模化生产能力。

(5) 在催化剂方面，海外企业领先，国内正起步。

(6) 在碳纸产品方面，主要被日本 Toray 公司等几个国际大生产商垄断，国内碳纸产品尚处于研发及小规模生产阶段。在系统部件方面，氢气循环泵主要依赖进口，空压机还未能大批量生产，缺少低功耗、高速无油空压机产品。

总而言之，我国在整车、系统和电堆方面均有布局，但零部件方面的相关企业仍较少，特别是关键材料和部件，如质子交换膜、碳纸、催化剂、空压机、氢气循环泵等；国内虽有相关企业开始介入，但与国际先进产品相比，可靠性和耐久性仍存在较大差距，大部分关键零部件及关键材料仍依赖进口。

2.9.3.3 发展趋势

燃料电池发展至今已经有近200年的历史，预估到2035年，整个氢能产业链将带来5万亿元的市场容量。其中，产业链包含了上游的制、运、储，中游的燃料电池电堆、系统，以及下游的交通运输、电源等。

目前全球致力将低铂载量、高性能、低成本的膜电极，高导电、导热能力的双极板和气体扩散层作为主要的发展方向。而未来在下游应用对性能需求的提升下，也会往更高工作温度、更高效、成本更低的方向发展，可能在各部件材料及设计上都会有巨大的革新。

目前市场上将质子交换膜燃料电池(PEMFC)作为最主要的发展方向，在政策及性能优势的驱使下，质子交换膜燃料电池的下游应用主要集中在交通运输方面。

我国燃料电池汽车发展路径明确：通过商用车的发展，规模化降低燃料电池和氢气成本，同时带动加氢站等配套设施建设，后续拓展到乘用车领域。

发展氢燃料电池汽车产业集群，促进全产业链发展。燃料电池关键零部件、电堆、系统、制氢储氢、检测及整车开发企业，以“产业集群”的形式，目前已在上海、广州、江苏等地快速发展。通过氢燃料电池汽车产业集群，可以促进氢能燃料电池全产业链的快速发展，有效降低成本。

2.10 储能技术

2.10.1 概述

能量有多种形式，包括辐射能、化学能、重力势能、电势能、电力、高温、潜热和动力。能量储存涉及将难以储存的能量形式转换成更便利或更经济的可储存形式。

电能已成为人类日常生活中最重要的能源之一。进入 21 世纪以来，人们对电能质量的要求不断增长，而传统的电力系统已经无法很好地满足用户需求。同时，随着社会的发展，环境污染和资源浪费等问题变得越来越严重，因此人们对地热能、海洋能、生物质能等新能源进行了开发和利用。但是，由于新能源发电的不稳定性和不持续性，大规模的并网运行将会导致不可预计的后果。为了既满足人们的用电需求，又不污染环境，储能技术就显得格外重要。它将地热能、海洋能等新能源储存起来，在适当的时候提供电能，起到了既不污染环境又能发电的作用。

储能技术主要是指电能的储存。可用于在电网负荷低的时候储能，在电网负荷高的时候输出能量，用于削峰填谷，减轻电网波动，而且储存的能量可以用作应急能源。目前，我国的能源体系结构也在不断完善和优化，现如今传统能源和一些新能源都已经投入使用，相较于传统能源，新能源发电具有不稳定性、随机性、间歇性等特点，为保证新能源供电的稳定性，现一般考虑给新能源发电配置一定规模的储能设备。

2.10.2 储能技术类型

储能技术历经了几十年的发展，大致可分为机械类储能、电器类储能、电化学储能和热储能四大类。

(1) 机械类储能

机械类储能的应用形式有抽水蓄能、压缩空气蓄能和飞轮蓄能。

① 抽水蓄能是通过控制水位来进行电网低谷或高峰段储能，抽水蓄能目前主要应用于大规模发电上，它的优点是能量储存集中、技术相对成熟、响应速度快、调节能力高。抽水储能技术是所有储能技术中最完善、应用最广、容量最大的一种技术。它在调峰调频和稳定电网等方面有着举足轻重的作用。抽水储能系统主要由以下几部分组成：上游水库、下游水库、传输和发电系统。当用电负荷处于低谷时，储能系统的电动机就会启动，将下游水库中的水抽到上游水库中并存储起来，这一动作是将电能转换为势能的过程；而当用电负荷处于高峰状态时，则利用势能转换为电能，将上游水库的水放到下游水库中去。利用抽水储能技术所建造的电站，其容量大小可以按照用户需求来决定，设备的使用寿命基本上可以维持 30～40 年，其整体工作效率一般在 77.5%左右。目前，世界上已有超过至少 90 GW 的抽水储能系统处于运行中。该项技术最大的特点就是它可以存储非常多的能量，技术方面相对稳定可靠。它的缺点主要是受到地理条件的限制，往往会建造在比较偏远的地方。这样，在整个电力传输过程中不仅会造成电力的损耗，而且当系统运行出现故障时，也难以在第一时间进行维修。

② 压缩空气储能是用电能将空气压缩密封在矿井、储气罐、储气井中，在使用时释放空气，推动汽轮机进行工作。压缩空气储能的优点是能更加合理地调控峰谷用电，并且可以充当紧急备用电源的角色。顾名思义，压缩空气储能就是把空气进行压缩并存储在高压密封的空洞中。这些空洞可以是地下报废的矿井、深海中的储气罐，也可以是被封闭的山洞等。压缩空气储能实际上是一种燃气轮机发电厂，它所起到的主要作用是节能和环保。当电网用电负荷处于低谷时，利用电网过剩电力将空气进行压缩，并把压缩的空气储藏在高压密封的空洞中；当电网负荷处于高峰时，则将之前储藏的空气释放出来，以驱动燃气轮机发电。

相较于传统的燃气轮机，压缩空气储能所消耗的燃气至少可以节约40%，其系统示意如图2.82所示。

从商业角度来看，德国曾在1979年就已成功建立290 MW的压缩空气储能发电厂，而美国则于1991年建成了110 MW的发电厂，至今仍处于运行状态。总之，压缩空气储能技术发展至今已相对成熟，并且可以带来一定的经济效益，但是这种技术主要受地理条件所限制，在城市中运用的可能性极小，比较适合于有密封空洞的偏远地区。

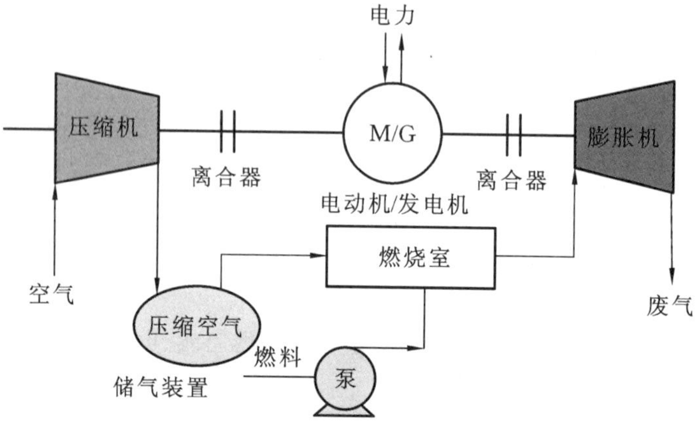

图2.82　压缩空气储能系统发电原理图

③ 飞轮蓄能指的是利用电机带动飞轮进行旋转，在需要时切换为飞轮带动电机工作。通过这种模式，达到能量储存的目的。飞轮蓄能一般使用在小规模储存上，并且使用的年限一般比较短。飞轮储能技术已有200多年的历史，它是一种基于机械运动的储能方式。当系统处于储能阶段时，利用电动机驱动飞轮高速旋转，将电能转换为动能；而在用电高峰时，高速旋转的飞轮则将动能转换为电能，使电动机作为发电机运行并释放能量。飞轮储能的主要优点有建造周期短、设备运行使用时间长、储存能量高、环保无污染等。但是其主要缺点是维护成本高、自放电率高。此外，该项技术还有一个良好的应用前景，就是可应用于电动汽车上。当电动汽车处于刹车制动时，飞轮可以吸收能量；而在高速行驶时，则可以把飞轮储存的能量释放出来用于加速。目前，基于飞轮储能技术，国内外都已研制出一些产品。例如：美国的艾泰沃公司研制出500 kW的直流清洁能源等。我国自20世纪90年代就已经开展相关技术研究，走在前列的有上海航天控制技术研究所、清华大学、北京航空航天大学、华北电力大学等单位。中国科学院的电工研究所已经研制出基于飞轮储能技术的高速电机。但是与国外相比，我国自主研发的飞轮储能技术及工程应用仍相对落后。多数公司主要生产容量较小的飞轮储能设备产品，充放电时间也比较短。

抽水蓄能、飞轮储能这两种机械类储能方式属于大规模的集中式储能，技术也相对成熟，可用于对电网的能量管理及调峰。这两种储能方式适合配合核电站、风力发电、大规模太阳能电站等的使用。

(2) 电器类储能

电器类储能分为超导储能和电容器储能。超导储能是利用超导线圈存储电磁能量，这种储能方式由于未进行其他形式的转换，所以在使用时能高效释放能量。超导储能是将能量存储在以超导材料所制成的线圈中。当需要能量供应时，线圈中的能量便可以释放出来。它的特点是具有较快的响应速度及较高的综合效率。2021 年 12 月，中国船舶集团有限公司第七一二研究所研制的高温超导储能样机顺利通过技术验收。这台兆焦/兆瓦级环形高温超导储能装置具有完全自主知识产权，技术指标达到国际先进水平。

电容器储能是在电极溶液中通过电子和离子的定向排列，使其在导电时形成双电层来进行储能，这种储能方式由于受环境限制，可储存量往往较少。电容本身就是一种储能元件，而超级电容与普通电容的不同在于其电极表面积是普通电容的几万倍，并且其电荷层之间的距离也在 0.5 nm 以下。超级电容相较于其他几种不同的储能方式有着很大的优势。原因是它不仅具有较高的功率密度，同时它的充放电次数也很长，在不同温度下都可以稳定地工作，并且具有环保无污染的特性。但是，超级电容也有自身的缺点，它两端的电压起伏比较大，在进行串联时很难做到均压。

超级电容器作为大功率物理二次电源，在国民经济各领域中用途十分广泛。各发达国家都把超级电容器的研究列为国家重点战略研究项目。1996 年，欧洲共同体制定了超级电容器的发展计划，日本"新阳光计划"中列出了超级电容器的研制，美国能源部及国防部也制定了发展超级电容器的研究计划，我国"863 计划"制定了电动汽车重大专项(2001)超级电容器课题。2004 年 7 月，我国首辆超级电容器公交车及其快速充电候车站系统投入试运行。该系统解决了无轨电车带来的视觉污染、机动性差和规划难等问题，以零排放、低噪声的性能，改善了公交汽车尾气排放给城区带来的空气污染，并避免了传统蓄电池的二次污染。2005 年，由中国科学院电工所承担的"再生能源发电用超级电容器储能系统关键技术研究"通过专家验收。该项目完成了用于光伏发电系统的 300 Wh/kW 超级电容器储能系统的研究开发。2005 年，美国建造了一台 450 kW 超级电容器储能装置，用以减小 950 kW 风力发电机组向电网输送功率时的波动。

(3) 电化学储能

电化学储能是指二次电池储能利用化学元素作为储能的介质，主要包括铅酸电池、钠硫电池、锂离子电池等。电池储能是所有储能技术中应用最广泛，也最为人所熟悉的一种技术。其本质是化学能和电能之间的一种能量转换。电池储能为新能源的发展提供了良好的基础。一方面，可以将太阳能、风能这种新能源所提供的能量储存起来，在用户需要时提供电能；另一方面，也可以在电网用电低谷时将多余的电能储存起来，在用电高峰时释放出来，起到削峰填谷的作用。按照电池所使用的不同材料，我们可以将电池分为锂离子电池、钠流电池、铅酸电池等，每种电池都有各自的特点。其中，锂离子电池在循环寿命、能量密度、综合效率等方面参数较优，且在电化学储能市场占比约 60%，尤其是在对电池安全性与使用寿命有要求的电网侧储能市场，锂离子电池占据绝对优势。在一些对电池安全性与使用寿命要求较低的用户侧(商业及民用)市场，则以价格较低的铅蓄电池为主流，液流电池与钠硫电池则由于转换效率较低，市场应用率远低于锂离子电池与铅蓄电池。

锂离子电池最早是由 SONY 公司于 1992 年研制出的，该电池具有储能密度高、体积小、使用寿命长、环保等特点。在所有储能电池中，锂离子电池不仅解决了充放电过程中的记忆效应，并且它的循环效率和储能密度也比其他电池高很多。然而，如果要大规模应用锂离子电池储能，还有一些问题需要解决。首先，锂离子电池由于在制作过程中加入了充电保护电路，致使其成本较高；其次，在大规模应用锂离子电池时，必须解决电池的一致性问题，否则电池在长时间使用之后性能会急剧下降。

磷酸铁锂

1996 年，John Goodenough 发现磷酸铁锂可作为锂离子电池的阴极，它与传统的钴酸锂相比毒性更小、耐热性更强。但同时它也有一个明显的缺点——充电容量小，因此，当时这项技术并没有得到发展。2014 年，特斯拉宣布将在全球免费公开特斯拉 271 项专利，其中发明专利 263 项，外观专利 8 项，激发了纯电动车的发展。随着造车新势力的成立，磷酸铁锂电池的研究和开发重回主流视野。

钠硫电池的研究在近 20 多年来已有了重大突破，并且在一些国家实现了商业化。例如：日本京瓷公司所研制的钠硫电池储能系统已有 100 多套投入运营中，其总容量已超过 100 MW。钠硫电池具有较高的储能密度，可达 140 $kW \cdot h/m^3$，其整体的效率大约为 80%，整体的充放电次数至少可以达到 6000 多次。但是，和锂离子电池一样，由于其高额的成本使其难以得到大规模应用。

铅酸电池在电池储能领域中应用得较早，发展至今已有 150 多年的历史。该电池因其成熟的技术及相对较低的成本成为电池储能领域的首选。但是，由于其可充放电的次数和能量密度比其他储能电池差，所以随着技术的不断进步，铅酸电池将会逐渐退出历史舞台。

不同储能类型的应用场景在氢燃料储能、液流储能、钠硫储能未取得重大技术突破的情况下，电源侧、电网侧（即可再生能源并网、辅助服务）将以发展锂离子储能项目为主，用户侧将以发展铅储能项目为主。电化学类储能技术成熟、价格低廉、维护简单，具有能量密度高、响应时间快、维护成本低、灵活方便等优点，成为目前适应电力系统大规模储能技术的发展方向。

（4）热储能

热储能可分为显热式储能和潜热式储能。显热式储能是将热能直接储存在介质中，比如在取暖时将水作为储能介质，通过用水储存热能来达到储能目的。潜热式储能则是使用相变材料作为储能的介质。

在显热储存介质的选择过程中，一些相关因素（如能量密度、价格、稳定性、环境适配性）都是需要考虑的内容。具有高比热容、低成本、在储放热循环过程中保持热稳定性的材料是较好的储存介质。通常，固体介质有高密度，但是伴随着低比热容，就导致在储存相同热量的情况下需要更多质量和体积的固体介质。

一般而言，我们把物质由固态熔解为液态所吸收的、促成其发生相变的热量称为“熔解潜热”，而把物质由液态凝结成固态时所释放出的热量称为“凝固潜热”。同样，还有蒸发潜热、冷凝潜热、升华潜热、凝华潜热等。潜热储存材料需要熔点相当，而且具有较大的熔解潜热、热导率、热扩散率和热容量；要具有高度的化学稳定性，即经过多次吸热和放热循环后，其潜热储存材料的特性仍然可逆；相变时体积变化要小，具有很低的蒸汽压力，能快速放热结晶，不易燃，无毒、无腐蚀性，价格低廉，来源丰富。在潜热储存材料的选择上，目前人们用得较多的是无机盐类水化物。

2.10.3 储能技术参与电力系统应用

储能技术在发电侧的应用包括:①平滑新能源出力波动;②提高新能源跟踪计划发电能力;③减少弃光弃风等。储能系统应用于电网尤其是新能源发电侧时,采取合适的出力控制策略,可在一定程度上解决大规模新能源并网消纳问题,以及在提高新能源和传统电源的发电能力和保证系统安全、经济运行等方面起到极其重要的作用。

储能技术在输电侧的应用包括:①参与电网调频;②改善网络潮流分布、提高线路输送能力;③提高系统稳定性。储能技术作为有效的电网调频手段,与电力系统中的各类装置配合,通过提供快速、灵活的有功或无功功率补偿,在优化网络潮流分布、提高线路输送能力及保障系统安全稳定运行等方面具有重要意义。

随着负荷需求的不断增长、分布式能源系统的出现,储能技术在传统配电网及出现的新型配电网系统中得到了广泛应用,是满足负荷需求、提高分布式能源渗透率及解决新型配电网的电压问题、调度问题等的有效手段。

2.10.4 发展趋势

新能源的发展是未来不可避免的趋势,而储能在整个新能源的发展过程中更是不可或缺的一环。储能技术在实现绿色电网、解决偏远地区用电供需矛盾和提升用户电能质量等方面提供了一系列的解决方法。它不仅可以用于电网、企业、住宅小区这种大规模的场合,同时也可用于新能源汽车这种日常交通工具中。但是,由于部分储能技术仍处于起步阶段,一些应用还不成熟,所以储能技术仍有很大的发展空间。

(1) 现阶段储能电池的发展瓶颈主要有三点:不够环保、低效率、高成本。如何研制出环保、高性能、低成本的电池是储能领域的一个重要课题。

(2) 不同储能技术的协同发展。每项储能技术都有自己的优点和缺点,各项技术都有自己所属的专项领域。针对现阶段的一些实际问题,如果能够把不同储能技术联合起来使用,就可以达到扬长避短、事半功倍的效果。这也将成为储能领域中的一个重点研究方向。

3 热质交换技术

3.1 热质交换基本原理

在人工环境领域，为了调控环境，需要利用大量的热质交换设备。比如空调工程中，需要用到喷淋室、冷却塔等设备；在采暖工程中，有散热器等设备。这些设备能通过热质交换传递能量和物质，以满足室内的环境要求。

典型传热过程包括导热、对流和辐射。对于建筑围护结构，其室内外空气之间存在导热过程，我们一般还要考虑其非稳态传热过程，以此来分析室外环境对室内环境的影响。对于风机盘管，其盘管内的冷媒温度较低/较高，盘管壁面温度较低/较高，在风机作用下，其壁面与室内空气之间产生对流换热，将冷量或者热量传递给室内空气，以达到调控目的。对于散热器（也可称为暖气片），其壁面与室内空气之间发生自然对流传热，同时由于其壁面温度较高，对建筑内部物体表面及人体有热辐射作用，以保证室内的热舒适。在机组内部的蒸发器及冷凝器中，其盘管即为主要换热器。

典型的传质过程：夏季风机盘管在除湿过程中，由于其壁面温度低于室内空气露点，因此室内空气在其壁面凝结，产生冷凝水，最终使得室内空气被除湿；在部分转轮除湿机中，利用吸附除湿法来去除空气中的水分，从而降低空气的湿度。

3.2 热质交换设备

热质交换设备一般可分为间壁式、直接接触式和蓄热式三种类型。另外，也可以按照使用性能来进行分类，如蒸发器、冷凝器、冷却器、冷却塔、喷水室等。

蒸发器、冷凝器、冷却器等都属于间壁式换热器，即两种流体由壁面隔开进行换热。但在换热过程中，流体可能发生相变。

3.2.1 蒸发器

蒸发器是制冷"四大件"（即压缩机、冷凝器、节流装置、蒸发器）中十分重要的一个部件。常用的蒸发器主要有满液式蒸发器、干式蒸发器、降膜式蒸发器、热虹吸式蒸发器、螺旋管式蒸发器等，其中满液式蒸发器和干式蒸发器应用较为广泛。

（1）满液式蒸发器

满液式蒸发器是一种利用工质流体相变实现管侧与壳侧工质换热的高效换热器。满液式蒸发器中壳程走制冷剂液体，管程走载冷剂。制冷剂液体从蒸发器筒体底部进入，产生的蒸汽从筒体上部引出，壳程液态制冷剂沸腾蒸发，通过热交换带走管内载冷剂热量，起到降温冷却的目的。其换热原理如图 3.1 所示。

(2) 干式蒸发器

干式蒸发器的制冷剂液体在传热管内侧进行沸腾换热，载冷剂在传热管外侧被冷却，制冷剂液体流过节流阀后从一侧端盖的下端进入蒸发器内部，在蒸发器内经过几个流程后从上部流出，管内制冷剂处于持续流动的状态，一边流动一边进行蒸发，所以管内壁面有一部分充满蒸汽。干式蒸发器的传热效果不如满液式蒸发器，但是其回油较好，并且大量的载冷剂冲入换热管外，可以减缓冻结。其换热原理如图 3.2 所示。

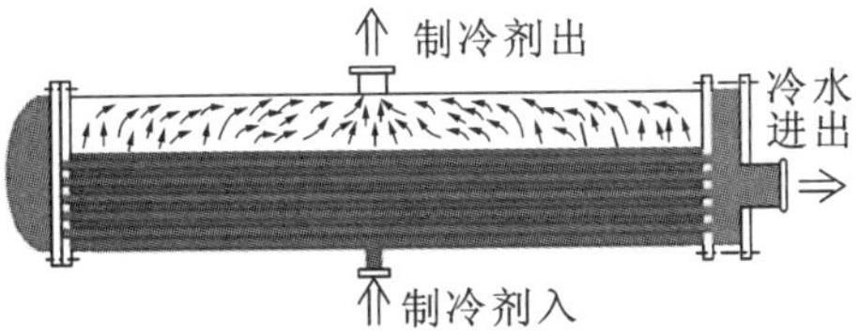

图 3.1　满液式蒸发器原理示意图

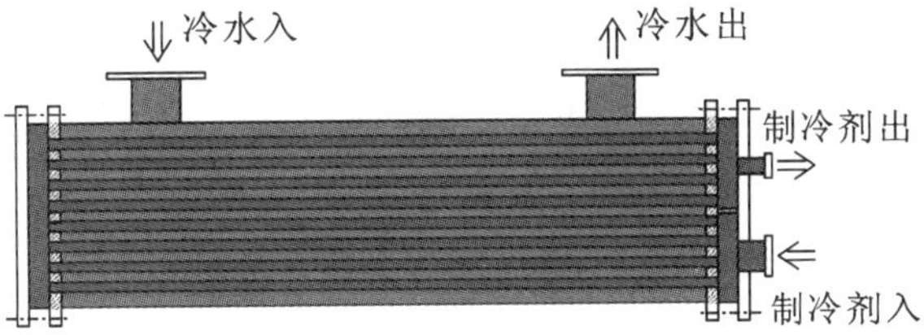

图 3.2　干式蒸发器原理示意图

(3) 降膜式蒸发器

降膜式蒸发器主要由布液器、蒸发管、回油系统及蒸汽出口构成，其原理是利用制冷剂在管外蒸发达到与管内载冷剂换热的目的，即蒸发器管内流动的是载冷剂，与管外流过的制冷剂液体进行热交换，使其蒸发，从而达到热量传递的目的。

降膜式蒸发器中被蒸发的液体从管顶进入蒸发器，呈膜状沿着管壁向下流动，如图 3.3 所示。在这个过程中液体在蒸发器壳侧被蒸发，如果用蒸汽冷凝加热，被蒸发液体则自上而下流动；如果用热流体显热加热，则被蒸发液体自下而上流动。相较于满液式蒸发器，降膜式蒸发器具有以下优点：具有相对较高的换热系数；相同制冷量下，具有较少的制冷剂充液量；结构紧凑；温差小；工作寿命长等。

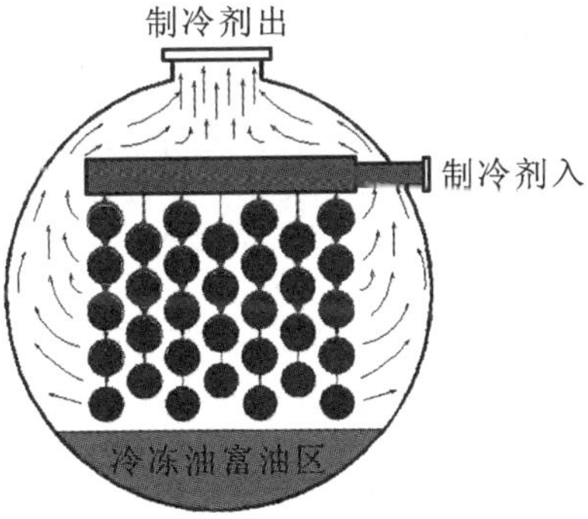

图 3.3　降膜式蒸发器原理示意图

(4) 热虹吸式蒸发器

热虹吸式蒸发器(图 3.4)是利用热虹吸原理设计的。热虹吸是一种热循环运动，循环的动力来自流体高度和密度差。热虹吸蒸发器由上部气液分离器、下部干式蒸发器组成，属于重力型再循环蒸发器，不受制冷工质限制。热虹吸式蒸发器的工作原理是：制冷剂液体从下部的分离器进入，保持静液柱压力，利用重力的作用向蒸发器供液，制冷剂吸热气化，使进出口液体产生密度差，此压差会产生动力，使制冷剂在管程的质量流率和循环倍率提高。热虹吸式蒸发器具有传热性能优良、结构紧凑、安装方便等优点，因此，在化工厂冷冻站、食品企业空调系统等方面有着广泛的应用。

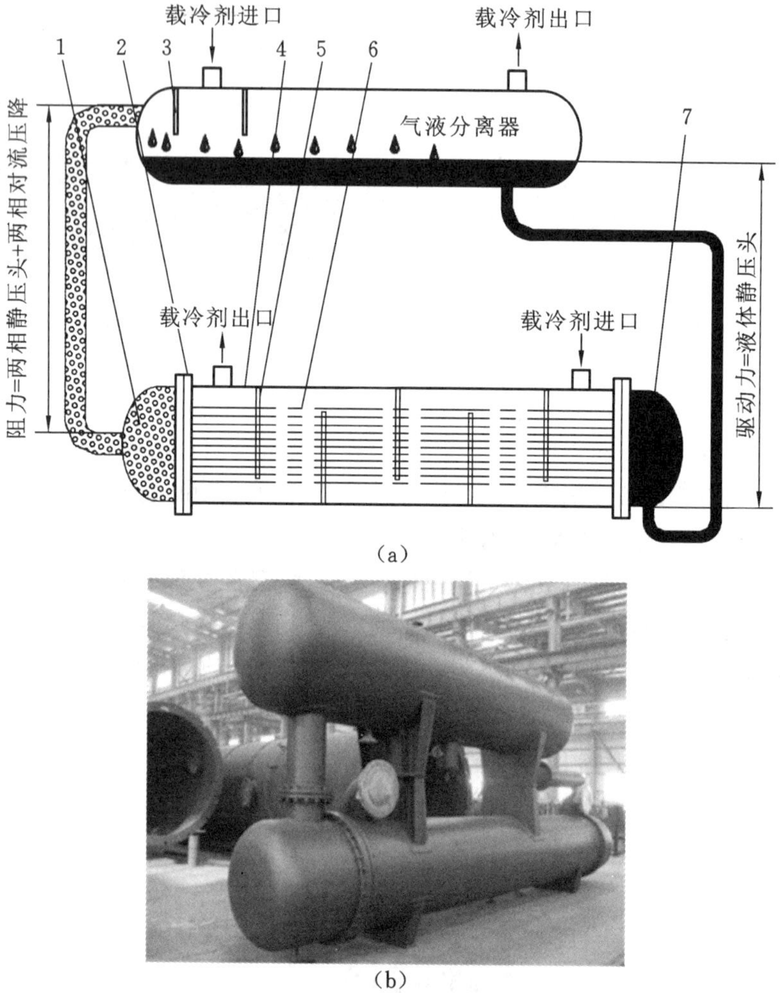

图 3.4　热虹吸式蒸发器

(a)结构示意图；(b)实物图

1—左端盖；2—管板；3—挡液板；4—蒸发器圆筒；5—折流板；6—换热管；7—右端盖

(5) 螺旋管式蒸发器

螺旋管式蒸发器的结构与立管式蒸发器相似，其使用螺旋管替代了立管。制冷剂在管内蒸发，蒸发器沉浸在载冷剂箱内。螺旋管蒸发器的优点是结构坚固、易于制造、生产成本低等，因此被广泛应用于制冷与空调等行业。图 3.5 所示为某厂家生产的 MKL 螺旋管式蒸发器。

图 3.5 螺旋管式蒸发器实物图

3.2.2 冷凝器

冷凝器与蒸发器相同，都是一种间壁式换热器。按冷却方式，冷凝器可以分为空气冷却式冷凝器、水冷式冷凝器、蒸发式冷凝器等。

(1) 空气冷却式冷凝器

空气冷却式冷凝器常应用于冰箱、冷柜、小型空调器、冷藏车、汽车空调等一些小型制冷装置中。空气冷却式冷凝器无须用水，安装简单，可置于屋面；传热系数小，受环境温度影响大。依据空气的流动情况，空气冷却式冷凝器可分为自然对流冷却冷凝器和强制对流冷却冷凝器。其实，对于家用空调而言，蒸发器与冷凝器大都是表冷器，且可根据制冷或者制热需求再进行功能转换。

(2) 水冷式冷凝器

水冷式冷凝器包括壳管式水冷冷凝器、卧式壳管式冷凝器、套管式冷凝器、壳-盘管式冷凝器、螺旋板式冷凝器。壳管式水冷冷凝器的传热系数高、机组占地面积小、清洗方便、耗水量大，适用于大、中型氨制冷系统；卧式壳管式冷凝器适用于氨或者氟利昂制冷系统；套管式冷凝器传热系数高、机组占地面积小、结构简单；壳-盘管式冷凝器的结构简单，但无法用机械清洗，对水质要求严，需定期进行化学清洗；螺旋板式冷凝器体积小、自重轻、传热系数高，但不适用于高压，内部不易清洗和检修，对水质要求严。

(3) 蒸发式冷凝器

蒸发式冷凝器是风冷冷凝器和水冷冷凝器的结合。如图 3.6 所示，蒸发式冷凝器的制冷系统中压缩机排出的过热高压制冷剂气体经过蒸发式冷凝器中的冷凝排管，使高温气态的制冷剂与排管外的喷淋水和空气进行热交换，即气态制冷剂由上部入口进入排管后自上而下逐渐被冷凝为液态制冷剂。配套引风机的超强风力使喷淋水完全均匀地覆盖在盘管表面，极大地提高了换热效果。温度升高的喷淋水部分变为气态，利用水的汽化潜热带走大量的热量，热气中的水滴被高效脱水器截住，与其余吸收了热量的水散落到 PVC 淋水片热交换层中，被流过的空气冷却，温度降低后进入水箱，再经循环水泵继续循环。因蒸发而减少的水由水位调节器自动补充。

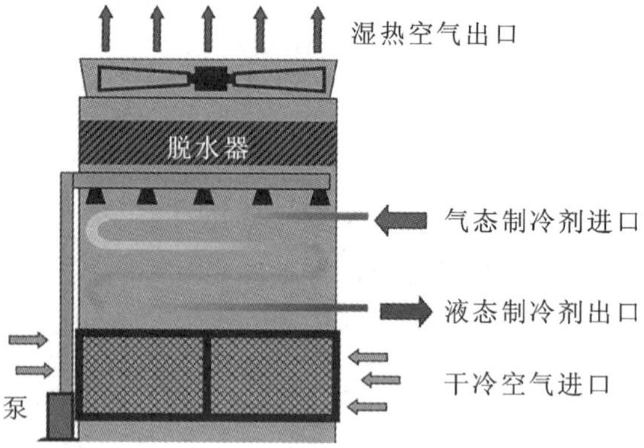

图 3.6　蒸发式冷凝器

3.2.3　冷却器

冷却器是换热设备的一种,用以冷却流体。空气冷却器是利用空气冷却热流体的换热器。管内的热流体通过管壁和翅片与管外空气进行换热,所用的空气通常由通风机供给。空气冷却器可用于冷却或冷凝,广泛应用于炼油、石油化工塔顶蒸气的冷凝;回流油、塔底油的冷却;各种反应生成物的冷却;循环气体的冷却和电站汽轮机排气的冷凝。风机盘管中的表冷器属于空气冷却器;水冷式冷却器与空气冷却器类似,但是两侧流体均为液体。

蒸发式冷却器的原理与蒸发式冷凝器相同,分别利用空气显热和蒸发潜热来冷却介质。

3.2.4　冷却塔

冷却塔是利用水和空气的接触,通过蒸发冷却作用来散去工业上或制冷空调中产生的废热的一种设备。图 3.7 所示为某机械通风逆流湿式冷却塔。温度较高的水通过进水管进入冷却塔,通过配水系统使其沿塔平面均匀分布,然后通过喷嘴将水喷淋在填料上。温度较高的水沿填料表面形成水膜向下流动。空气从冷却塔下部进入塔内,靠风机的作用自下而上与水直接接触并进行热湿交换(通过接触散热和蒸发散热),将水中的热量传输给空气,冷却后的水送入冷凝器等设备,以供使用。

按空气与水接触的方式不同,冷却塔可分成湿式冷却塔和干式冷却塔,以及二者结合的干湿式冷却塔。在湿式冷却塔中,空气和水直接接触进行热质交换,其热质交换效率高,冷却水的极限温度为空气湿球温度,缺点在于冷却水存在蒸发损失和飘散损失,并且水蒸发后盐度增加,需要补水。干式冷却塔中,水或蒸气与空气间接接触进行热交换,不发生质交换,主要用于缺水地区及特殊场合,其热交换效率一般比较低,并且投资大、耗能高。

按通风方式不同,冷却塔又可分为自然通风冷却塔和机械通风冷却塔。自然通风冷却塔又称为风筒式或双曲线型塔,它利用塔内外的空气密度差形成的通风抽力使空气流通,其冷却效果稳定,运行费用低,故障少、易维护,对环境影响小,缺点是内外空气密度差小、通风抽力小,不宜用在高温高湿地区。机械通风冷却塔又分为抽风式冷却塔和鼓风式冷却塔,分别利用抽风机或鼓风机强制使空气流动,它的冷却效率高、稳定、占地面积小、基建投资少,

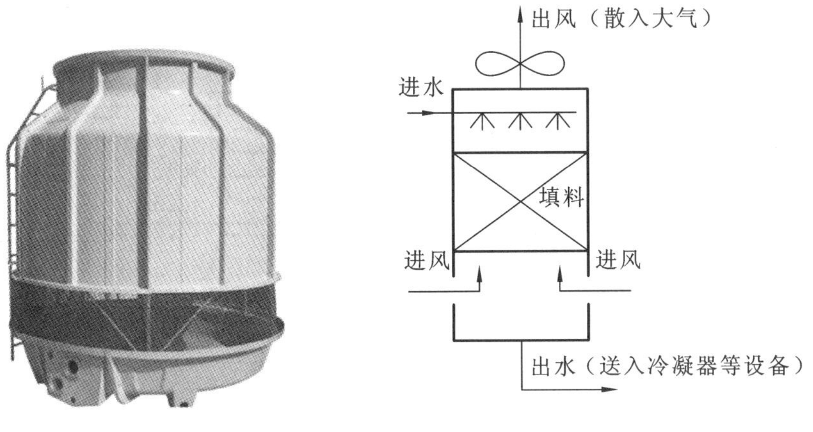

（a） （b）

图 3.7 冷却塔

(a)冷却塔外形;(b)冷却塔工作原理图

但运行费用高，其中抽风式冷却塔会使塔内呈负压状态，有利于水蒸发；鼓风式冷却塔主要用于小型冷却塔或水对风机有侵蚀性的冷却塔中。

按水和空气的流动方向不同，冷却塔又可分为逆流式冷却塔和横流式冷却塔两种。其中，逆流式冷却塔中水自上而下，空气自下而上；横流式冷却塔中水自上而下，空气从水平方向流入。

3.2.5 热源塔

热源塔结构与冷却塔类似，但是仅在夏季用作冷却塔，冬季则提供热源。下面以热源塔热泵系统为例进行介绍。

在我国南方，空气源热泵应用广泛，但在冬季室外气温较低时，其制热效果不好且室外侧换热器翅片结霜问题严重，需要额外加设除霜装置，从而增加了能耗。而新兴的热源塔热泵系统则在一定程度上解决了这一问题，在夏季用作冷却塔，利用水蒸发冷却为热泵机组提供冷源；冬季则用作热源塔，利用低温防冻液提取空气中的热能，从而为热泵机组提供热源。该设备实现了冷热源合一，一塔两用，既节能又环保。

热源塔热泵系统大致由热源塔、水冷机组、防冻液再生设备、储液罐以及循环水（溶液）泵五部分组成，其中核心部分为热源塔和水冷机组。

图 3.8 所示为热源塔系统的运行模式。当热源塔系统在夏季运行时，热源塔内循环介质为水。热源塔内的冷水输送到热泵机组冷凝器中，吸收来自房间的热量，然后流回热源塔并被均匀地喷洒在热源塔内的填料上，从上向下流动。空气从侧面进入塔体内部，冷却水在填料上与空气完成传热传质过程，冷却水在此过程中蒸发冷却，其温度降低。冷却水的热量在此过程中被空气吸收，故空气的温度升高，同时由于其被冷却水增湿，焓值增加。冷却水在热源塔内被空气冷却后再输送到机组冷凝器中进行循环。在蒸发器中，用户室内热量被排出，以满足末端用户的制冷需求。

热源塔系统在冬季运行时，为防止循环介质结冰，会使用凝固点低于零度的防冻液作为

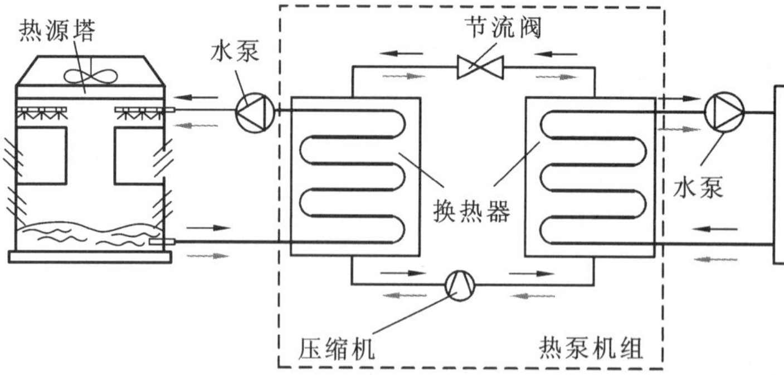

图 3.8　热源塔系统运行示意图

系统塔侧的循环介质,例如氯化钙溶液、溴化锂溶液或者乙二醇溶液。热源塔侧充当热泵系统的蒸发侧。在热源塔内吸收室外空气中的热量后,防冻液被输送到热泵机组蒸发器处释放热量,释放热量后的防冻液流回热源塔并被均匀喷洒在热源塔内的填料上。防冻液与室外空气同样在填料上完成热湿传递过程。防冻液温度较低,通过吸收室外空气的热量,使得溶液的温度升高。对于在冬季室外空气含湿量较高的地区,室外空气中水蒸气分压大于防冻液的表面边界层处的水蒸气分压,热量传递方向为从空气到防冻液,吸收室外空气热量后的防冻液再次被输送到热泵机组中进行循环。在热泵系统冷凝器中,在室外被提取的热量被传递到用户侧循环介质,然后通过建筑内的末端释放给用户,以满足制热需求。

3.2.6　喷水室

喷水室(喷淋室)是一种以水为介质的热湿处理装置,它能实现对空气的多种处理,被广泛应用于集中式空调系统。常见的喷淋室由外壳、水池、水泵、喷水管、补水装置、回水过滤器、溢水口、挡水板等装置组成,如图 3.9 所示。运行时,喷水管喷出许多小水滴,与进入喷淋室内的空气直接接触并进行热湿交换,从而使空气的状态发生变化。在水量无限多、接触时间无限长的理想条件下,喷水温度与空气温度的相对关系决定了喷淋室可以对空气进行何种处理,喷水温度是决定喷淋室内空气与水热湿交换方向的重要因素。喷水温度分为七种情况,从而得到喷水室可实现的七种空气处理过程。

喷淋室按放置方式可以分为立式喷淋室和卧式喷淋室。一般情况下,更为常用的是卧式喷淋室,但卧式喷淋室存在空气与水的热湿交换不充分及占地面积大等缺点。立式喷淋室由于采取喷淋水与空气纯逆流式热交换,因此,热湿交换效率高,且在水平方向占地面积小,有着广泛的应用前景。

按空气流动速度的不同,喷淋室可以分为高速喷淋室和低速喷淋室。低速喷淋室是指风速在 2～3 m/s 的喷淋室,高速喷淋室一般指风速在 3.5～6.5 m/s 的喷淋室。低速喷淋室有两个缺点:设备占地面积大,工厂需要庞大的辅房面积;需要的水气比大,水系统耗水多、耗能大。高速喷淋室基本可以克服以上缺点,但要求的技术水平也会更高。

按喷淋室级数的不同,喷淋室可分为单级喷淋室和双级喷淋室。单级喷淋室只与冷冻水进行一次热交换,而双级喷淋室会与不同温度的水进行两次热交换。双级喷淋室对空气的处理效果会更好、更精确,但造价也会更高。

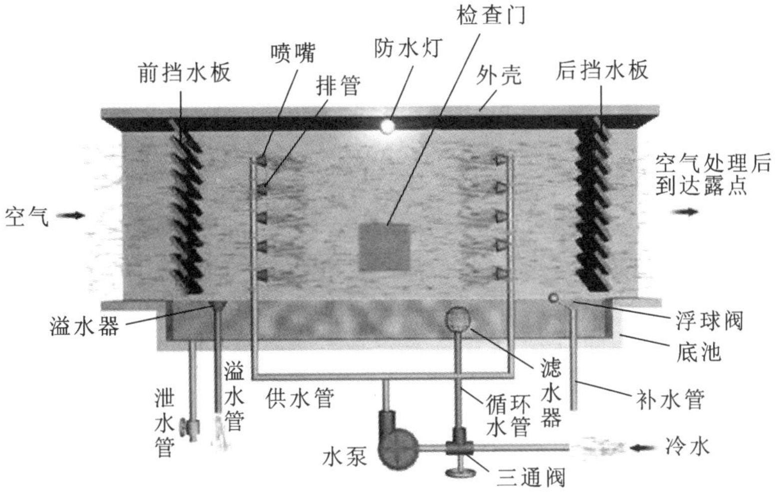

图 3.9 喷淋室构造

按动力装置放置位置的不同，喷淋室可分为吸入式喷淋室和吹入式喷淋室。喷淋室处于风机吸入段的是吸入式喷淋室，而处于风机吹入段的则是吹入式喷淋室。

3.2.7 热管

热管是一种依靠相变实现热量传递的无源传热元件，通常包括蒸发段、保温(绝热)段和冷凝段。当蒸发段置于热源中时，内工质吸热蒸发变成气体，在真空环境中形成的蒸汽在压力作用下传送到冷凝段，由于冷凝段的温度低，蒸汽放热冷凝变为液态工质，又在吸液芯产生的毛细作用下再次回到蒸发段，通过往复的气液相变循环，实现热量的传递。热管凭借制备工艺简单、导热性能强、均温性能好、性能稳定、成本低等特点被广泛用于传热、防护和储能等方面。

热管从纵向来看可以分为三段，即蒸发段、绝热段和冷凝段，如图 3.10 所示。有时也把热管的加热段叫作蒸发器，冷凝段叫作凝结器，绝热段叫作传送段。传送段作为流体的通道，把蒸发器(热源)与凝结器(冷源)分隔开。热管绝热段长短均可，其材料不完全与管壳相

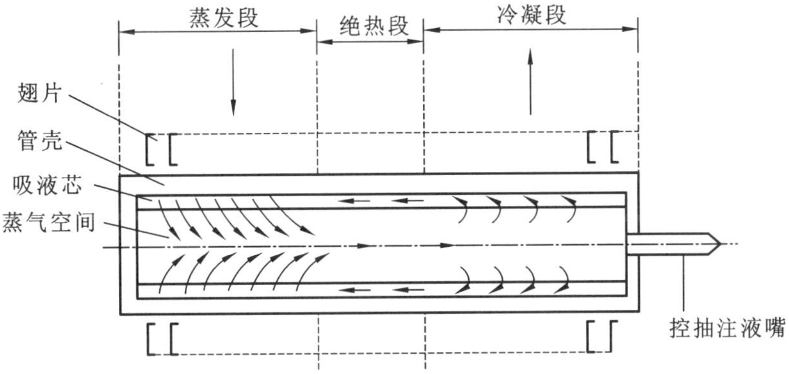

图 3.10 热管的结构

同，可以是刚性的，也可以是柔性的。这样可将热管布置成任意需要的几何形状，称为分离式热管。但是，工业上的节能热管和余热利用热管的绝热段是比较短的，只是管壳的一小段。但是，这样一段很短的绝热段仍然把加热段与冷凝段分隔开，而且在此处还需要把通过加热段的热流体与通过冷凝段的冷流体分隔开。所以，热管的密封环都放在绝热段里。显然，热管膨胀的相对死点也应该在此处。

从热管的径向方向来看，也可以将热管分为三个组成部分，即管壳、吸液芯和蒸气空间。对一般热管来说，如果把热管传送能量的过程假设成一条热流线，那么这条热流线一定是先经过管壳、吸液芯、蒸气空间，然后再由蒸气空间经吸液芯和管壳离开热管。在气-气热管换热器中的热管，为了增加其换热能力，一般都是带有翅片的。

3.2.8 蒸汽喷射泵

蒸汽喷射式换热泵（简称蒸汽喷射泵）根据两相流理论，通过内部结构的设计来控制混合加热和扩压过程，使蒸汽的热能更好地转换为水的热能和压力，提高混合转换效率。该装置被广泛应用于电力、石化、冶金、轻工等领域的工业生产系统，如电站、锅炉房补水除氧前置加热器、化学生水加热器、电站低压加热器、真空除氧、低压蒸汽及冷凝水的回收等。

蒸汽喷射泵的工作原理是高压蒸汽通过喷嘴时产生高速气流，在喷嘴出口处产生低压区，在此区域将低压蒸汽吸入，高压蒸汽在膨胀的同时压缩低压蒸汽，然后通过混合室进行良好混合，混合后的蒸汽再通过扩压室恢复部分压力，达到要求的蒸汽压力后供给热用户使用。根据高、低压蒸汽的参数可以进行不同的结构设计，得到各种压力等级的蒸汽，以满足不同热用户的要求。吸入的低压蒸汽既可以是放散的废蒸汽，也可以是凝结水产生的闪蒸蒸汽，这样可使低焓热能得到充分利用，达到节约能源的目的。图 3.11 所示为蒸汽喷射泵的原理图。

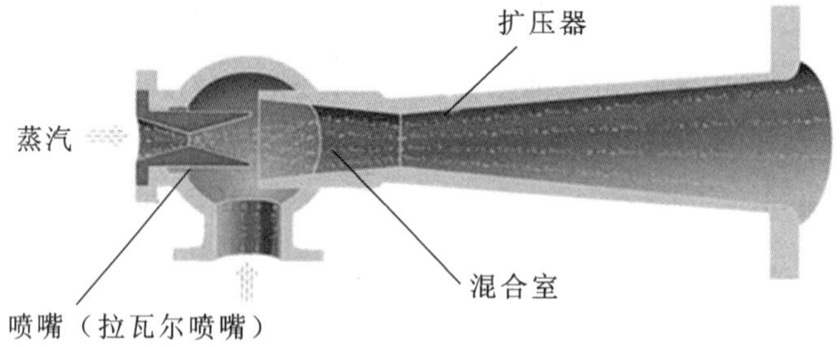

图 3.11 蒸汽喷射泵原理图

3.2.9 板式热交换器

板式热交换器是由一组波纹金属板组成的，板上有四个角孔，供换热的两种流体通过。金属板片安装在一个侧面有固定板和活动压紧板的框架内，并用夹紧螺栓夹紧。板片上装有密封垫片，将流体通道密封，并且引导流体交替地流至各自的流道内，形成热交换。

板式热交换器是一种相对节能、换热效率高、结构紧凑的换热设备。板式热交换器具有较高的传热系数，并且流体可以在换热板间以较低的流速实现强烈的湍流效果，从而有效地提高换热板的表面传热系数，降低换热器的污垢系数，强化换热板的传热效率，提高换热设备的经济性和实用性。

板式热交换器的换热面积可以随意改变，可根据产量或现场工艺要求增加或减少换热板数量，也可将换热板重新布置。板式热交换器占用面积小、操作灵活、维修方便，换热板和压紧板悬挂在板式热交换器框架的梁轨上，可方便地拆解设备（图 3.12），以便进行清洗，并能取出任意一个换热板进行检查或更换。正是由于板式热交换器的上述优点，其已被广泛应用于各个行业。

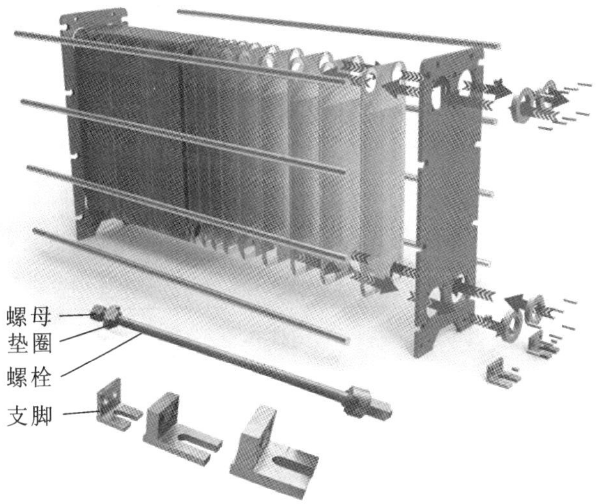

图 3.12　可拆板式热交换器

3.3　强化传热技术

换热器是将热流体的部分热量传递给冷流体的设备，又称热交换器。换热器在暖通、化工、石油、动力、食品及其他许多工业生产中占有重要地位，可用作加热器、冷却器、冷凝器、蒸发器和再沸器等，应用广泛。换热器的种类很多，按传热的原理不同，可分为辐射散热器和对流换热器两大类。强化传热可以提高换热器的热交换效率。

对于辐射类换热器，可以通过提高表面红外辐射率、降低表面可见光辐射率等方式来强化传热。

对流换热是换热设备中的基本流动传热现象。基于对流换热中的现象，研究强化换热机理，实现高效换热器或强化传热元器件设计，并通过技术手段减小换热器尺寸和节省材料，也是实现节约成本目标的有效途径之一。

以是否需要额外动力源为标准，强化传热技术可以分为主动强化传热技术、被动强化传热技术以及复合强化传热技术。主动强化传热技术需要提供额外的动力方能达到强化传热的目的，该传热技术增加了系统的复杂性，因此常应用于医疗、军事以及航空等特殊场合，常见的形式有机械振动强化、外加电磁场强化等。被动强化传热技术只需要消耗传输流体介质的能量，由于该技术具有不需要外加动力、设计简单、价格低廉、稳定可靠以及易维修等优点而被广泛应用于工业中。常用的被动强化传热技术见表 3.1。复合强化传热技术则是指以上两者相结合的强化传热技术。

表 3.1　被动强化传热技术

分类	方式	特点
处理表面	使用机械或者化学方法对表面进行处理，使换热表面形成多孔或者锯齿表面	主要用于沸腾或者冷凝的情况下，其性能会随着时间下降
粗糙表面	人工粗糙表面是通过机械加工或者电化学腐蚀等方法将管内壁加工成特定结构（肋、槽等），该结构可以增强管壁附近黏性底层的扰动，通过破坏热边界层的结构来实现管内的强化传热	主要用于单相流体的湍流强化传热，而在层流换热状态下，粗糙元对流体的扰动很小，强化传热的效果不明显。此方法加工成本较高，易结垢
扩展表面	扩展换热器的换热面积	用于冷却各种风冷内燃机气缸、中大型变压器以及紧凑式换热器中，不适用于湍流换热的强化
流体添加物	往对流换热过程中的流体介质中添加一种或多种固体颗粒等	易堵塞管道，需要额外成本，对添加介质的要求较高
管内插入物	在流体通道中插入扰流元器件，通过诱导管内流体产生纵向涡流来强化传热	对气体、低雷诺数流体或高黏度流体的强化传热更为有效

下面主要介绍两种被动强化传热技术。

3.3.1　管内插入式强化传热

为强化管内湍流换热，可在换热管内插入一些物件，如纽带、螺旋线圈、锥形环以及纵向涡发生器等。由于空气较为敏感，插入物结构尺寸的微小变化均可以极大地改变流场。因此，不同结构的管内插入物的强化传热机理也不尽相同。

(1) 纽带

纽带（图 3.13）常使用厚度均匀的金属片加工而成，结构比较简单，成本低廉且具有优良的强化传热性能，因此广泛应用于强化管道换热。将纽带放置到换热管中，其重复性的旋转结构会诱导管内流体产生二次涡流，由于受二次涡流的影响，管内持续性的涡流促使管内核心区域流体和靠近管壁流体的充分混合，使得壁面温度传入核心流体区域内，削减了热边界层的厚度，增大了换热系数，进而增强了管道的传热。

除此以外，还有其他形式的纽带，主要包括变长度、节距等纽带；不连续放置纽带；带其他结构的纽带；开孔纽带；组合纽带；螺旋纽带；等等。

(2) 螺旋线圈

螺旋线圈的工业应用范围主要是机械油冷装置及锅炉等。螺旋线圈（图 3.14）的持续螺旋结构会牵引流体产生纵向涡流，并且增加流体扰动过程中的滞留时间，因此，螺旋线圈插

图 3.13 纽带

入物比纽带插入物的强化传热效果更好。另外，在雷诺数较低时，螺旋线圈常使用在太阳能加热器中。与其他插入物相比，螺旋线圈的加工成本低廉，在强化传热的同时还可以去除管内的污垢。

(3) 锥形环

锥形环(图 3.15)的作用是让流体在流经锥形环的过程中压缩流体和扩散流体，而流体的突然压缩或者扩张会形成剧烈的涡流，从而使得管内流体温度更加均匀。根据管内流体相对于锥形环的流动方向，锥形环大致可以分为收缩喷嘴、扩张喷嘴以及收缩扩张组合式喷嘴。如果锥形环使用金属加工并且贴合壁面放置，则增大了换热面积。

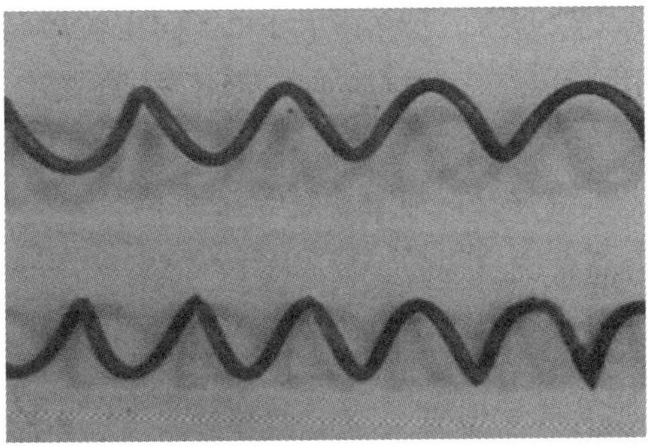

图 3.14 螺旋线圈

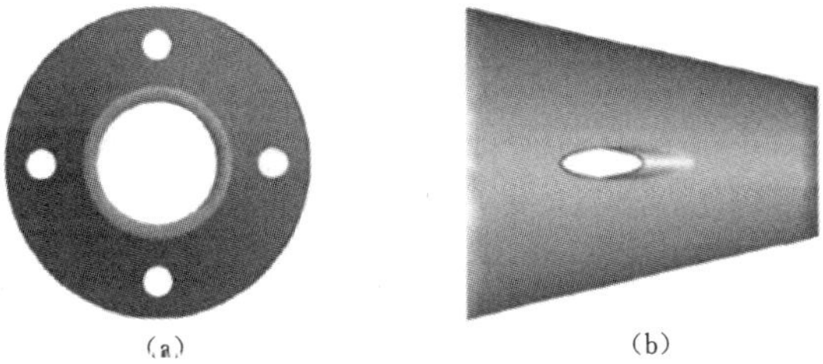

图 3.15 开孔锥形环结构示意图

(4) 涡流发生器

涡流发生器(图 3.16)也是一种应用广泛的管内插入物，其制造工艺简单、性能稳定。在实际应用中，常将涡流发生器安装在对准来流方向。

管内流体在涡流发生器的诱导下产生两种类型的涡流来形成二次流，即横向涡流与纵向涡流。这两种类型的涡流具有完全不同的性质，主要通过旋转轴线方向来区分：横向涡流的旋转轴线方向垂直于流体的流动方向，而纵向涡流的旋转轴线方向则与流体的流动方向平行。横向涡流主要是指涡流发生器尾部的再循环区域(也称为回流区)及卡门涡街形式的涡流，横向涡流的影响范围较小，只能在一定范围内强化局部传热。而在纵向涡流中，流体呈螺旋式的形态沿着主流方向运动，纵向涡流中的流体可以持续运动到下游较远的区域，可显著增加管内流体的混合速率，破坏边界层并提升管内流体的湍流强度，在提升涡流发生器附近区域内传热效率的同时，还可以增强涡流发生器尾流区域的传热效果。因此，相对而言，纵向涡流的强化传热效果更好。

在众多类型的管内插入物中，翼型涡流发生器可以以较小的压力损失为代价来获得较高强度的强化传热效果。

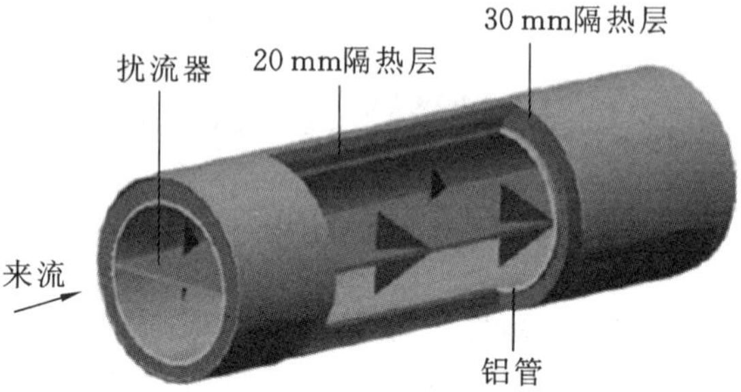

图 3.16　三角形翼型涡流发生器

3.3.2　流体添加强化传热

在许多强换热工况下，传统换热技术已经不能满足高效环保的要求，所以新型传热技术的开发研究已经迫在眉睫。

1995 年，美国某实验室率先提出了"纳米流体"的概念，是指以一定的方式和比例，在常规液体中添加高导热系数的纳米级固体颗粒形成的一类新型传热介质。这里的固体颗粒一般包括金属(Cu、Ag 等)、金属氧化物、氮化物、碳化物以及碳材料(碳纳米管、石墨烯、氧化石墨烯等)，这类物质的导热系数一般较大，往往是传统导热介质的导热系数的成百上千倍，因此在理论上加入这类物质可以使基液的传热能力大幅提升。而且相较于早期添加毫米、微米级粒子的研究，纳米级尺寸不易引起管道堵塞等问题，推进了各种换热设备的小型化进程。

纳米粒子在重力、范德华力等作用力下会发生沉降、团聚，甚至分层，进而影响强化传热效果。显然，纳米流体长期分散稳定是其换热能力提升的前提，而制备兼具导热系数高和稳定性强的纳米流体是其应用普遍化的难点。

随着纳米技术的发展，大量研究采用纳米粒子来改善工质热物性，从而提高供热、制冷系统效能。在制冷与空调领域，可将纳米粒子添加到制冷剂、润滑油、载冷剂和蓄冷剂中。

(1) 纳米制冷剂

目前，纳米制冷剂由于其在制冷空调系统中良好的传热性能而成为纳米流体的重要应用领域。

一项研究表明，体积分数为 1%的碳纳米管(CNT)分别分散在 R134a 和 R123 中形成纳米制冷剂，在低热流密度条件下，热传导率显著提高(增加 36.6%)，而在大热流密度条件下热传导率显著降低。另有研究表明，随着体积分数和温度的增加，Al_2O_3/R141b 纳米制冷剂的导热系数增加，与基液相比，其导热系数最大可提高 28.88%。与纯制冷剂相比，纳米制冷剂导热系数的增加使得制冷系统的 COP(制冷系数)提高 15.13%。与纯制冷剂相比，

Al_2O_3/R141b 纳米制冷剂的黏度和密度值也有所提高，分别提高了 12.63%和 11.54%。随着温度的升高，密度值和动态黏度值减小，而随着纳米制冷剂体积分数的增大，密度值和动态黏度值增大。由于纳米制冷剂的密度增加，COP 增加了 5%，温度的升高提高了制冷剂和纳米制冷剂的比热容量，但纳米制冷剂的比热值随着体积分数的增加而降低，并且纳米制冷剂的比热值比纯制冷剂的略低。然而，纳米制冷剂的 COP 比表面积高 2.65%，这可以归因于它的比热容量。

还有研究者在直膨式太阳能热泵循环中采用纳米制冷剂替代常规纯制冷剂，以进一步提高制冷剂的吸热量和集热器传热效率，并在供暖循环增设风机盘管，产生暖气用以供暖和干燥，解决了以往热泵只能供热水的特点，实现热水、采暖和干燥一体化。该系统只需将原先系统的制冷剂换为同类纳米制冷剂，硬件设施上无须大修大改，成本仅在于纳米材料的购置、纳米制冷剂的制取及若干部件的更换，也就是说，采用纳米制冷剂的改造投资非常低，且系统效率提高。

纳米制冷剂和纳米制冷剂/油混合物在池沸腾过程中的迁移特性是纳米制冷剂在制冷系统中应用的关键问题。然而，纳米粒子在制冷剂中的聚集和沉淀可能会降低纳米制冷剂的稳定性，限制纳米制冷剂在制冷系统中的应用。为了稳定纳米制冷剂中的纳米颗粒，添加表面活性剂是一种有效的方法。

(2) 纳米载冷剂

纳米流体作为载冷剂应用于制冷空调系统中有两种方式，即蒸发侧和冷凝侧。有研究者以水基单壁碳纳米管纳米流体为第二制冷剂，对 4～9 kW 间接蒸汽压缩制冷系统进行试验。结果表明，纳米流体原则上可以用作制冷系统的二次流体；与基本流体相比，其表现出优越的制冷能力和 COP。

另有研究采用纳米流体在热电制冷液冷服内进行自然循环换热。纳米流体在填充有高孔隙率泡沫金属的换热器中被热电制冷元件降温，利用自然循环流动至与换热器连接的盘管中，在盘管中吸收热量，温度升高后再次进入换热器中冷却。将相同粒径和体积分数的 TiO_2、CuO 和 Cu 等颗粒制成的纳米流体与去离子水在特定工况下进行对比试验。结果表明，采用纳米流体可显著提高制冷装置在自然循环方式下的冷量输出功率，其中 Cu 纳米流体效果最好，相同工况下较去离子水提高了 25%以上，并且能够满足更大功率的制冷工况要求，最大输出制冷功率较去离子水提高了约 95%。

(3) 纳米蓄冷剂

通常蓄冷介质主要包括水蓄冷、冰蓄冷、共晶盐蓄冷和气体水合物蓄冷。由于纳米粒子既可以充当相变材料的成核剂，又可以改善工质的导热特性，因此在传统蓄冷剂中添加纳米粒子形成的纳米蓄冷剂具有广阔的研究前景。有研究者在去离子水中加入纳米氧化铜、表面活性剂(十六烷基三甲基溴化铵)和成核剂制备纳米流体相变材料，并通过试验来分析水基纳米流体相变材料的凝固特性。结果表明，在相同的工况下，纳米流体相变材料比不加入纳米粒子的去离子水凝固时间约缩短 35%。

(4) 纳米传热工质

纳米流体也可被用在太阳能集热器中。直吸式太阳能集热器是一种以纳米流体作为直接传热介质而无须使用吸收涂层的集热器类型，基本结构如图 3.17 所示，其中的纳米流体既是太阳辐射的吸收材料，又是太阳能集热器的传热工质。当直吸式集热器被阳光照射时，纳米流体中的纳米颗粒会对光谱辐射进行直接吸收。由于纳米粒子的存在，光在流体内部发生散射现象，使光程增加，进而提高流体对光的吸收率，原理如图 3.18 所示。相较于传统的集热工质，纳米流体的光热转换性能存在明显的优势，但在稳定性能方面却处于劣势。

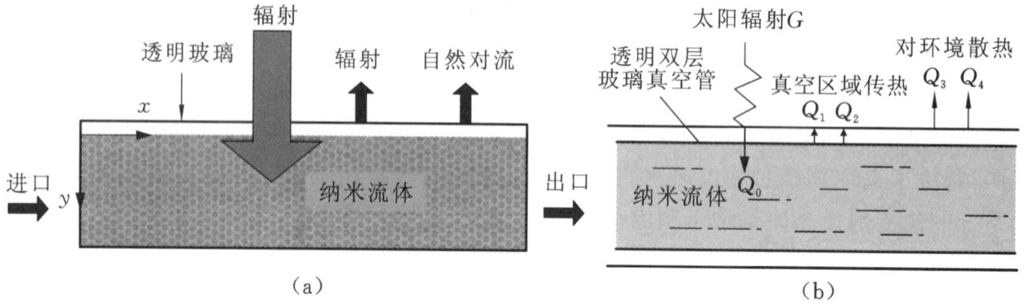

图 3.17 直吸式太阳能集热器的基本结构、传热过程示意图

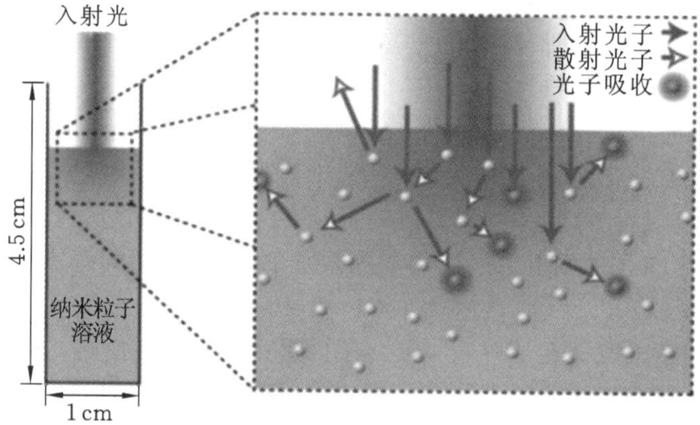

图 3.18 纳米流体内光线的散射和吸收原理图

（来源：科学导报）

（5）纳米润滑油

由于一般常规制冷剂在常温常压下是气态，不利于纳米流体的制备。因此，可将纳米材料分散到润滑油中，从而达到将纳米材料应用于制冷系统的目的。但是严格来说，该应用不属于强化传热范畴。

利用圆盘式润滑试验机对不同体积分数的矿物油和两种纳米油的润滑特性进行评价，结果表明纳米油的摩擦系数比原油降低了 90%，这是纳米颗粒的抛光效果（即油中的纳米颗粒与试样表面的粗糙度之间的相互作用）所致。随着抛光效果的提高，摩擦系数减小，降低了摩擦热，与原油相比，纳米油保持较高的黏度。总之，纳米油有助于提高压缩机的效率和可靠性。

纳米流体在制冷与空调的应用中能够显著提高制冷效率，具有较大发展潜力。然而目前纳米流体在制冷与空调系统中的应用还存在一些问题，如高黏度易引起压降。纳米流体在系统循环运行时的稳定性难以保证，系

纳米流体

统长时间循环运行后，纳米流体可能出现团聚、沉淀等现象，从而导致制冷系统的堵塞。随着纳米技术的不断发展，这些问题是今后制冷与空调系统应用纳米流体的研究重点。

3.4 强化传热传质技术

质量传递是化学工程中的重要过程。质量传递可在单相、两相，甚至多相中进行，常见的两接触相间的传质分离过程有重油吸收天然气中的轻油，活性炭吸收气体中的有机物，溶剂萃取出重整液中的芳烃等。如何强化传质一直是学者们致力于研究的重点。

为了强化传质，可以采用的方法包括选择正确的传质器件，并采用正确的传质程序，并采用一些特殊的技术。这些技术包括在传质过程中使用超声波、离子交换、膜分离等技术。

(1) 微界面强化反应器

其基本科学原理是将反应体系的气-液、液-液、气-液-液相界面的气体或液相颗粒破碎成微米级直径，这样可成倍地提高气-液、液-液之间的传质面积和总传质速率，从而大幅提高反应速率、有效控制副反应和提高产品回收率、显著降低反应过程中的能耗和物耗，以及提高反应工段的安全性等。

如南京延长反应技术研究院的核心技术在多个领域的应用结果表明：采用"微界面反应强化技术"，无论是对于存量化学制造装置还是新上装置，都能显著提高安全性能和环保性能。

(2) 超声波

超声波是指振动频率较高的物体在介质中所产生的弹性波。超声作用下引起的化学反应或化学反应过程的改变称为声化学(Sonochemistry)。当超声波作为一种能量形式作用、影响或改变媒质时，常常使用大振幅的功率超声。当超声波作为一种波动形式用于信息的载体时，超声只是一种检测工具，称为检测超声。应用于化学化工中的超声主要是功率超声。超声技术出现于 20 世纪初，现已在海洋资源勘探与开发、无损伤评价与探测、医学诊断及微电子学领域发挥了不可取代的作用。

超声技术应用于化学、化工领域形成了声化学。美国学者研究了超声波对各种液体、固体和溶液的作用，发现超声波可以加速化学反应。超声波以一种独特的能量形式在化学反应中作用，具有以下一些特点：①加速化学反应，提高反应产率。例如，在催化反应中将镍作为催化剂的烯烃加氢反应，在超声波的作用下其活性可增大十万倍。②降低反应条件。③缩短反应时间。④可进行传统方法难以进行的合成反应。例如很难与其他物质起反应的芳基卤化物，用超声辐照时可发生耦合反应。

在化工生产中传质过程具有极为重要的地位。在传质过程中，如果设备较为复杂、生产条件较为苛刻，达到过程目标往往需要较长的时间，经过研究发现，超声振动对传质过程有显著作用，从而为这一化工过程带来新的发展。超声波还能起到的作用包括干燥、萃取、结晶、吸收、强化传热等。

纤维多孔介质内的热湿传输过程广泛存在于纺织、军事、医药、生物、建筑等应用领域。目前，国内外针对纤维多孔介质湿分传输强化的研究主要通过机械旋转和加温干燥，但是这些强化技术普遍存在湿分脱除效率不高、对物料结构损伤较大和能耗消耗较高的问题。近年来，超声波不仅能够强化多孔介质中的热湿迁移过程，还在食品干燥、污水处理、除湿剂再生等领域显示出重要的应用前景。

东南大学的研究者利用多尺度的试验和数值模拟方法，深入研究了可变形多孔介质内热-湿-力耦合作用机理，通过分形理论描述可变形多孔介质内孔隙结构的演变规律，研究了超声波作用下可变形多孔介质内的热湿迁移过程，揭示了超声波作用下多孔介质孔隙结构的变化规律，并利用分形理论对孔隙变化进行定量描述，对超声波的机械效应、空化效应以及热效应等贡献进行了分类研究，并通过场协同理论揭示了超声波强化技术的多场协同作用机理。

(3) 泡沫金属

泡沫金属是指含有泡沫气孔的特种金属材料，如图 3.19 所示。泡沫金属具有密度小、隔热性能好、隔声性能好以及能够吸收电磁波等一系列优点，是随着人类科技进步逐步发展起来的一类新型材料，常用于航空航天、石油化工等一系列工业开发上。

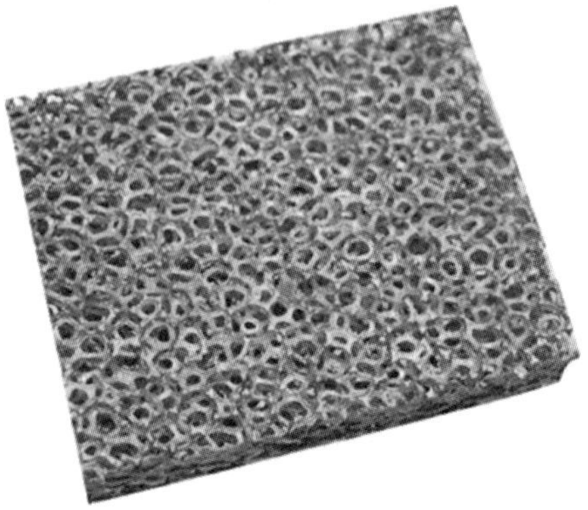

图 3.19　泡沫金属图形

泡沫金属材料具有良好的导电性能和自支撑能力，大量孔隙提供了较大的有效表面积，作为电极材料时具有使用寿命长、内阻小和集电效率高等优点。采用高孔隙率的泡沫电极材料将成为未来储能行业的必然趋势。具有三维网状结构的多孔金属体可作电极的骨架结构，起导电与支撑体的双重作用，并且能容纳更多活性物质，泡沫金属基体的孔隙相互连通，便于电解液的扩散和传质，因此有效提高了电极的反应速率和活性物质的转化利用率，表现为电池容量增大且可快速和深度充放电。

催化反应工程中催化剂与反应物之间的接触面积是决定催化效率的关键因素。因此，将催化剂直接做成多孔体或利用多孔系统作为载体(即采用多孔结构比表面积大的物质作为催化剂或其载体)可以提高流体的传输性能，增大催化剂的有效比表面积，扩充催化剂与反应物的接触空间，从而达到提高催化效率的目的；可以改善固体催化剂压降大、流动分布不均、反应物与催化物接触不佳等缺点。高孔率通孔泡沫金属具有的摩擦压降低、导热性佳和延展性能好等对反应系统的有利特性，使其在催化剂多孔载体方面具有优势。

泡沫金属具有优良的渗透性，因此适用于制作多种过滤器。利用泡沫金属孔道对流体所含固体粒子的阻留和捕集作用，可将气体或液体进行过滤与分离。气/液和液/液分离是利用毛细管原理通过某些过滤材料对流体透过的选择性来实现的。泡沫金属选用某种液体不浸润的材质制备，当工作压力小于该液体对多孔体的界面张力时只有气体或浸润性好的液体才能通过孔道，即将不浸润的液体分离出来。而气/气分离则是利用气体透过多孔体的速率与气体的分子量之间的关系等来实现的。

相关研究

泡沫金属突出的比刚度、冲击能吸收能力和吸声能力使其具有较强能量吸收特性。通过泡沫金属密度的选择可得到很大范围的弹性模量，从而能匹配出所需的响应频率，通过此途径可将有害振动加以抑制或消除，利用多孔材料的弹性变形可吸收部分冲击能。如将固体钢质结构变成三明治钢面板＋泡沫铝芯体＋钢面板的夹层镶板结构，可获得良好的静态性能和更高的弯曲强度。具有强大吸收能力的泡沫金属可用于汽车保险杠、航天器起落架和升降机械运输系统缓冲器等。

（4）高压电场

相关研究人员基于微观孔隙尺度探索多孔建材孔隙结构内的有机挥发物迁移行为机制，提出了外加高压静电场促进建材内去甲醛的想法。研究人员引入分形重构方法对典型建筑板材的孔隙结构进行重构，并结合试验和理论研究方法，在多个空间尺度层次上对建材VOC包括脱附、扩散、散发在内的迁移行为，以及外加静电场对其影响机理进行了分析研究；还研究了温度和高压静电场对建材内甲醛散发过程的综合影响，发现电场强度的增加加快了建材内甲醛的散发过程，且分离系数在电场作用下比无电场作用时下降了30％。

（5）强化传质太阳能吸附式制冷系统

吸附床传热传质特性对吸附式制冷系统有较大的影响，吸附床的传热效率直接影响制冷系统对热源的利用，因此，提高吸附床的传热传质效率和解吸速率是提高吸附式制冷性能的关键。

基于吸附床强化传质的太阳能吸附式制冷系统主要由吸附床、管道泵、冷凝器、蒸发器、储液瓶、真空压力表、制冰槽等部件构成，如图3.20所示。其中，管道泵用来实现吸附床加热解吸过程中的强化传质。冷凝器由外铝内铜的翅片管构成，用于冷却从吸附床中解吸出的高温高压的气态制冷剂；管道泵为高温介质型无刷微型真空泵，冷凝器下端连接储液瓶，高温高压的气态制冷剂经冷凝器冷凝放热变为液态储存在储液瓶中；蒸发器由铝板焊接而成，浸没于制冰槽中，用于吸附式制冷（产冰）；制冷工质对为活性炭-甲醇。

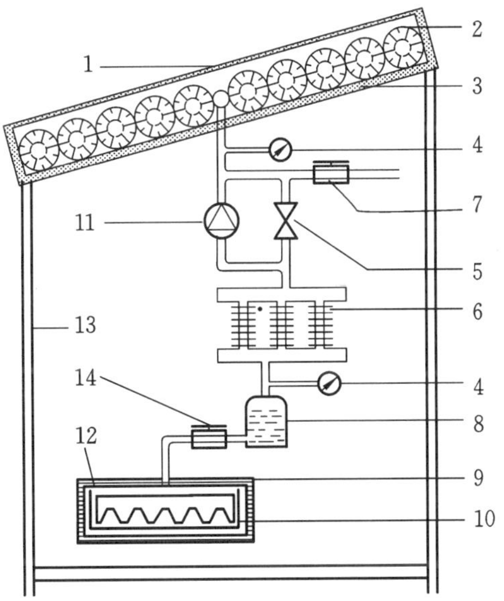

图3.20 强化传质下太阳能吸附式制冷系统示意图

1—玻璃盖板；2—翅片管吸附床；3—绝热材料；4—真空压力表；5—截止阀；6—冷凝器；7—流量阀(抽真空)；8—储液瓶；9—绝热箱；10—制冰槽；11—管道泵；12—蒸发器；13—支架；14—流量阀

研究结果发现:①在传质管道上加管道泵强化吸附床加热解吸,在加热解吸过程中,管道泵使得吸附床内的压力降低,吸附床解吸速率加快,且制冷剂传质速度快,单位时间内吸附床解吸冷凝的制冷剂比没有管道泵的自然传质效率提高了 23.5%。②通过对比加管道泵和未加管道泵的吸附特性可知,加管道泵强化传质比无管道泵自然传质吸附床压力下降约 10 kPa,吸附剂的解吸能力提高约 21.7%。

4 人工环境调控技术及设备

在建筑领域，我们需要营造一定的建筑声、光、热环境，并保证室内空气质量。近几年，我国的建筑总能耗占能源消费总量的比例在17%～21%范围内波动，单位建筑面积下的能耗较高。这是我国建筑围护结构保温性能差，加上空调采暖设备的大面积使用和系统本身的效率问题造成的，另外，高标准的室内舒适指标、建筑智能化、电气化使得单位面积的能耗越来越高。

另外，在交通等领域，环境的营造也很重要。随着科技的进步，各类人工环境调控技术设备更新也在蓬勃发展。

4.1 建筑热环境调控

根据室外气温，我国主要分为5个气候区，分别是严寒、寒冷、夏热冬冷、夏热冬暖和温和气候。每个气候区都有各自的气候特点，在建筑设计时应针对这些气候特点提出相应的设计策略。另外，我国也可以划分为干燥寒冷地区和潮湿地区。干燥寒冷地区夏季炎热干燥，冬季寒冷干燥；潮湿地区室外湿环境因气候分区的不同而差异较大，但夏季室外空气湿度普遍偏高。

具体到空调采暖设计计算时，则需要考虑夏季空调室外计算干、湿球温度等室外设计参数，室内设计参数则需要参考热湿环境舒适条件的相关标准。

4.1.1 热舒适标准

影响人体热舒适的因素有环境因素、人体因素、心理因素、生活背景、地域文化和经济水平等，其中环境因素和人体因素对人体热舒适的影响最大。环境因素主要是指空气温湿度、空气流动速度等；人体因素主要指的是服装热阻、人体新陈代谢速率等。

部分国家已建立了关于热舒适评价的标准，其中国际上被普遍认可的有美国采暖、制冷与空调工程师学会（ASHRAE）建立的ASHRAE标准，国际标准组织ISO建立的ISO 7730和英国皇家注册设备工程师协会（CIBSE）建立的CIBSE Guide等。ASHRAE标准规定夏季热舒适体感温度为22.6～26.0 ℃，处于该区间的空气流动速度上限值为0.2 m/s，并且当室内空气流速可以人为控制时，可利用增大风速的方法来补偿温度升高所引起的不适感。ISO标准针对从事轻体力活动（即人体的新陈代谢率不大于1.2 met）、穿着夏装（即人体的服装热阻等于0.5 clo）的人员所提出的夏季热舒适范围：体感温度区间为23.0～26.0 ℃，颈部距离脚踝处的垂直温度差值不超过3 ℃，相对湿度为30%～70%，平均风速不超过0.25m/s，并且当温度升高时，可以通过调节风速大小进行补偿。

我国有关建筑室内热湿环境舒适条件的相关标准有《民用建筑室内热湿环境评价标准》（GB/T 50785—2012，下文简称《民规》）、《公共建筑节能设计标准》（GB 50189—2015）、《室内空气质量标准》(GB/T 18883—2002)等。《民规》中的室内计算参数见表4.1。

表4.1 人员长期逗留区域空调室内计算参数

类别	热舒适度等级	温度/℃	相对湿度/%	风速/(m/s)
制热工况	Ⅰ级	22～24	≥30	≤0.2
	Ⅱ级	18～22	—	≤0.2
制冷工况	Ⅰ级	24～26	40～60	≤0.25
	Ⅱ级	26～28	≤70	≤0.3

注:Ⅰ级舒适度较高,Ⅱ级舒适度一般。

如果是采用辐射制冷/供暖技术,则辐射制冷室内设计温度宜提高0.5～1.5 ℃,辐射供暖室内设计温度宜降低2℃。以上数据均代表空调制冷或者供暖房间,对于自然通风等自然运行房间,则热舒适标准不同。

调查研究表明,人们对环境具有适应性,因此自然通风环境下人们可以接受的舒适区温度范围是变化的。表4.2所示为我国五个城市的自然通风房间舒适温度范围。

表4.2 我国五个城市的自然通风建筑舒适温度范围 单位:℃

城市	年平均温度	中性温度	舒适温度范围
乌鲁木齐	4.7	21.1	18.6～23.6
北京	11.8	23.2	20.7～25.7
西安	13.3	23.7	21.2～26.2
上海	16.2	24.6	22.1～27.1
广州	21.9	26.3	23.8～28.8

4.1.2 主动式热环境调控技术

传统的制冷技术一般利用四大部件(蒸发器、冷凝器、压缩机、节流阀)进行制冷剂循环,将热量从低温区域传输到高温区域,从而实现制冷的效果。热泵技术是指将低温热源的热能转移到高温热源的技术。空气调节是对某一房间或空间内的温度、湿度、洁净度和空气流动速度等进行调节与控制,并提供足够量的新鲜空气。中央空调系统设备包括冷水机组、空气处理设备、风机、自动控制设备等。

冷水机组只有单一的制冷降温作用,将环境作为高温热源;热泵是一种在高位能(一般为电能、热能)的驱动下,将低位热源(通常是空气、水或土壤)的热能转移到高位热源的节能装置,从而为住宅、商业和工农业供暖、制冷及提供热水等。热泵机组可以通过四通换向阀切换来实现制冷/制热模式的转变。热泵机组将环境作为低温热源或者高温热源时,则可以称为空气源热泵;将地表水作为热源时,则可以称为地表水源热泵,比如江水源热泵、湖水源热泵、海水源热泵,甚至是污水源热泵。

由于空调设备主要包括制冷机,因此本节将从制冷技术开始介绍,进而对空调技术或者设备，尤其是一些新技术、新设备等进行介绍。

4.1.2.1 常见制冷方式

(1) 压缩式制冷

在众多的制冷系统中，压缩式系统是应用最广泛的制冷系统之一，可分为单级和多级压缩制冷系统。

典型的制冷系统循环图如图 4.1(a)所示，制冷剂在蒸发压力下沸腾，吸收室内空气的热量，然后被压缩机压缩成高温高压的制冷剂气体，通过冷凝器冷凝放热变为液体，最后通过节流元件从冷凝压力降至蒸发压力，再进入蒸发器。

图 4.1(b)所示为蒸汽压缩式制冷系统的压焓图。1 点到 2 点代表压缩机从蒸发器中抽取低温低压的过热蒸汽进行绝热压缩，变为高温高压蒸汽；2 点到 5 点表示从压缩机出来的蒸汽经过冷凝器冷却、冷凝、过冷变成过冷液体；5 点到 6 点表示从冷凝器出来的高压液体通过电子膨胀阀的节流降压变为低压液体；6 点到 1 点表示混合的饱和蒸汽通过蒸发器与外界空气进行等压换热，最终变为干饱和蒸汽或稍有过热度的过热蒸汽。

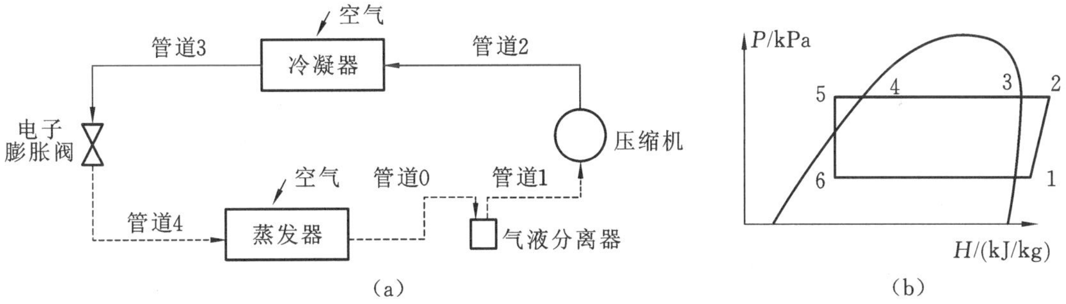

图 4.1 蒸汽压缩式制冷

(a)制冷系统循环图；(b)压焓图

(2) 吸收式制冷

在吸收式制冷系统(图 4.2)中，其驱动能源为热能，系统从高温热源吸热，其能量增加，弥补了整个循环因低温热源向高温热源放热而造成的能量损失。整个系统主要包括两个循环：制冷剂循环和溶液循环，在两个循环中工作的流体分别为制冷剂和吸收剂，这两种物质组成的二元溶液称为工质对，存在于系统中。通常要求工质对的沸点有较大差值，使制冷剂更容易依靠吸收剂浓度的变化来完成制冷循环。在制冷剂循环过程中，发生器中低沸点的制冷剂在热能驱动作用下蒸发出来，脱离工质对，变成高温高压气态制冷工质，再进入冷凝器释放热量，被冷凝为液体，之后经节流阀进入蒸发器并吸收周围物体的热量变成气态，达到制冷效果，最后进入吸收器被浓溶液吸收，使溶液恢复为起始状态。溶液循环中，发生器在热能作用下将稀溶液转变为浓溶液并送往吸收器，吸收器吸收制冷剂蒸气，回到稀溶液状态后被送回发生器，完成循环。

在实际生产生活中，吸收式制冷技术采用得最多的工质对仍为溴化锂-水溶液和氨-水溶液。溴化锂-水是 0 ℃以上降温设备中常用的工质对，溴化锂溶液为吸收剂，水为制冷剂。氨-水吸收式制冷系统中，氨作为制冷剂，水作为吸收剂，因工作过程中不易结晶、可室外安装、维修方便、噪声小、可以与水以任何比例互溶等优点，曾被广泛使用，但其有强烈刺激性气味和毒性，加之近几年氨系统爆炸事故频发，故限制了其使用。

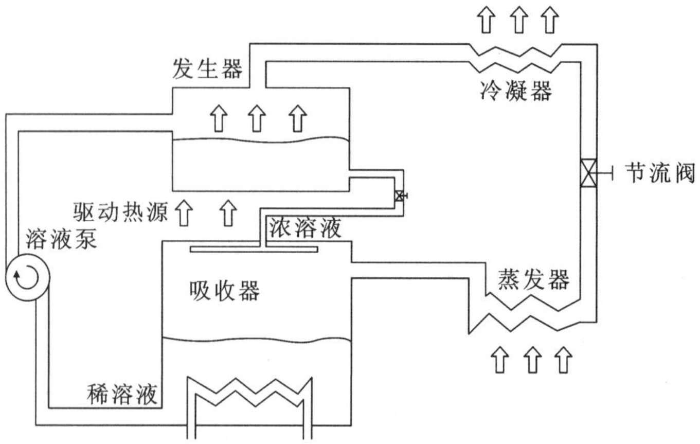

图 4.2　吸收式制冷系统原理图

(3) 吸附式制冷

吸附式制冷是一种热驱动的制冷技术，可采用尾气等低品位能源，采用天然工质（如水、甲醇、氨等）作为制冷剂，是一种环保制冷技术。吸附式制冷系统采用固体吸附剂，无运动部件且稳定性好，具有较好的抗振动和防颠簸性能。

硅胶-水吸附式制冷系统适用于低品位热源，且材料来源广泛，因而具有较好的发展前景。硅胶可在较低的温度下发生解吸（55 ℃下就能发生解吸），能很好地匹配太阳能平板集热器的热源温区，在太阳能空调领域具有良好的发展前景。水作为一种天然工质，无毒无污染，是制冷温度高于 0 ℃的吸附式空调领域中使用得最多的工质之一，但以水作为制冷剂时对系统的真空度和稳定性要求很高。

最初吸附式制冷循环为单床间歇式循环，但间歇循环效率低，无法实现连续制冷，于是两床连续吸附式制冷循环便应运而生，如今其他的多床、多级以及回热回质循环都受到越来越多的关注。

间歇式制冷循环如图 4.3 所示，该循环只有一个工作腔，主要部件包括一个吸附床、一个冷凝器、一个蒸发器以及真空止回阀。当吸附床被加热时，吸附床内的吸附剂受热发生解吸，导致吸附床内压力升高，当压力达到冷凝压力时，吸附床与冷凝器连通，此时产生的制冷剂蒸汽流入冷凝器并被冷凝成液体；当吸附床被冷却时，吸附剂被冷却，温度降低，发生吸附反应，系统压力降低至蒸发压力时，打开蒸发器和吸附床之间的阀门，促使蒸发器内的制冷剂蒸发产生制冷量。由于只有一个吸附床，这种循环方式只能间歇工作。

图 4.4 所示为典型的双床循环，通过阀门切换，两个吸附床可以同时进行吸附和脱附，实现连续供冷，目前被广泛使用。

(4) 热电制冷

热电制冷技术是一种基于半导体的固态制冷技术，通过对热电模块施加直流电源，使热量因帕尔帖效应(Peltier)通过模块从一端传至另一端。与蒸气压缩式制冷相比，热电制冷无需制冷剂、节流阀和压缩机。因此,不仅不存在因制冷剂泄漏造成的环境问题,而且避免了制冷剂中杂质低温凝结或凝华,从而在节流阀内造成的阻塞问题;又因其无压缩机,不涉及运动部件,所以不易发生故障。影响热电制冷机性能的因素包括热电材料、制冷机结构、功能层界面以及热端散热器性能等。

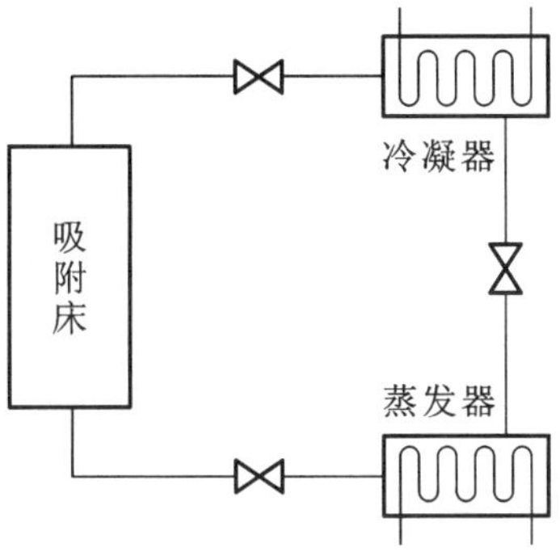

图 4.3 单床吸附式制冷循环

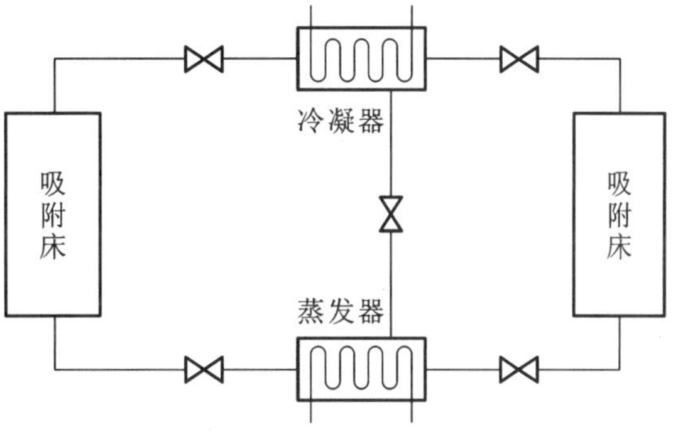

图 4.4 双床吸附式制冷循环

热电制冷机的原理如图 4.5 所示。基本的热电制冷机主要包括 p 型热电材料、n 型热电材料、金属电极以及陶瓷基板等几个部分。金属电极与热电材料之间还有焊料层和金属化层。焊料层主要用于金属电极与热电材料之间的连接。金属化层的作用一方面是改变焊料与热电材料之间的亲润性,强化焊料与热电材料的黏合力度;另一方面是阻止焊料元素扩散进入热电材料内改变材料的热电性能。热电制冷机是通过在两种材料之间施加电压而产生温差。从宏观上看,当直流电流过热电制冷机时,热量从一端转移至另一端,所以一端变冷,另一端变热。从微观上看,当电压施加到热电制冷机上时,电子通过金属导体从 p 型材料移动至 n 型材料,电子跃迁至高能态,吸收冷端热量,冷端温度降低;当电子通过金属导体从 n 型材料流向 p 型材料时,电子跃迁至低能态,释放热量至热端,热端温度升高,为维持热端温度不变,需要通过热端散热器将热量释放至环境中。

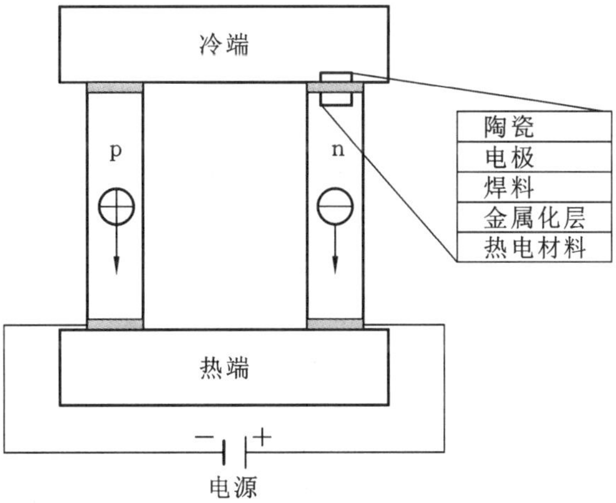

图 4.5 热电制冷机原理

热电制冷机具有尺寸高度可控的优点,但因受到热电制冷效率低的限制,目前主要用于所需制冷量较小或对制冷效率要求较低的领域。

(5) 喷射式制冷

喷射式制冷也是通过制冷剂吸热汽化来制冷的,与吸收式、吸附式制冷方式不同的是制冷剂蒸汽从蒸发器中被抽吸以及压力被提高的方式。喷射式制冷系统的组成部件有发生器、蒸发器、喷射器、冷凝器、节流阀和循环泵,如图4.6所示。拉法尔喷嘴、吸入室、混合室和扩压室是喷射器的四个重要组成部分。喷射式制冷系统利用流体的气体动力学原理,其工作过程是:低温热源通过发生器将热量传递给制冷剂,使其变成高温高压的蒸汽,通过拉法尔喷嘴的绝热膨胀后变成高速的流体,在喷嘴出口处形成较低的压力区,不断抽吸蒸发器的蒸汽,使蒸发器制冷剂吸热蒸发而制冷,并被引射进入喷射器引射流体入口,高温高压和低温低压的两股流体在混合室内充分混合,再经扩压室的降速扩压作用,变成一股压力较高的流体,再进入冷凝器冷凝成为液体。冷凝后的液体一部分经循环泵增压后流回发生器继续用于驱动整个系统,另一部分被节流装置减压后,重新流入蒸发器吸收冷媒水的热量,实现制冷效应。

喷射式制冷系统可用的制冷剂种类比较多,单一工质和混合工质均可用于喷射式制冷系统。

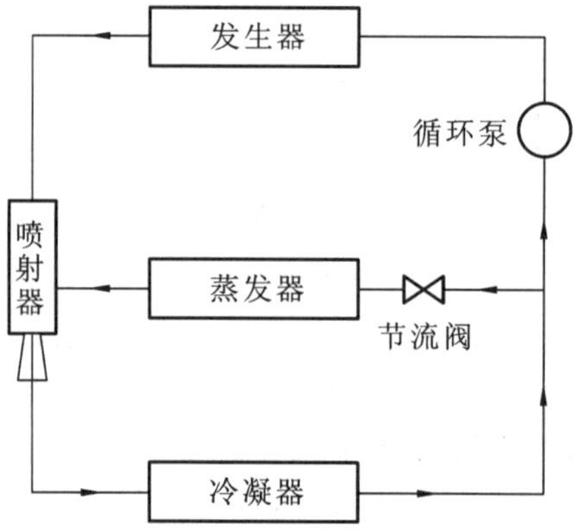

图4.6 喷射式制冷系统原理图

喷射式制冷系统与吸收式制冷系统和吸附式制冷系统相比,制冷效率相对较高。除此之外,还有如下优点:①喷射式制冷系统结构简单,大部分部件为常见设备,初始成本较低,使用寿命较长,可以用于大型化生产。②喷射式制冷系统制冷时不需要吸附-解吸、吸收-解吸过程,循环周期短、过程快。③在工作状态下,制冷剂为气态或液态,喷射式制冷系统不存在结晶现象,对机组运行和操作要求低。④喷射式制冷系统在工作运行时,若少量的不凝性气体存在于系统时,对整个系统性能的影响并不大。⑤喷射式制冷系统设备占地面积不大,易于设备小型化。

总的来说,喷射式制冷系统利用回收的余热或者太阳能使制冷剂加热成高温高压的蒸汽,来引射低温低压的流体,使制冷剂蒸发吸热,从而达到制冷的目的。与传统压缩式制冷系统相比,喷射式制冷系统不是通过电能驱动,这使得能源的利用率得到了有效提高,从而有利于缓解目前能源短缺的困境。国际能源署已经认定由低品位能源驱动的喷射式制冷系统是环境友好型制冷系统。

(6) 涡旋式制冷

涡流管诞生于20世纪30年代,当时法国的一位冶金科学家在对旋风分离器进行试验时发现旋风分离器中流体存在温度差,其中心区域的流体温度远低于外层的流体温度。这就是著名的涡流效应,也叫作能量分离效应。

涡流管是一种使用广泛的能量分离装置,可以将高压气体分离为冷流体和热流体。涡流管是一种无运动构件的半永久性装置,具有结构简单、空间占用率较小、无能量源、安全可靠、耐高温、操作简单、无须维护、价格低廉等优点,被广泛应用于化工、制冷、加工、真空、生物医学等诸多领域。涡流管具有很高的实际应用价值,特别是针对较为精密的电子元件,采用涡流管对其进行冷却处理会有非常好的效果。

涡流管结构主要包括喷嘴、环形进气腔、流道、涡流室、冷热端管以及热端调节阀。其工作过程是:高压气体从喷嘴进入涡流管后,气体膨胀并沿喷嘴出口切线方向进入涡流室,在涡流室中形成自由涡旋。在旋转的同时,多数流体沿热端管管壁流向热端出口,温度逐渐升高,少量流体流向冷端出口。在热端管中的流体到达热端调节阀后,一部分流体从热端出口排出,其温度高于进气温度;另一部分流体由热端调节阀反弹,使自由涡流偏转,产生一个强制涡流,并沿热端管轴线流向冷端管,温度逐渐降低,最终从冷端出口排出,其温度低于进气温度。流体在热端管中运动时会发生能量分离,并形成温度不同且运动方向相反的两股流体,热端管中心区域的流体温度低于外部流体温度。涡流管中的热交换发生在冷热两股流体之间,强制涡流释放热量,则自由涡流获得热量。其能量分离原理及结构简图如图4.7所示。

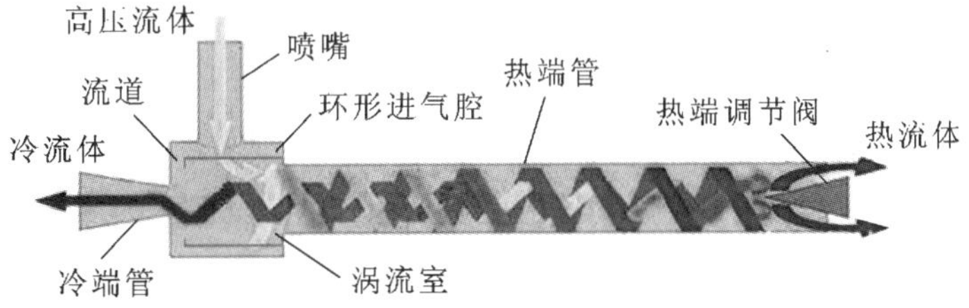

图4.7 涡流管结构及原理示意图

(7) 热声致冷

热声效应是指可压缩流体的声振荡与固体介质之间由于热相互作用而产生的时均能量效应。按照能量转换方向的不同,热声效应可分为两类:一类用热能来产生声波,即热致声效应,通常发生在热声发动机内部;另一类用声能来产生制冷效应,即声致冷效应,通常发生在热声制冷机内部。

热驱动热声制冷技术正是结合了这两种不同的热声效应:利用热声发动机中产生的声能(热致声效应)驱动热声制冷机进行制冷(声致冷效应),从而实现热能-声能-冷能的能量转换(热致声致冷)。热驱动热声制冷设备通常采用惰性气体(如氦气、氮气等)作为工作介质,并且是一种外燃式的热机,可采用多种低品位能源或太阳能驱动工作,对环境非常友好,具有低振动、高可靠性、长使用寿命和高潜在效率等优点。

这种热驱动热声制冷系统热源适应性好，可采用多种热源驱动工作（太阳能、生物质能、工业余热等），能够满足电力缺乏、条件苛刻的偏远地区的制冷需求。热驱动热声制冷系统工作温度范围大，可实现氢液化温度至室温温区（20～300 K）下不同的制冷需求，在液化天然气、室温制冷、余热/冷回收、多能联供、太阳能利用、深冷制冷等领域具有广阔的应用前景。

图 4.8 所示为热驱动热声制冷系统示意图，它由热声发动机、热声制冷机及调相机构组成。该系统是一个自激振荡系统，热声制冷机不仅消耗发动机的声功以产生制冷效应，而且还为热声发动机提供所需的体积流量和相位，因此热声发动机与热声制冷机之间需要进行声阻抗耦合匹配。

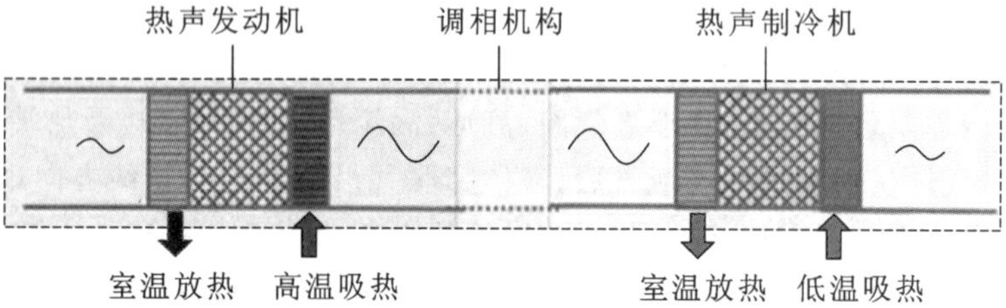

图 4.8　热驱动热声制冷机示意图

（8）斯特林脉管制冷机

斯特林循环过程是 1861 年由 R.Stirling 提出的，通过热力差产生压差推动活塞的移动，由热能转变为电能并成功应用在发动机领域。斯特林循环主要包括四个循环过程：两个等温循环过程和两个等容循环过程，这四个过程按照一定的顺序依次工作运行就构成了完整的闭式斯特林回热循环。斯特林逆循环（图 4.9）是在 1862 年由 A.Kirk 首次提出来的，其循环过程如图 4.9 中 1—2—3′—4′—1 所示。与斯特林循环相比，斯特林逆循环也是由两个等温过程以及两个等容过程组成的，所不同的是吸热放热过程有所差别。对于斯特林循环而言，2—3 过程为吸热过程，而逆向过程中 2—3′和 3′—4′则为放热过程。

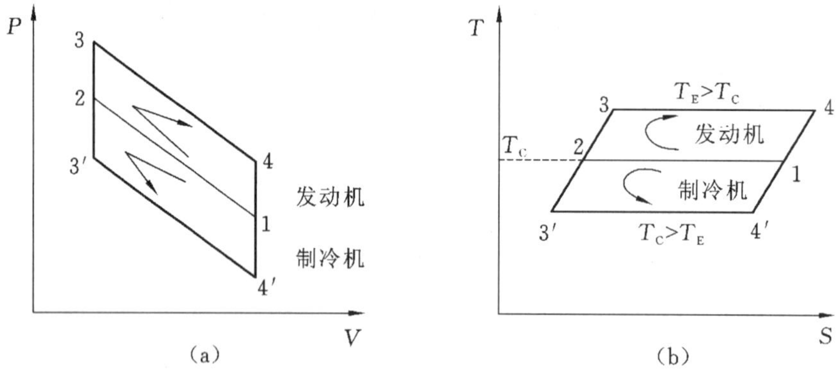

图 4.9　经典斯特林循环及斯特林逆循环过程图

（a）斯特林（逆）循环的 P-V 图；（b）斯特林（逆）循环的 T-S 图

图 4.10 所示为理想斯特林制冷循环容积变化图，模型右边表示压缩机部分，包括压缩活塞、压缩气缸以及冷却器（未画出）；左边表示膨胀机部分，由膨胀气缸、薄壁内气缸、排出

器活塞、回热器（也称蓄冷器）以及冷量换热器（未画出）等组成。压缩活塞与气缸构成的腔室叫作压缩腔（室温腔）V_E；排出器活塞与膨胀气缸构成的腔室叫作膨胀腔（冷腔）V_C。二者之间通过回热器连通，排出器活塞系统与压缩腔活塞系统的运动存在一定的相位差。在稳定运行工况下，两活塞的相位差运动使得回热器内产生一定的温度梯度并保持稳定，膨胀腔（冷腔）温度稳定在 T_C，室温腔（压缩腔）温度稳定在 T_E。

该循环由图 4.10(a)中的状态点开始运动，初始状态下压缩活塞位于最右端（右止点），排出器活塞也位于右止点位置。此时，气缸充气压力是 1，容积是 V，该循环的四个工作阶段如下：①等温压缩过程 1—2；②等容放热过程 2—3：③等温膨胀过程 3—4：④等容吸热过程 4—1。

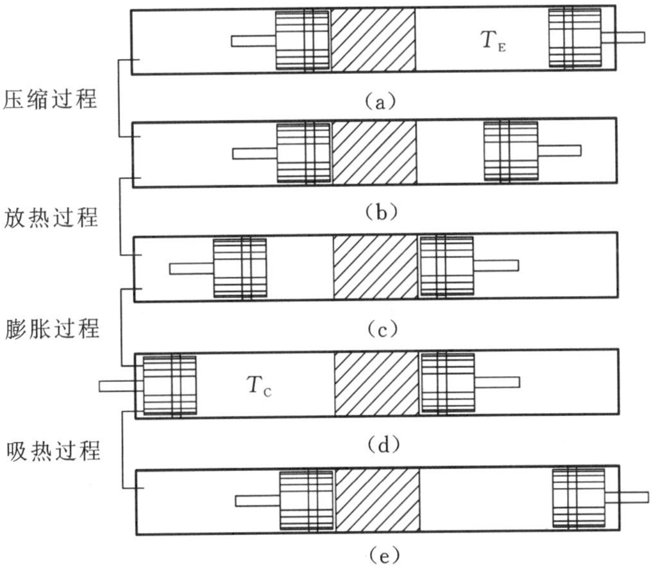

图 4.10 理想斯特林逆循环（制冷）容积变化图

4.1.2.2 人工环境调控技术、设备及材料

(1) 家用空调及冰箱

空调制冷大多为压缩式制冷，包含压缩机、冷凝器、节流装置（膨胀阀、毛细管）、蒸发器四大部件，其中压缩机中需要消耗电能做功，因此称为电制冷。空调制冷的过程就是制冷剂在四大部件间进行逆卡诺循环，通过两大换热器部件与外部介质换热，分别是蒸发器的从外部取热和冷凝器的向外部排热。

热泵空调的冷暖两用，一般通过机组内部的换向阀实现。通过换向阀改变制冷剂的流向，切换两个换热器的功能，使得用户侧的换热器在夏季用作蒸发器制冷，在冬季用作冷凝器制热。

冰箱制冷也一般采用压缩式制冷。再细分其内部冷却方法，则有直冷式、风冷式和混冷式。采用直冷式制冷的冰箱一般比较便宜。所谓直冷式，就是利用蒸发器的传热来吸收热量，从而达到降低冰箱温度的效果。简单来说，就是通过冷空气对流的方式来达到降温的目的。直冷式制冷的优点：价格低廉，功耗低；对水果和蔬菜有很好的保湿效果。其缺点：很容易使冰箱内部结霜，需要手动清除；冷却效率低，冷却效果不均匀。

风冷式制冷也使用蒸发器。使用蒸发器将高温蒸汽冷却后，再将冷空气均匀吹入冰箱内，以达到降温效果。其优点：冷却效率快，温度控制精确，冷却效果均匀；不结霜，无须人工除霜（因为霜是在冰箱内部产生的，然后由加热系统除去，所以不存在结霜）。其缺点：冷空气会带走食物中的水分，导致食物被风干，不利于蔬菜和水果的保存；内部结构较复杂，维护成本较高；功耗高。

混合供冷，顾名思义，就是综合了直接供冷和风冷的优点，即在冷冻室中采用风冷，在冷藏室中直接供冷。其优点：冷冻室可以很好地保存肉类食品，而冷藏室可以保存蔬菜和水果，锁住其水分，有很好的保鲜效果；无须手动除霜；冷却均匀，温度控制精确。其缺点是价格贵。

（2）冷水机组

在人工环境调控领域，冷水机组主要为空调系统提供冷冻水，比如7 ℃的冷冻水。在冷水机组中最常见的制冷压缩机类型有离心式、螺杆式、涡旋式等。螺杆式冷水机具有结构紧凑、运行平衡可靠、易损件少、部分负荷效率高及使用寿命长等特点，离心式冷水机具有单机制冷量大的特点，但存在“喘振”等缺点。

如果冷水机组搭配冷却塔来进行冷凝散热，则可以称之为水冷式，如果依靠室外空气来进行冷凝散热，则可以称为风冷式。如果该机组夏季提供冷冻水，冬季提供热水，则可称为风冷冷热水机组。

基于磁悬浮技术，目前较多厂家开发了磁悬浮冷水机组。磁悬浮技术是一种利用磁场力使物体悬浮在空中无接触运行的技术。在磁悬浮变频式离心工业冷水机组中，磁悬浮轴承和磁悬浮压缩机是核心部件。磁悬浮轴承利用磁场力使转子悬浮在空中运行，避免了传统轴承与轴之间的摩擦和磨损，从而提高了系统的运行效率并延长了使用寿命。当制冷需求变化时，控制系统会根据传感器检测到的温度、压力等信息，控制压缩机的转速和运行时间，从而精确控制制冷量的输出。同时，由于采用了磁悬浮技术，使得轴承与轴之间无接触运行，降低了摩擦损失和磨损，提高了系统的运行效率和使用寿命。总之，磁悬浮变频式离心工业冷水机组是一种先进的制冷设备，它综合运用了磁悬浮技术和变频技术，具有高效、稳定、节能、环保等优点，具有广阔的应用前景和发展空间。图4.11所示为某品牌磁悬浮变频离心式冷水机组。

图4.11　某磁悬浮变频离心式冷水机组

在中央空调系统中，除冷水机组、燃气（燃油）锅炉外，人们还常选择使用热泵主机来制造冷、热水。通常热泵的制冷系数为 3～4，也就是说，热泵能够将自身所需能量的 3～4 倍热能从低温物体传送到高温物体。所以，热泵实质上是一种热量提升装置，工作时它本身消耗很少一部分电能，却能从环境介质（水、空气、土壤等）中提取 4～7 倍于电能的装置，提升温度并进行利用，这也是热泵节能的原因。按热源种类不同，热泵机组分为空气源热泵、水源热泵、地源热泵等。空气源热泵与风冷冷热水机组类似，但也有不同。对于一台空气源热泵机组来说，系统所有的参数是以满足制热性能为优先，再兼顾制冷性能；而对于一台风冷冷热水机组来说，系统所有的参数是以满足制冷性能为优先，再兼顾制热性能的。

江水源
能源站

（3）多联机

多联机常被称为“一拖多”，指的是一台室外机通过配管连接两台或两台以上室内机。多联机空调系统主要用配管将室外机和室内机等连接在一起，并且室外是以风冷换热的方式为主，室内是以直接蒸发的换热方式为主，这样可以同时向多个区域提供经过处理后的空气，满足人们对空气清新度的需求。多联机系统一般结合多种先进的技术体系，如互联网控制技术、节能技术等，从而在营造健康生活环境的情况下，避免消耗大量的能源。

由于多联机系统的接管只有制冷剂管和凝结水管，且制冷剂管路布置灵活，与水系统相比，在满足相同室内吊顶高度的情况下，采用多联机系统可以减小建筑层高，降低建筑造价。多联机系统如图 4.12 所示。

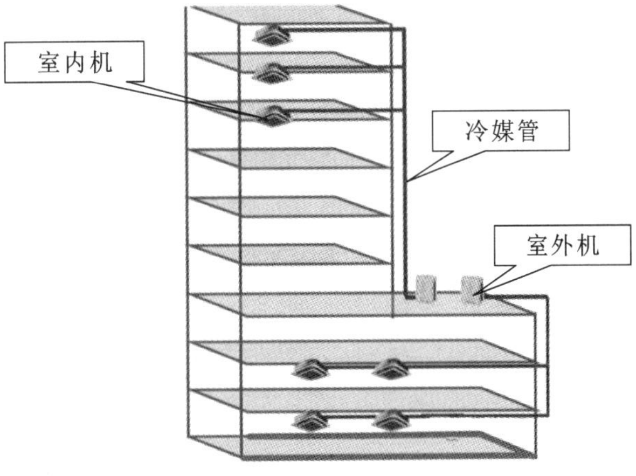

图 4.12 多联机系统示意图

（4）蒸发冷却机组/空调

蒸发冷却是一种经济的冷却技术。水分的蒸发与空气中的水分是否饱和有关，对温度没有要求，即使是零度的水也可以蒸发。在不饱和状态下，无论在什么温度，液体中总有一些运动速度很快的分子能够飞出液面而成为蒸汽，这就是蒸发过程。

直接蒸发冷却（Direct Evaporative Cooling，DEC）是指将水直接喷淋于未饱和湿空气中，使空气等焓增湿、降温，如图 4.13(a)所示。由于空气与水直接接触，其含湿量增加，存在一定的应用限制。为了克服这个问题，引入间接蒸发冷却（Indirect Evaporative Cooling，IEC），如图 4.13(b)所示。工作介质先经 DEC 设备处理，流经换热器通道一侧，形成湿通道，产出介质流过干侧通道，湿侧介质吸收干燥介质的热量，借助于湿表面蒸发，从而冷却产出介质。由于工作介质不与水直接接触，其湿度不变，实现了空气的等湿降温。

间接蒸发冷却技术在系统工作过程中的冷却介质以水和空气为主，少部分应用形式涉及制冷剂等。产出介质与工作介质进行热湿交换，在此过程中获取冷空气或冷水。故按产出介质形式不同，间接蒸发冷却技术可分为风侧间接蒸发冷却技术和水侧间接蒸发冷却技术。

蒸发冷却冷水机组（图 4.14 ）利用蒸发冷却技术来制造冷冻水；蒸发冷却空调机组则利

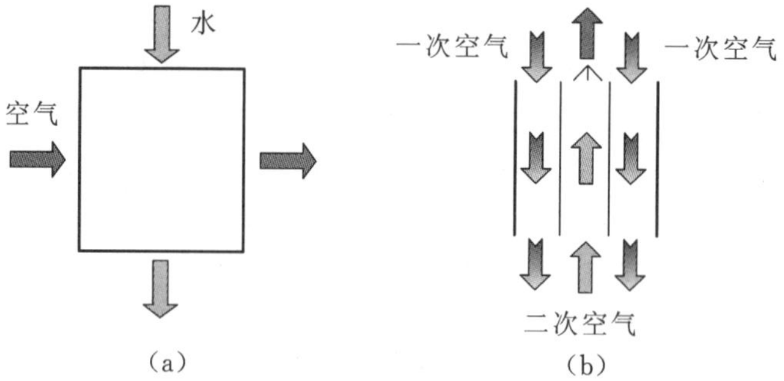

图 4.13　蒸发冷却介质流动形式

(a)直接蒸发冷却;(b)间接蒸发冷却

用蒸发冷却技术来处理空气,如图 4.15 所示。

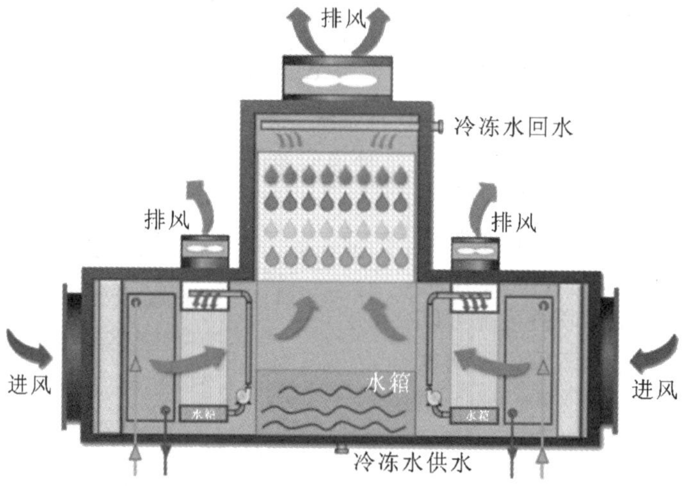

图 4.14　蒸发冷却冷水机组工作原理示意图

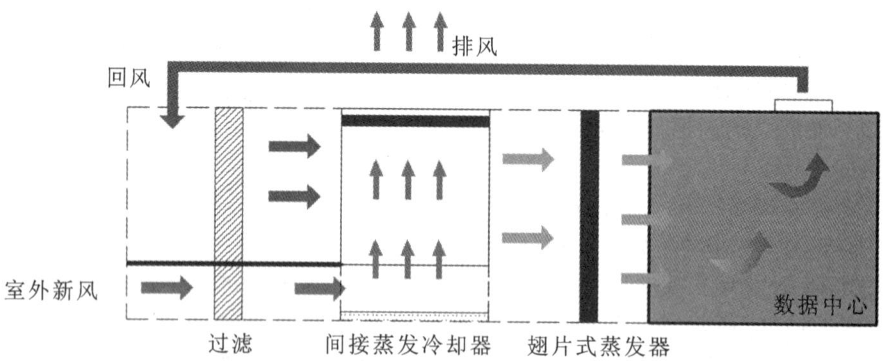

图 4.15　某间接蒸发冷却空调机组 AHU(数据中心专用)工作原理示意图

(5) 蓄能空调

蓄能空调就是利用蓄能设备在空调系统不需要输出能量或输出能量小的时段内将能量储存起来,在空调系统需求量大的时段将这部分能量释放出来。根据使用对象和储存温度的高低，可以分为蓄冷和蓄热。

① 蓄冷材料

蓄冷材料主要包括显热蓄冷材料、相变蓄冷材料、气体水合物、潜热型功能热流体等。

显热蓄冷材料主要是水，由于水的热学性能较好且价格低廉，广泛应用于蓄冷空调系统中。水蓄冷利用蓄水温度在 0～7 ℃之间的显热进行蓄冷，它可使常规的空调机组实现蓄冷、蓄热双重作用。它具有蓄冷密度低、蓄冷槽体积大及槽内不同温度的冷水易混合等缺点。

冰蓄冷是利用水的相变凝固潜热来蓄存冷量的，其相变潜热大(334 kJ/kg)，但冰蓄冷的凝固点较低(0 ℃)，且蓄冰时存在较大的过冷度(4～6 ℃)。为了蓄存冷量，空调机组必须在较低的工作温度范围(－10～－8 ℃)运行，从而造成空调机组的效率下降，另外在空调工况和蓄冰工况时要配置双工况制冷主机，增加了系统的复杂性。

共晶盐是无机盐与水的混合物，随着盐分的不同，其蓄冷温度也相应不同，通过配置不同成分比例的共晶盐，可以得到不同相变温度的相变材料。共晶盐蓄冷的优点是其相变温度与空调主机的蒸发温度相吻合，选用一台空调主机即可进行制冷、蓄冷。其缺点是蓄冷密度较低(融化热一般都低于 80 kJ/kg)，融化过程中容易出现分层，凝固时存在过冷现象，而且材料易老化变质、蓄冷性能易发生衰减。

气体水合物俗称“暖冰”，是由某些气体(或易挥发液体)与水形成的包络状晶体，其重要特点是可以在冰点以上结晶固化。近年来，国内外许多专家和研究机构对气体水合物作为空调蓄冷介质的特性进行了深入研究，发现气体水合物作为蓄冷介质可克服冰、水、共晶盐等蓄冷介质的缺点。

潜热型功能热流体是由特制的相变材料微粒和单相传热流体混合构成的一种固液多相流体，分为相变乳状液和微胶囊乳状液两种。潜热型功能热流体的蓄冷密度比较大，材料来源广泛、价格低廉，其特点是相变前后都能保持流动状态，这为实现蓄冷、释冷过程中的强化传热创造了条件。

② 蓄热材料

对于蓄热材料，在一般的空调冷凝热回收系统中，大部分采用水作为蓄热介质，利用水的显热进行蓄热，存在蓄热密度低、蓄热装置占地面积大等缺点。因此，相变蓄热材料的发展逐步引起相关研究人员的重视。应用于空调蓄热的相变材料主要分为无机材料和有机材料两大类。无机相变材料主要包括结晶水合盐、熔融盐等，这类相变材料具有体积蓄热密度大、熔化潜热大、熔点固定、热导率比有机相变材料大、一般呈中性等优点，但在使用过程中会出现过冷和析出等缺点。有机相变材料(如石蜡、脂肪酸等)虽然不存在过冷和析出问题，性能较稳定，但是存在蓄冷密度较小、单位体积蓄热量不大和具有可燃性等缺点。

典型蓄热空调范例

(6) 加湿器

空气的加湿可以在空气处理机(或送风风管)内对送入房间的空气进行集中加湿，也可在空调房间内部对空气进行局部补充加湿。

空气的加湿方法有很多种，除了喷水室加湿外，还有等温加湿和等焓加湿两大类。

等温加湿型空气加湿器有干蒸汽加湿器、电热式加湿器、电极式加湿器、PTC 蒸汽加湿器、红外线加湿器等。当有可靠的蒸汽供应时，宜优先选用干蒸汽加湿器。电热式加湿器是把 U 形、蛇形或螺旋形管状电热元件放在水槽或水箱内，通电后将水加热至沸腾产生蒸汽的加湿设备。该加湿器分为开式和闭式两种。

闭式电热加湿器结构如图 4.16 所示，装有管状电热元件的水箱不与大气直接相通，所产生的蒸汽压力经常高于标准大气压力，加湿器内充满相对压力为 0.01～0.03 MPa 的低压蒸汽。需要加湿时，只要打开蒸汽管道上的调节阀即可，这样就减少了加湿器的热惰性和时间滞后性，提高了湿度调节的精度。电热式加湿器主要设在集中空调系统的空气处理机(室)。

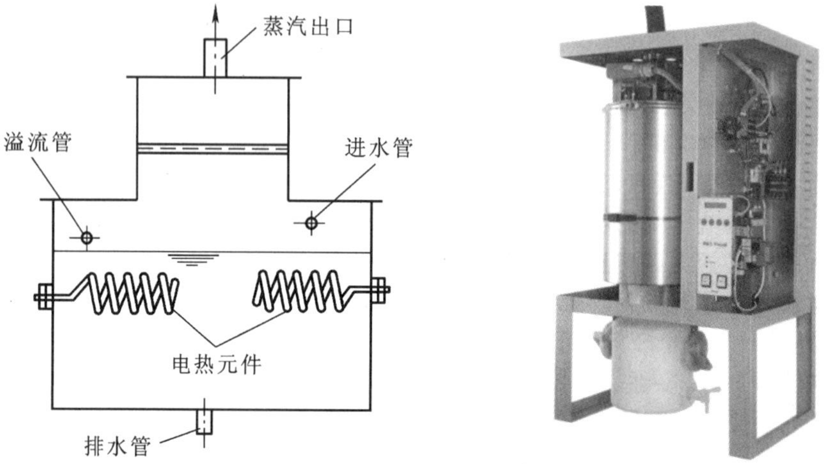

(a)　　　　(b)

图 4.16　闭式电热加湿器

(a)结构示意图；(b)实物照片

等焓加湿型空气加湿器包括超声波加湿器、离心式加湿器、汽水混合式加湿器、高压喷雾式加湿器、湿膜加湿器等。超声波加湿器(图 4.17)是利用压电换能片(雾化振子头或振动子)将高频(17 MHz)电能转化成超声波机械能，在水中产生每秒 170 万次的超声波，形成剧烈的水滴撕裂作用，使水箱表面的水直接雾化成直径为 1～2 μm 的细微水滴。这些水滴随气流扩散到周围空气中，吸收空气的显热后蒸发成水蒸气，从而对空气进行加湿。

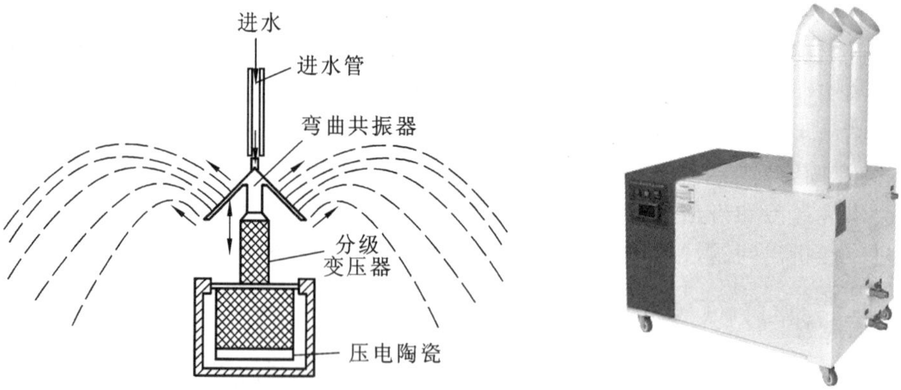

(a)　　　　(b)

图 4.17　超声波加湿器

(a)结构示意图；(b)实物照片

各种空气加湿器的性能特点见表 4.3。

表 4.3 各种空气加湿器的性能特点

加湿方法	蒸汽式加湿器					水喷雾式加湿器				汽化式加湿器	
加湿器种类	干蒸汽加湿器	间接式蒸汽加湿器	电热式加湿器	电极式加湿器	红外线加湿器	超声波加湿器	离心式加湿器	汽水混合式加湿器	高压喷雾式加湿器	湿膜加湿器	板面蒸发加湿器
空气状态变化过程	等温加湿	等温加湿	等温加湿	等温加湿	等温加湿	等焓加湿	等焓加湿	等焓加湿	等焓加湿	等焓加湿	等焓加湿
加湿能力/(kg/h)	100～300	10～200	容量大小可设定	4～20	2～20	1.2～20	2～5	0～400	6～250	容量大小可设定	容量小
耗电量/[W/(kg·h)]		0		780		20	50		890	耗电量低	耗电量低
优点	加湿迅速、均匀、稳定，不带水滴、不带细菌，节省电能，运行费低，布置方便，使用寿命长	加湿迅速、均匀、稳定，不带水滴、不带细菌，节省电能，运行费低，控制性能好	加湿迅速、均匀、稳定，控制方便、灵活，不带水滴、不带细菌，装置简单，无需汽源，无噪声	加湿迅速，不带水滴、不带细菌，使用灵活，控制性能好，装置较简单	体积小，加湿强度大，加湿迅速，耗电量少，使用灵活，无需汽源，性能好，雾粒小且均匀，加湿效率高	节省电能，安装方便，使用寿命长	对水质无要求，雾粒细，加湿量可任意组合，主控箱与喷头可分离安装，其适合高湿冷库环境及纺织厂车间直接加湿	加湿量大，雾粒细、效率高，运行可靠，耗电量低	构造简单，运行可靠，初投资和运行费用都低	加湿效果较好，运行可靠，费用低，板面垫层兼有过滤作用	
缺点	必须有汽源，并伴有输气管道，设备结构较复杂	必须有汽源，并伴有输气管道、加热盘管	耗电量大，运行费高，不使用软化水或蒸馏水时，内部易结垢，清洗较困难	耗电量大，运行费用高，使用寿命不长，价格高	可能带细菌，单价较高，使用寿命短，加湿后尚需升温	水滴颗粒较大，不能完全蒸发，还需排水	需要气泵，耗气量大	可能带细菌，水未经有效过滤时喷嘴易堵塞	易产生微生物污染，必须进行水处理	易产生微生物污染，必须进行水处理	

(7) 除湿机

降低空气湿度的处理过程称为减湿(降湿、除湿) 处理。在某些生产工艺和产品贮存要求空气干燥的场合,在地下工程(人工洞、洞库、国防工事、坑道等)的通风中,在南方某些环境比较潮湿的地区,都会遇到空气减湿问题。

空气的减湿方法有多种,除前面介绍过的喷水室和空气冷却器可实现对空气的降焓降温减湿处理外,空调工程中常用的空气除湿机有冷冻除湿机、转轮除湿机、热管除湿机和溶液除湿机等。

转轮除湿机的主体结构和吸湿部件是不断转动着的蜂窝状干燥转轮。该转轮是由特殊复合耐热材料制成的波纹状介质构成的,波纹状介质中载有吸附干燥剂。按照干燥剂的种类划分,干燥转轮有氯化锂转轮、高效硅胶转轮和分子筛转轮等三种,其中氯化锂转轮和高效硅胶转轮使用得最多。每种转轮均能提供巨大的吸湿表面积(每立方米体积大约有 300 m^2 的吸湿表面积),所以除湿能力强。就除湿强度而言,氯化锂转轮不如高效硅胶转轮。

转轮除湿机工作原理:含有高度密封填料的固定隔板,将干燥转轮分为两个区,一个是待处理空气通过 270°扇形区域,占总面积的 3/4;另一个是再生空气通过 90°扇形区域,占总面积的 1/4。干燥转轮以 8～10 r/h 的速度缓慢地转动。当待处理空气进入转轮 270°扇形区域时,空气中的水分被嵌固在转轮内的吸湿剂所吸附,干燥后的空气则由风机送至待除湿的房间或空间。与此同时,另一部分再生空气(一般为室外空气)经过加热器加热到一定温度后进入 90°扇形区域,将原先吸附的水分带走,湿空气则由再生风机排至室外。转轮不断地旋转,吸湿和再生过程连续进行,如图 4.18 所示。

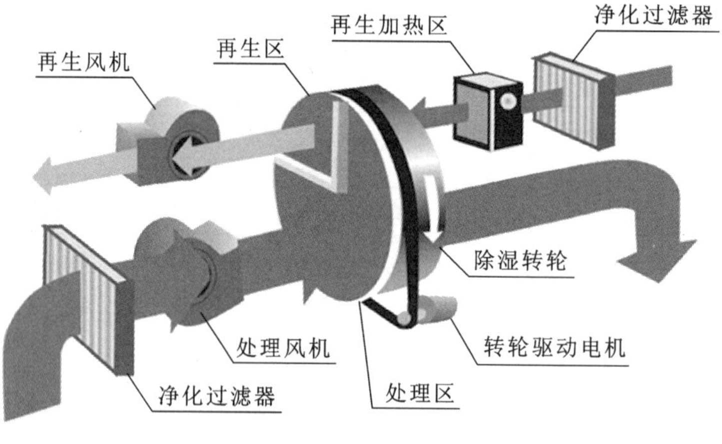

图 4.18 转轮除湿机工作原理图

近年来,随着新材料与膜分离技术的发展,出现了一种比较新颖的除湿方法,即膜法除湿。它是利用膜的选择透过性进行除湿,具有除湿过程连续、无腐蚀问题、无须切换阀门、无运动部件、系统可靠性高、易维护、能耗小等优点,使得空气除湿方法有了重大发展。目前,采用膜材料的除湿装置已经问世,膜法除湿具有广阔的应用前景。

各种典型除湿方法的比较见表 4.4。

表 4.4 典型除湿方法的比较

方法	机理	优点	缺点	备注
升温除湿	通过显热换热，在 d 为常数的条件下使温度升高，相对湿度相应降低	简单易行，投资和运行费用低	空气温度升高，空气不新鲜	适用于对室温无要求的场合
通风除湿	向潮湿空间输入湿度小的室外空气，同时排出等量潮湿空气	经济、简单	保证率较低	适用于室外空气较干燥的地区
冷冻除湿	让湿空气流经低温表面，空气温度降至露点以下，湿空气中的水分冷凝而析出	性能稳定、工作可靠，能连续工作	设备费和运行费较高，有噪声	适用于空气的露点高于 4 ℃的场合
液体除湿	蒸汽分压力低、不易结晶、黏性小、无毒、无臭，与空气接触时，依靠水气的分压力差吸收空气中的水分	除湿效果好，能连续工作，兼有清洁空气的功能	设备复杂，初投资高；需要有高温热源；冷水耗量大	适用于室内显热比小于 60%，空气出口露点低于 5 ℃且除湿量较大的系统
固体除湿	利用某些固体物质表面的毛细管作用，或相变的蒸汽分压力差，吸附或吸收空气中的水分	设备较简单，投资与运行费用较低	减湿性能不太稳定，并随使用时间的延长而下降；需再生	适用于除湿量小、要求露点低于 4 ℃的场合
干式除湿	含吸湿剂的纤维纸制的蜂窝状体(如转轮)在水蒸气分压力差的作用下，将湿空气中的水分吸收或吸附	湿度可调，且能连续除湿，单位除湿量大，可以自动工作	设备较复杂，且需加热再生	特别适用于低温低湿状态

(8) 风机盘管

风机盘管是空调水系统中的重要末端，一般采用强制对流换热原理，利用表冷器里的冷冻水/热水来冷却/加热室内空气。

① 常见风机盘管

风机盘管有多种形式。按照安装方式不同，风机盘管可以分为立式暗装、立式明装、卧式暗装、卧式明装和卡式等多种类型。立式风机盘管通常机身较薄，适合安装在空间小且较为隐蔽的位置；卧式风机盘管则可以隐藏在天花板或其他不易察觉的地方，不会影响室内装修；卡式风机盘管可四面出风，介于明装和半明装，既美观又不占地方。常见风机盘管如图 4.19 所示。

风机盘管的静压有不同等级，如 0 Pa(多为卡式风机盘管)、12 Pa(适用于小空间或家用风机盘管)、30 Pa(轻型商用型风机盘管)、50 Pa 和 80 Pa(适用于层高超过 10 m 的工程型风机盘管)等。

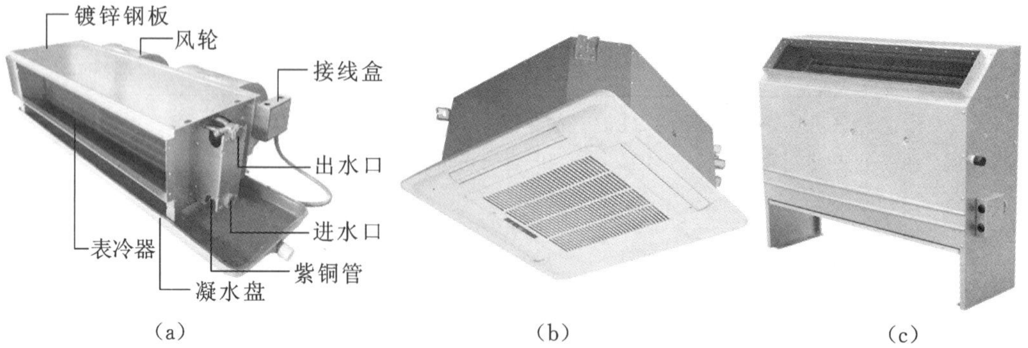

图 4.19　常见的风机盘管

(a)卧式暗装风机盘管;(b)卡式风机盘管;(c)立式明装风机盘管

② 高大空间空气处理单元

该设备是一种较为新型的分散式高大空间空调末端,可有效改善冬季室内温度分层现象。其结构如图 4.20(a)所示,其中涡流送风器配有角度可调的导流板,可实现送风多角度的调节。其送风形式如图 4.20(b)所示。

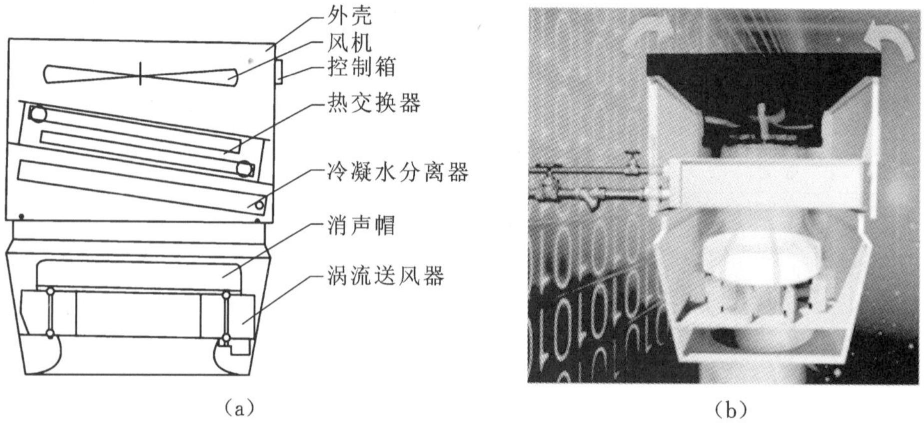

图 4.20　高大空间空气处理单元

(a)空气处理单元主体结构示意图;(b)空气处理单元送风形式

(9) 地板对流器

地板对流器(图 4.21)是地板式送风空调系统的末端设备,它有制冷、制热、送新风、除湿的功能。地板对流器分为自然对流型和强制对流型两种。自然对流型内置换热器,利用"烟囱效应"使室内空气通过换热器进行自然换热,以达到改善室温的目的,只适用于冬季供热。强制对流型内置横流风机及高效换热器,制冷工况下通低温冷水,供热工况下通高温热水,通过风机进行强制对流换热,以调节室内温度。

地板对流器采用贴附送风方式,经过特殊设计的流道角度使得出风气流沿建筑物围护结构贴附向上。此类送风方式在建筑物围护结构表面形成"空气幕",有效阻隔了外界的热干涉。

地板对流器经由温度传感器探测回风温度,通过 PLC 模块精准控制室内温度,匹配墙

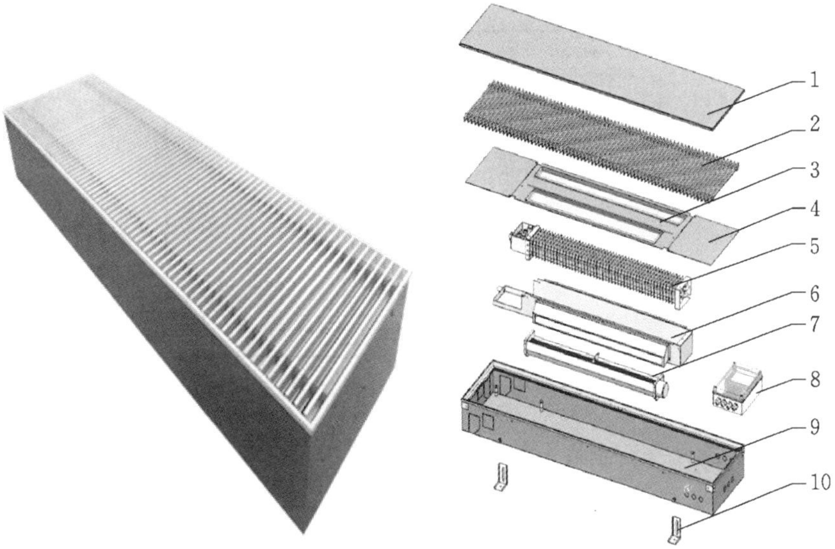

图 4.21 地板对流器

(a)地板对流器外形图;(b)地板对流器结构示意图

1—安装盖板;2—格栅;3——体板;4—盖板;5—换热器;6—冷凝水盘;

7—贯流风机;8—电控盒;9—箱体;10—L形固定支架

装控制面板,可以实现一控三十一的区域控制,同时也可以通过 RS485 通信,由中控机房远程控制。

地板对流器越来越多地应用于各类建筑,如机场、酒店、高档写字楼、别墅、高档会所等,特别是在有玻璃幕墙或落地窗结构的建筑物中应用时,可以达到较好的供暖效果。

(10)竖直壁面贴附式送风

目前,空调气流组织形式主要以混合式通风为主,也有部分建筑采用地板送风系统,前者通风效率较低、卫生条件差;后者则需要考虑吹风感和下送风道占用工作区有效空间的问题。为解决现有气流组织形式中存在的不足,西安建筑科技大学的李安桂教授及其团队提出了一种基于竖直壁面贴附式的送风模式。

图 4.22 所示为典型房间竖直壁面贴附式送风模式气流组织的示意图。由图 4.22 可知,处理后的空气由位于建筑空间上部的条缝风口送出,在康达效应的作用下与竖直壁面形成贴附并沿其向下流动。接近地面时逆压梯度增加,送风主体与竖壁分离,冲击房间左下角后与地面形成贴附,并沿地板向前延伸扩散,进而在工作区形成类似于置换通风的气流组织分布,有效提升人员的舒适性。同时,风口上置可以减少对工作区有效空间的占用,更加美观,并且贴附送风模式能够减少冷风直吹人体造成的吹风感。而与混合通风相比,竖壁对送风主体有很好的保持性,能够有效减少其与周围空气的混合,从而将更多新鲜空气和冷热量下送至工作区,因此通风效率较高、室内空气品质较优。

利用射流在柱面产生贴附效应(康达效应)的新型送风模式,即柱面贴附送风,也具有类似置换通风的效果,通风效率较高。

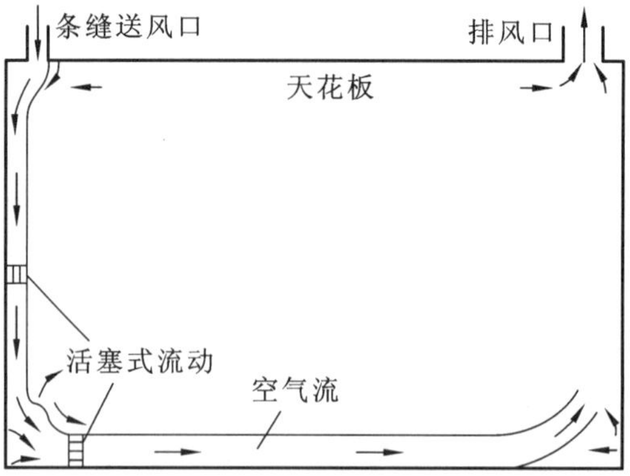

图 4.22　竖直壁面贴附式送风模式气流组织示意图

(11)风管和水管

① 风管

通风空调风管常用的材料主要包括以下几种，在选择空调风管材质时，应根据具体情况进行综合考虑，选择最合适的材质。

镀锌钢板(Galvanized Steel)是一种常见的风管材料，具有良好的耐腐蚀性和刚度，适用于大多数通风和空调系统。它常用于商业建筑、工业设施和住宅建筑等各种场合。

不锈钢风管具有耐腐蚀性、抗菌性和较高的强度，适用于需要更高卫生标准或抗腐蚀性能的场合，如食品加工厂、医疗机构和实验室。

铝板风管具有轻巧、易于加工和安装的特点，适用于需要减轻重量、提高热传导性能或防腐蚀的场合，如商业建筑、航空航天设施和高湿度环境。

聚氨酯复合板风管具有优异的保温性能和阻燃性能，适用于需要较高保温效果的场合，如冷库、冷藏车和低温工艺设备。

聚氯乙烯风管是一种经济实用的风管材料，具有良好的耐腐蚀性和绝缘性能，适用于一般的通风和空调系统，如商业建筑、学校和办公室等。

玻璃钢风管的优点在于自重轻、强度高、耐酸碱腐蚀、防水、隔声、绝缘等，适用于一些特殊情况下的空调风管的制作。

织物风管又称为布风管、布袋风管、布质风管、纤维布风管等，是一种由特殊纤维织成的柔性空气分布系统，其主要作用是替代传统送风管、风阀、散流器等。该系统的外观犹如一条大的布袋，有送风、制冷、制热等用途。织物风管主要的优点有送风均匀、防凝露、美观高档、自重轻、安装简单以及节省成本。一些企业还研发出了绝热织物风管等。

② 水管

用于空调水系统输送流体的钢管可以归结为两大类：无缝钢管和焊接钢管。两者的区别在于其制造工艺及所用管坯形状的不同。其他类型的钢管(如镀锌钢管、涂塑钢管)均以这两类管道作为基管，再经过一些工艺手段处理而来。

无缝钢管的管坯为圆坯。无缝钢管的承压能力强，性能卓越，在空调水系统的输送管路系统中，特别是管径在 $DN100$ 及以上的管路系统中被广泛采用。无缝钢管的工作承压能力一般不超过 6.0 MPa。在民用工程中，一般空调水系统的工作压力均不会超过此值。在工业设计中，如果合理选用钢号和厚度，其承压能力还可提高。

焊接钢管也称焊管，其采用的坯料是钢板或钢带，是用钢板或钢带经过卷曲成型后焊接而成的。因其焊接工艺不同，可分为炉焊管、电焊（电阻焊）管和自动电弧焊管。因其焊接形式不同，分为直缝焊管和螺旋焊缝管（也称螺旋钢管）两种。按其端部形状不同又分为圆形焊管和异形（方、扁等）焊管。焊管因其材质和用途不同可分为多种，其中空调水系统用的钢管有输送普通介质的“低压流体输送用焊接钢管”，俗称黑管；输送普通介质且对管道有一定防腐阻垢要求的“低压流体输送用镀锌焊接钢管”，俗称白管；还有输送有腐蚀性介质的“流体输送用不锈钢焊接钢管”。

镀锌钢管是指钢管表面进行了镀锌处理，其基管一般采用焊接钢管，也有采用无缝钢管的。镀锌钢管从镀锌工艺上可分为热镀锌管和冷镀锌管两种。冷镀锌钢管的镀锌层是电镀层，锌层与钢管基体独立分层。镀锌层较薄，简单附着在钢管基体上，容易脱落，故其耐腐蚀性能差。热镀锌钢管是使熔融金属与铁基体反应而产生合金层，从而使基体和镀层二者相结合，热镀锌具有镀层均匀、附着力强、使用寿命长等优点。热镀锌钢管基体与熔融的镀液发生复杂的物理、化学反应，形成耐腐蚀的结构紧密的锌-铁合金层。合金层与纯锌层、钢管基体融为一体，故其耐腐蚀能力强。

热镀锌使钢管内、外壁同时镀有锌层，使钢管的防腐性能大大提高，能达到普通钢管的15 倍左右。目前，在空调水系统中，冷凝水管大多采用镀锌钢管制作。在空调冷水、热水系统中，也有设计要求管径在 *DN*80 及以下的管道采用镀锌钢管制作的。

涂塑钢管是以焊接钢管或无缝钢管为基管，采用 PE（改性聚乙烯）进行热浸塑或采用EP（环氧树脂）进行内、外涂覆的产品。涂塑钢管具有优良的耐腐蚀性能，同时涂层本身还具有良好的电气绝缘性，不会产生电蚀，吸水率低、机械强度高和摩擦系数小。涂塑钢管解决了普通钢管输水和镀锌钢管埋地输水时的锈蚀及结垢问题，提高了输送管道的使用寿命。但涂塑钢管的劣势在于价格较高，也有工程的空调水管将涂塑钢管与镀锌钢管结合起来使用的，如管径在 *DN*80 及以下的采用镀锌钢管，管径在 *DN*100 及以上的采用涂塑无缝钢管。涂塑钢管的承压能力主要与其基管形式以及连接方式有关。当然，除了钢管外，有一些水系统采用 PVC（聚氯乙烯）管、PP（聚丙烯）管、PE（聚乙烯）管等。

4.1.3 被动式建筑技术、材料及构件

随着“双碳”目标的提出，采用建筑节能技术已经迫在眉睫。目前，建筑围护结构节能、高效能源系统、智能化室内控制技术、新能源利用（太阳能、热泵技术）、建筑体形设计（自然通风、遮阳、自然采光）、蓄能和热回收等建筑节能技术应用较为广泛，其中自然通风和采光能在设计初期有效地降低建筑的能耗指标。

4.1.3.1 自然通风技术

风是由高气压的空气向低气压的空气流动而产生的结果。很早之前，人类就在实践中发展了各种方法来防止风带来的负面影响，以及充分利用风来使自己的生活环境更为舒适。

合理利用自然通风能取代或部分取代传统制冷空调系统，不仅能节省不可再生能源来实现有效被动式制冷，以降低室内温度、带走潮湿气体、改善室内热环境，而且能提供新鲜、清洁的自然空气，改善室内空气品质，有利于人的生理和心理健康，满足人们心理上亲近自

然、回归自然的需求。

空气的流动必须要有动力。利用机械能驱动空气的，称为机械通风；利用自然因素形成的空气流动，称为自然通风。建筑物中的自然通风由室内外存在的空气压力差所引起，形成空气压力差的原因为热压和风压的作用。

（1）自然通风驱动力

① 热压作用

空气受热则温度升高，密度降低；相反，若空气温度降低，则密度增大。这样，当室内温度高于室外气温时，室外空气因为较重而通过建筑物下部的门窗流入室内，并将室内较轻的空气从上部的窗户排出。进入室内的空气被加热后，又变轻而上升，被新流入的室外空气所替代。因此，室内空气形成自下而上的流动。这种现象是温度差引起的，通常称为热压作用。这种由于热浮力而引起的自然通风即为"烟囱效应"(Stack effect)。热压的大小取决于室内外空气温度差所导致的空气密度差和进出口的高度差。

② 风压作用

当自然界的风吹到建筑物上时，在迎风面上，由于空气流动受阻，速度减小，使风的部分动能转变为静压，即建筑物迎风面上的压力大于大气压，形成正压区。在建筑物的背面、屋顶和两侧，由于气流的旋绕，这些面上的压力小于大气压，形成负压区。如果在建筑物的正、负压区都设有门或窗口，气流就从正压区流向室内，再从室内流向负压区，形成室内空气的流动。

上述两种自然通风的动力因素对各建筑物的影响是不同的。比如，工厂的热车间，常常有稳定的热压可以利用；沿海地区的建筑物，往往风压值较大，因此房间的通风良好。在一般的民用建筑物中，室内外的温差不大，进排口的高度相近，难以形成有效的热压，主要依靠风压组织自然通风。如果室外的风速较小或者无风时，建筑物内部的通风将难以畅通。因此，建筑师要善于利用自然通风原理，合理进行建筑物的总体布局和建筑开口的设计，并采取必要的技术措施，形成诱导通风，使通风成为改善室内热环境的有利因素。

当然，建筑物中的自然通风往往是风压与热浮力共同作用的结果，因各自作用的强度不同，对建筑整体自然通风的贡献不同。由于风压作用受到天气、环流、建筑物的形状、周围环境等因素的影响，具有不稳定性，所以在与热浮力同时作用时可能还会出现减弱通风效果的情况。而室外风的风速和风向是经常变换的，不是一个稳定的因素。为了保证自然通风的设计效果，我国相关规范中规定：在实际计算中需要定量考虑热压的作用，定性考虑风压对自然通风的影响。

（2）自然通风建筑设计要点

自然通风设计常与其他技术结合使用，因此，需要综合考虑热压、风压、机械通风等。总的来说，建筑设计时可参考以下要点：

① 对建筑自然通风的考虑应该从用地分析和总图设计开始。植物能够提供遮荫和自然的蒸发降温，水池、喷泉、瀑布等既是园林景观，也能对微气候环境调节起到重要的作用。良好的室外空气质量也增加了建筑利用自然通风的可能性。进风口附近如果有水面，在夏季其降温效果是显著的。

② 在可能的条件下，不要设计全封闭的建筑，以减少建筑对空调系统的依赖。

③ 建筑的布局应根据风玫瑰图来考虑,使建筑的排列和朝向有利于自然通风。

④ 在进行平面或剖面上的功能配置时,除考虑空间的使用功能外,也应对其热产生或热需要进行分析。

⑤ 建筑平面进深不宜过大,这样有利于穿堂风的形成。一般情况下,平面进深不超过楼层净高的5倍,可取得较好的通风效果。

⑥ 在许多办公建筑中,穿堂风可看作主要通风系统的辅助成分。建筑门和窗的开口位置、走道的布置等应经过衡量,以利于穿堂风的形成,并考虑建筑开口和内部隔墙设置对气流的引导作用。

⑦ 单侧通风的建筑,进深最好不超过净高的2.5倍。

⑧ 每个空间单元最小的窗户面积至少应是地板面积的5%。

⑨ 尽量使用可开启的窗户,但这些窗户的位置应该经过调配,并不是一打开就能取得良好的通风效果。

⑩ 设计中应注意使用中庭或者风塔的拔风效应。

⑪ 应将通风设计和供暖/降温以及光照设计作为一个整体来考虑。

⑫ 气候炎热的地方,进风口尽量配置在建筑较冷的一侧(通常是遮阴的北侧)。

⑬ 自然通风设计中,应保证空气可以被送到室内每一个需要新鲜空气的角落,并且避免出现令人不舒适的吹风感。

(3) 自然通风技术应用现状

国外有许多耳熟能详的利用自然通风技术的建筑范例,比如利用风压进行自然通风的典范之作,当属伦佐·皮亚诺设计的位于澳大利亚东侧的 Tjibaou 中心(图4.23)。由于该地区气候炎热潮湿,常年多风,因此如何最大限度地利用自然通风来降温降湿,成为该建筑设计的核心技术。该中心是由10个棚屋状单元组成的,棚屋呈一字排开,形成三个“村落”,各个棚屋大小不同。贝壳状的棚屋背向夏季主导风向,在下风向处形成负压区,而在棚屋背面开口处形成正压区,从而使建筑内部产生空气流动。

英国新议会大厦采用机械辅助式自然通风。为避免汽车尾气等有害气体及尘埃进入建筑内部,建筑师将整幢建筑的进气口设在楼口高度,并在风道中设置过滤器和噪声屏障,以最大限度地除尘、降噪。新鲜空气通过机械装置被吸入各层楼板,并从靠近走廊一侧的气孔排出。房间内热气体通过房间上方靠近外墙的气孔进入排气通道,最终从屋顶排出。

我国位于欧亚大陆的东南部,濒临太平洋,因海洋和陆地热力性质的差异以及太阳辐射随季节的变化,导致冬夏间海洋与陆地上气压的季节变化。夏季大陆形成低气压,海洋形成高气压;冬季则相反,大陆气压高,海洋气压低。因此,我国冬季盛行西北风,夏季盛行东南风,形成了冬冷夏热、冬干夏雨的季风性气候特征。由于我国广大地区处于北温带,春秋过渡季节的温度是很适合自然通风的,沿海地区往往风压值较大,房间通风良好,而且我国城乡绝大部分地区的住宅建筑都是依靠自然通风的,各家自行安装的空调产品,也大多没有通风功能。这些得天独厚的自然条件以及特有的国情都促成了自然通风技术在中国的发展。

我国大量居民住宅也因地制宜,结合不同气候使用各式各样的自然通风方式,特别是一些住宅之间设置的大小院落,起着良好的通风和聚气的作用。由于我国大部分地区夏季的主导风向是南向或南偏东,因而传统建筑多为“坐北朝南”,即使是在现代建筑中,也以南或

图 4.23 Tjibaou **中心**

南偏东为最佳朝向。北京四合院利用外墙防风沙，北向开高窗、小窗，对内庭院开大窗，利用内庭院形成穿堂气流；新疆民居使用土坯砖砌筑半通透围护墙，适应干热气候下的建筑通风，内院设葡萄架，形成荫凉环境，引水降温，为遮挡风沙，外墙不开窗，在屋顶设通风烟囱，引风入地下。另外，炎热地区的建筑常采用落地长窗、漏窗、漏空窗台、折叠门等通风构件，主要是为了降低气流高度，增大人体受风面。在皖南地区，尽管夏季的室外温度达到 37～38 ℃，夜间也有 25 ℃左右，但这里的建筑白天室内温度可基本控制在 31 ℃左右，夜间也能接近室外温度，其奥妙在于通过特有的天井构造、小热容的围护结构、双层的座砖屋顶隔热、高大的外墙遮阳等建筑设计使得日间抑制风压自然通风、夜间促进热压自然通风来迅速降温。

4.1.3.2 夜间通风技术

在我国部分地区，夏季白天室外温度较高，而夜间室外温度往往比白天低得多。利用天然的昼夜温差现象，可以在夜间进行通风，结合建筑围护结构蓄冷来满足建筑白天供冷需求。由于建筑本身的热惯性，在夜间引入室外冷空气，通过冷空气与作为蓄冷材料的建筑围护结构接触换热，冷却建筑材料，达到蓄冷目的；在白天，通过房间的空气与建筑材料换热，将建筑材料中贮存的冷量取出并释放到房间，实现抑制房间温度上升的目的。可以看出，这种方法主要包括夜间蓄冷及白天放冷两个过程。夜间通风技术不仅具有被动式冷却的全部优点，而且因大量换气，有效地解决了室内环境问题，对于室内得热量较小（15～20 W/m^2）的建筑，可以基本满足人们的舒适性要求。夜间通风与其他方法相结合构成复合式系统，则可以更广泛地用于商业及民用建筑中。将夜间通风与蒸发冷却技术(如屋顶蒸发冷却系统)相结合,在夜间采用风机驱动,先使室外风经过间接蒸发冷却器进行预冷,就可降低送风温度,增加建筑物的蓄冷量,用于民宅时有时完全可替代常规制冷;夜间通风与相变蓄冷技术相结合,利用相变潜热蓄积夜间通风所得冷量,可承担建筑物日间的全部或部分冷负荷。

4.1.3.3 混合通风技术

如果室外温度比室内温度低,那么利用自然通风来降温是最好的。然而室外环境并不总是满足自然通风的需要(例如在寒冷的冬季),因此除了某些特定地点的实验性建筑以外,要做到完全的自然通风几乎是不可能的。当代建筑中最常见的是结合使用各种手段,即充分利用自然通风的同时也配置机械通风和空调系统。混合通风的模式有四种:①机械通风只是在需要的时候才作为辅助手段;②根据建筑内各区的实际需要和实际条件,针对不同的区域采用不同的通风方式;③自然通风和机械通风同时使用;④互为交替,如夜间使用自然通风来为建筑降温,白天使用机械通风来满足使用需要。

国外已有一些建筑应用了混合通风系统,如德国的法兰克福商业银行、悉尼的威尔金森办公楼、比利时的 IVGE 办公楼等。

由于混合通风中自然通风模式受自然气候条件(如室外风速、风向)、建筑形式、建筑周围的环境、建筑位置及室内热源等因素的强烈影响,具有不可确定性和复杂性,这给混合通风系统的设计带来较大的困难。其设计应与建筑设计、土木工程设计密切配合,需建筑师、土木工程师、建筑设备工程师及电力控制师甚至房主的参与,因此,未来建筑物的整体设计将越来越重要。它的设计可分为以下几个步骤:

(1) 建筑与自然通风系统的设计。一个优秀的建筑,不仅要有出众的建筑外形、令人满意的建筑功能,其本身应该与自然通风系统结合,能尽量运用自然条件来满足室内空气品质要求。因此,设计中除建筑形式和用途外,还需考虑建筑物周围环境、室外气候在一年中的变化情况、室内热源等,以此来确定围护结构的材料、颜色,窗户的位置、大小、密封程度及玻璃种类,风口的位置、大小,遮阳等,或者采用其他形式(如设立中庭、幕墙等)来应用自然通风。

(2) 机械通风系统的设计。要求在传统设计基础上,考虑应用自然通风的时间和方式,以避免两者之间的不利干扰。

(3) 控制系统的设计。智能控制系统是决定混合通风系统通风效果的关键因素。优秀的控制系统应与室外气温、风速紧密相关,能充分利用机械通风与自然通风,以创造良好的室内空气品质。所设计的控制系统能够在室外气候不满足条件时,关闭自然通风系统,开启机械通风系统;而在室外气候合适时,关闭机械通风系统,开启自然通风系统。

4.1.3.4 通风屋顶

通风屋顶也被称为通风隔热屋顶,它主要利用屋顶内部通风带走屋顶面向下传递的热量,以达到隔热的目的。

通风屋顶主体结构大致分为遮阳层、通风层和保温隔热层,如图 4.24 所示。通常遮阳层以椽条和檩条等支撑构件架设在保温层上,其与保温层之间形成的通风空隙为通风层,通风层可以使气流通过以带走部分热量,为增强通风量,屋顶一般设有一定的倾斜角度。

遮阳层一般由轻质非透明材料构成,如钢板铁皮、薄土瓦片、瓷砖瓦块等,其特点是外表面反射率较高,能够有效减少其对太阳辐射的吸收,且由于其较差的蓄热特性,遮阳层的热响应时间较短,当太阳辐射强度逐渐增大时,遮阳层也能同步升温,加热通风层上侧气流,从而增强空腔热压作用,增大空腔气流流量而带走更多热量。为避免遮阳层过高的温升对保温隔热层产生较大的热辐射作用,可以在保温隔热层上表面或者遮阳层下表面设置辐射屏障(如铝箔等),以减少保温层得热;由于支撑构件的存在,通风层间的气流流动会受到一定的影响,将支撑构件设置为圆边会比方边更有利于通风层层间气流的流动。保温隔热层一般采用传统构造方法,但近年来更多人研究使用相变材料作为保温隔热层,这进一步增大了屋顶的热惰性及蓄热能力,更有利于室内热舒适环境的营造。

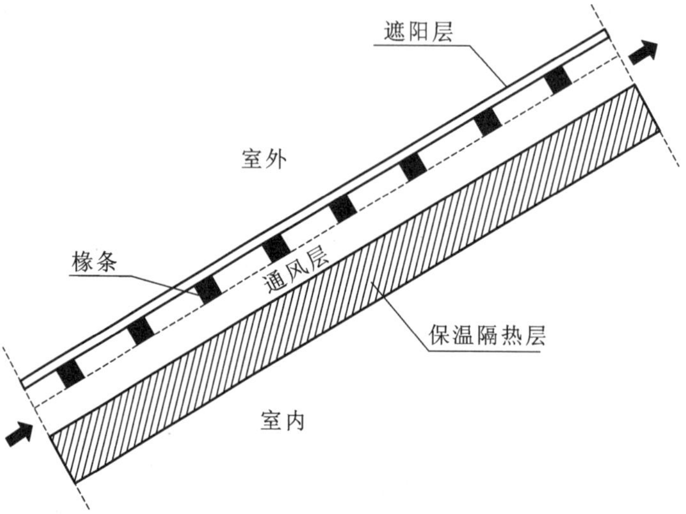

图 4.24　通风屋顶结构示意图

通风屋顶起源于南方沿海地区民间的双层瓦屋顶。无论是白天还是夜晚,沿海地区都会因陆地与海面的气温差而形成气流,间层内通风流畅。坡屋顶采用通风隔热,如进、排气口有一定高差,对间层通风更为有利。加之沿海地区夏季太阳辐射强烈,而气温却不是很高,日间又常有阵雨,黏土瓦和大阶砖吸水率较大,水的蒸发又消耗了不少热量。这些因素综合起来,使得这种屋顶隔热方式具有良好的效果,也很受人们欢迎。

若在长江中下游地区采用通风屋顶,情况与沿海地区就完全不同了。首先是长江中下游地区的气候状况与沿海地区差异较大。夏季气温高、湿度大,加以丘陵环绕,风速很小,必然使间层内通风不畅,隔热效果也就与沿海地区大不相同。并且这一地区夏热冬冷,如果间层的下板太单薄,则不能满足冬季防寒要求。因此,必须从构造上采取综合措施,或者与其他技术相结合,才能满足该气候条件对屋顶热工性能的要求。

除普通通风屋顶外,其他构造包括绿植通风屋顶、太阳能通风屋顶、相变通风屋顶、冷却通风屋顶等。冷却通风屋顶是指在通风屋顶的基础上,对屋顶的反射涂料进行优化。高反射率和通风的双层屋顶可以用来改善夏季的被动冷却。

4.1.3.5 太阳能通风墙

太阳能通风墙具有降低建筑采暖通风与空调能耗、改善室内空气品质及能源资源可再生等优点。由于它是由法国太阳能实验室主任 Felix Trombe 教授首次提出的，故又称为 Trombe Wall(特朗伯墙)。

太阳能通风墙的工作原理如图 4.25 所示。当太阳能通风墙应用于建筑物向室外排风时，也称之为太阳能烟囱。其原理是在朝南向阳墙的外表面涂以深色选择性涂层，并在离墙外表面 10 cm 左右处装上玻璃或透明塑料薄片以形成空气间层，利用"温室效应"原理加热夹层空气，从而产生热压来驱动空气流动。图 4.25 中分别给出了冬季与夏季运行工况，冬季可以通过打开集热墙上、下两个通风口形成循环对流来加热室内空气，当需要新鲜空气或室外气温比较合适时，也可通过打开玻璃下面的进风口、关闭集热墙下面的风口来加热室外空气，再流入室内。夏季则只打开玻璃上风口与集热墙下风口，利用夹层空气的热压流动来预防室内过热，同时带走室内的部分余热。

太阳能通风墙作为被动式太阳能利用的形式之一，是一种极具发展潜力的太阳能-建筑一体化技术，它对于强化室内自然通风、改善室内空气品质、降低室内热湿负荷及增强建筑物的隔声效果等都具有重大意义。

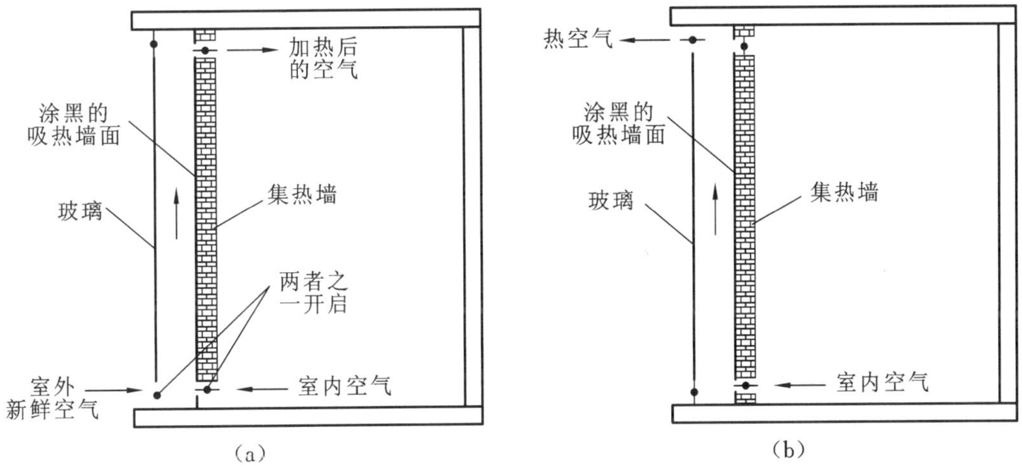

图 4.25 太阳能通风墙工作原理图

(a)冬季运行工况；(b)夏季运行工况

4.1.3.6 相变储能墙体

相变储能墙体将相变材料(如硬脂酸、乙酰胺等)掺入建筑结构中，可以弥补大多数现代建筑中低能量储存的缺点，起到良好的蓄热效果。

相变材料通过晶型之间的转变来吸收和放出能量，即通过晶体有序-无序转变来可逆放热、吸热。由于太阳辐射强度高、外部环境的冷却或者内部热量的变化，使得室内温度会有大的波动，尤其在日平均温差在 1～3 ℃以上的地区，在建筑墙体中利用相变材料蓄热可以降低温度波动。墙体相变储能材料的热量传输的储能机理有两个过程：①外界环境温度高时，墙体开始吸收太阳辐射，掺入的相变材料达到相变点开始熔化，吸收并储存热量；②外界温度较低时,墙体中的相变材料被冷却凝固,储存的潜热散发到环境中以保持室内舒适度。

相变储能建筑材料相较于其他的储能建材,具有储能密度大、效率高、能够随温度变化进行释放和吸收潜热的优点。

4.1.3.7 太阳能热风楼板供暖系统

太阳能热风楼板供暖系统具有建造维护成本低、运行使用方便,且低温不易冻结等优点,宜在青藏高原地区的住宅建筑中应用。

太阳能热风系统由太阳能空气集热器、风机及管道组成。直接送热风系统将太阳能空气集热器加热的空气直接送至室内,如图 4.26(a)所示。但是直接送热风系统无蓄热部件,可能会造成房间昼夜温差较大,难以满足室内热舒适性的要求。因此,有研究者在此基础上结合楼板等混凝土结构蓄热,提出了楼板开式送风系统和楼板闭式辐射系统,如图 4.26(b)、图 4.26(c)所示。楼板开式送风系统的热风先经过混凝土楼板的风管道再进入室内,楼板闭式辐射系统的热风只经过混凝土楼板的风管道,不进入室内。

经模拟研究发现,3 种热风供暖系统的总供热量大小关系是:直接送热风系统>楼板开式送风系统>楼板闭式辐射系统。而夜间供热量大小关系是:楼板闭式辐射系统>楼板开式送风系统>直接送热风系统。

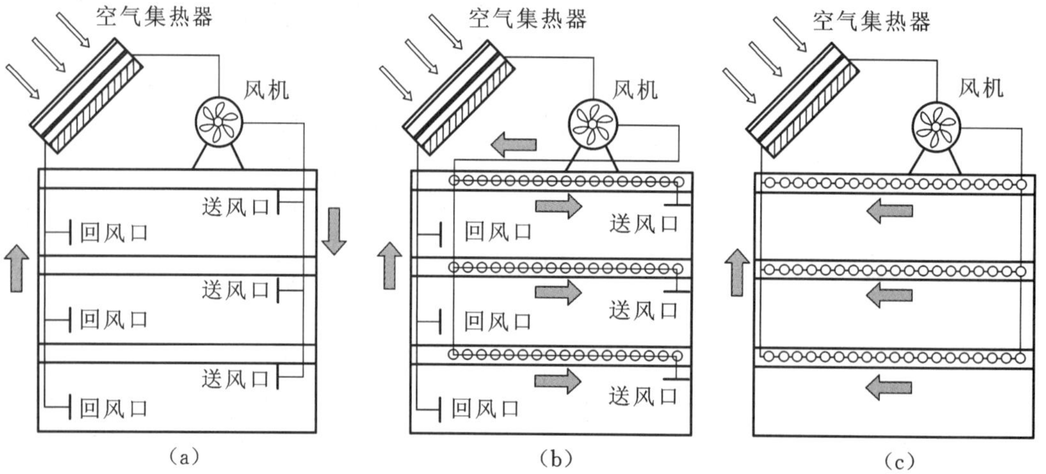

图 4.26 热风采暖系统的 3 种形式

(a)直接送热风系统;(b)楼板开式送风系统;(c)楼板闭式辐射系统

4.1.3.8 天空辐射制冷

地表和大气层吸收太阳辐射时,也会以红外辐射的形式向外太空辐射能量,这两者之间的平衡决定了地表的平均温度。由于大气分子、气溶胶以及云的散射和吸收作用,太阳辐射(波长为 0.3~2.5 μm)会沿传播路径逐渐衰减。同时,地表红外辐射(波长为 2.5~50 μm)在通过大气层时也会发生吸收和散射,仅有一部分可以穿透大气层进入外太空,这部分可以穿透大气层的辐射波段即“大气窗口”波段(波长主要为 8~13 μm)。

天空辐射制冷技术是指地球表面物体通过“大气窗口”波段向宇宙发射红外辐射以实现自身降温的过程。作为一种无须能量输入的制冷技术,天空辐射制冷可为应对能源危机及全球变暖提供一种新的思路。

4.1.3.9 被动制冷水陶瓷

被动制冷水陶瓷是一种综合利用太阳反射、大气窗口辐射制冷与多孔介质蒸发冷却的新型可持续建筑材料，其原理如图 4.27 所示。它由硅（铝）酸盐基无机黏合剂（如白水泥与偏高岭土）、无机盐填料（如碳酸钙与硫酸钡）、反应性氧化物（如纳米二氧化硅与氧化铝）与光催化剂颗粒（锐钛矿型二氧化钛）经过粉末预混合、（与水）搅拌制样、预养护与高温蒸压养护等工艺制备而得，如图 4.28 所示。与传统有机辐射制冷薄膜材料相比，被动制冷水陶瓷具有机械强度高、抗紫外线能力强、应用形式灵活、制备工艺简单、无污染等优点。同时，被动制冷水陶瓷还赋予建筑围护结构高效蒸发冷却。即便是较小的昼夜温差，也可减小建筑力学构件的循环热应力，提高建筑结构的抗疲劳性和耐久性。这是传统有机辐射制冷薄膜材料无法比拟的。

水陶瓷具有白度高、孔结构优异、中红外发射率高与性能易调控等特点，作为建筑外立面时，可为建筑提供高效的被动冷却。其较高的白度可以提供较高的基础反射率，基体表面大量纳微孔与纳微颗粒可触发米氏散射，从而进一步提高整体太阳反射率，减少建筑得热。基体中大量 Si-O、Al-O 与 C-O 可以保证基体在大气透明窗口的发射率，从而获得高效的辐射制冷。基体的高亲水性、高孔隙率与大量的毛细孔可保证其高效的蒸发制冷。同时，由太阳光触发的二氧化钛光催化可赋予基体自清洁功能与空气净化功能，自清洁功能可保证被动制冷的耐久性。

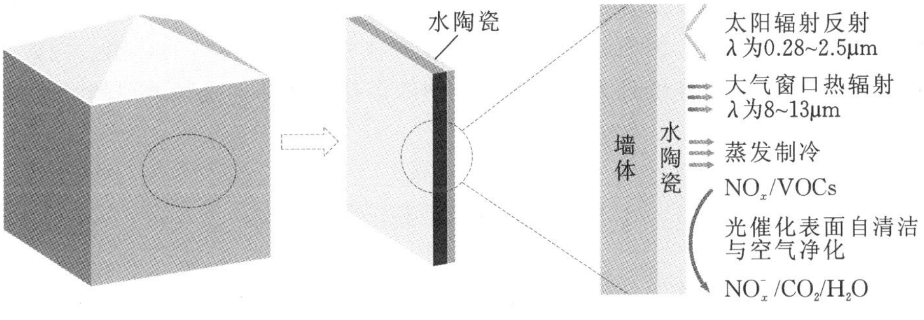

图 4.27 被动制冷水陶瓷的作用原理与功能

λ—波长

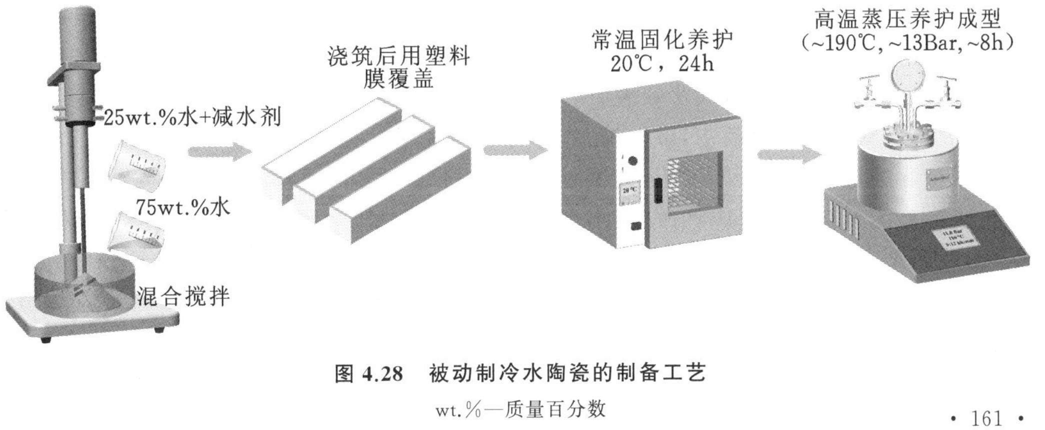

图 4.28 被动制冷水陶瓷的制备工艺

wt.%—质量百分数

随着我国经济的快速发展，人们对室内环境质量的要求也不断提高，对制冷与优质空气质量的需求在我国南方地区普遍存在。空调设备的广泛使用伴随大量的电力消耗与碳排放，不符合我国的“双碳”战略与可持续发展理念。被动制冷水陶瓷充分利用了水泥基陶瓷材料性能易调控的特性，可面向不同的应用场景，通过调整原材料与制备条件可实现场景所需功能的定制化，实现对建筑环境的适应性调控。除此之外，被动制冷水陶瓷还有望被用于其他存在制冷需求的场景，如低温长途运输与空调系统的辅助制冷等。

4.1.3.10　二氧化硅气凝胶材料

二氧化硅气凝胶是一种三维空间网络结构固体材料，具有低密度、低热导率、高光透过率、高孔隙率以及大比表面积等特性，同时还兼有防火、防水等优良性能，是一种轻质、环保的多功能材料，在建筑保温隔热领域有着广阔的应用前景。

二氧化硅气凝胶优异的隔热性能主要通过以下机理实现：①零对流效应。由于气体分子运动的平均自由程(约为 70 nm)大于二氧化硅气凝胶的孔隙直径，因此二氧化硅气凝胶孔隙内气体分子的运动会受到限制，发生碰撞或碰撞概率很小，使得二氧化硅气凝胶材料的热对流传热很低。②无穷多遮热板效应。二氧化硅气凝胶中大量孔隙形成的无数个界面对热辐射的反射、散射和吸收作用有效抑制了二氧化硅气凝胶的热辐射传导。③长路途效应。二氧化硅气凝胶骨架是由二氧化硅纳米粒子二次堆积而形成的纳米三维网络结构，这种网络结构使热量在二氧化硅气凝胶固体骨架中传递的通路变得曲折漫长，而且网络结构中存在的盲端进一步提高了二氧化硅气凝胶骨架的热阻，与此同时，纳米级的二氧化硅气凝胶骨架使得分子传输受边界散射的制约作用增强，从而形成“长路途效应”，因而二氧化硅气凝胶固体骨架具有很高的热阻。因此，二氧化硅气凝胶连续且无规则的三维纳米多孔网状结构是其表现超级绝热性能的关键。

二氧化硅气凝胶的应用

4.2　建筑声环境调控

过去几十年来，国际卫生组织及全球范围内其他研究机构就环境噪声对人体健康的影响进行了较系统的研究，证明噪声对人体健康的影响较大。

1974 年，第八届国际声学会议上首次使用“环境声学”概念。环境声学作为新兴的社会工程学科，突破了过去单纯追求建筑内部声学质量的范畴，其研究内容还涵盖了不同环境下保障人们生产生活的声学要素，旨在通过建筑声环境设计，为人们提供良好的声学环境。国内有关建筑声环境的研究虽起步较晚，但通过数十年发展，已取得不错的成效。

在吸声材料的发展更新中，玻璃棉、岩棉等纤维吸声材料具有优异的吸声性能及保温性能，占据行业的主导地位。木丝板、共振吸声砖、泡沫玻璃等传统吸声材料在制作工艺、吸声性能、装饰功能上都有所提高和改进，出现了如帕特吸声板、半硬质棉吸声板等新型吸声材料。由我国著名声学专家马大猷先生提出的微穿孔板理论与技术在近二十年得到极大的发展。金属微穿孔板吸声结构具有力学性能优异、自重轻、吸声系数高、防火防水防潮、无二次污染等优点，可应用于体育馆 、展览馆、道路声屏障等大型公共建筑。工厂化的吸声结构和复合吸声体也是近二十年吸声技术的发展方向。矿棉装饰吸声板、装饰吸声板、轻钢龙骨、吊挂件等吸声构造，均形成了工厂化、自动化的生产规模，如德国原产的吸声无纺布与金属穿孔吸声板组合的复合吸声体，既节约了成本，又提高了吸声性能。

针对城市住宅声环境，不少学者对影响住宅区的交通噪声、施工噪声、工业噪声、社会生活噪声等作出了细致分类并予以研究。另有部分学者提出并验证了“声屏障”“绿化”“浮筑式楼板”等噪声防治办法。《绿色生态住宅小区建设要点与技术导则》中强调，要加强住宅小区的生态环境建设，遵循以人为本的核心理念，并明确规定生态小区环境噪声标准值白天不高于 45 dB，夜间不高于 40 dB；小区室内环境噪声标准值白天小于 35 dB，夜间小于 30 dB。中国建筑科学研究院会同有关单位在《民用建筑隔声设计规范》(GBJ 118—1988)基础上修订的《民用建筑隔声设计规范》(GB 50118—2010)于 2011 年开始实施，相较于原规范增加了对办公、商业两类建筑隔声、减噪设计的内容，针对部分室内允许噪声级标准、隔声标准的最基本要求，对比较严格的方向做了适当的调整。

在噪声控制工程中，低频噪声的抑制一直是困难的，因为一般吸声材料的低频吸声效率都不高；共振型吸声结构往往体积较大，而且吸声频带也并不宽；一般隔声结构的低频隔声量也很小。所以，传统的降噪方法都难以满足要求。有源消声器在抑制低频噪声方面有着显著的优点，并且对管道消声来说，它几乎不影响原来气流的动力性能。而现代电子技术的进步以及微处理机的普及应用，能够提供复杂的有源消声器的控制系统，使得有源消声器消声性能的改进成为可能。

4.3 建筑光环境调控

4.3.1 光导管照明技术

光导管照明是利用光导管将太阳集光器收集的光线传送到室内需要采光的地方，是利用太阳光的一种方式，属于绿色照明技术。该技术为光能的高效传输提供了可能的途径。光导管的引入，解决了建筑“死角”的采光问题。光导管大致分为两种，一种为水平光导管，另一种为垂直光导管。水平光导管就是为了解决大进深房间内部的天然采光问题而设计的。垂直光导管可以穿过结构复杂的屋面及楼板，把天然光引入室内。

光导管照明系统由采光装置、导光装置、漫射装置三部分组成，如图 4.29 所示。

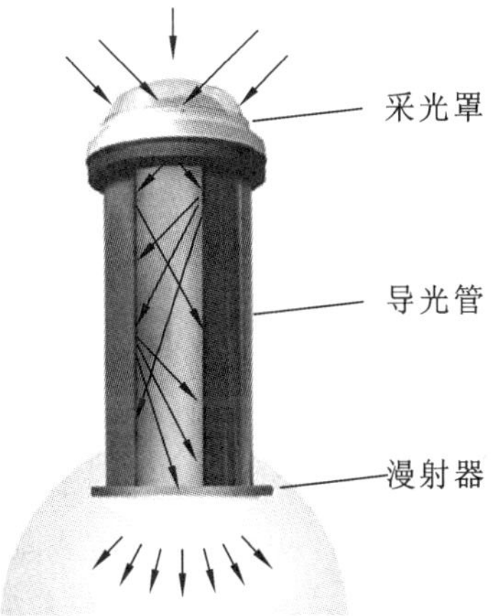

图 4.29 光导管照明系统

光导管照明系统的原理就是通过采光装置对外界的自然光进行大量的采集，再将这些光线导入系统的内部。到达内部的光线会经过光导管照明系统的第二部分——导光装置，光线在其中会经过多次反射，从而使自然光的传播方向得以改变。最后光线到达底部的漫射器，而漫射器的作用就是将自然光线最终均匀导入需要照明的地方。

采光装置的主要用途就是收集外界的自然光，其分为两个部分，一是采光罩，二是防雨板。采光罩能够过滤掉大部分的紫外线。

光导管是把采光装置收集的太阳光导入室内的管道，一般为铝制结构，自重较轻。光导管按形状可以分为直光导管和弯管两种，弯管可以有不同的弯曲角度。为了使管道内传播的光线经多次反射后的损失降到最小，光导管的内壁镀有一层高反射率的薄膜。随着科技的进步，光导管材料制作工艺不断改进，材料的反射率也不断提高，现在普遍使用的光导管内壁材料的反射率都在98%以上。由于光在光导管内传输时要经过多次反射，光导管的反射率越高，其光强剩余量也就越大，所以选用高反射率的材料制成的光导管，其传输效率也比较高。目前，光导管的主要类型有金属反射型光导管、非金属反射型光导管、透镜组型光导管、棱镜型光导管。

漫射装置由PC材料或PMMA材料制成，具有良好的透光性、漫射性和非常好的隔热、隔声效果，不易燃且离火自熄。从光导管传至室内的光线不是完全均匀的，因此要使室内的光线均匀分散，就要借助漫射装置的光散射特性。透镜具有汇聚或发散光的特性，把透镜做得很薄，就能够用于漫射器的制备。例如菲涅尔透镜可用于漫射装置的制备。它具有改变光传播方向的作用，而且本身可以做得非常薄，无论是在透光性还是在散射光特性方面都有很好的性能。此外，晶体颗粒及棱镜等也都可以起到发散光的效果。

光导管照明系统主要是利用自然光，而自然光来自大自然，无须消耗有限的人工能源，并且自然光取之不尽，用之不竭，解决了能源匮乏的问题，所以节能是光导照明的最大优势。另外，自然光对于人们的身心健康也是非常有益的，因为自然光是全光谱的辐射，所以当人们在自然光下娱乐、活动时，会感觉非常的舒适和愉快。

近年来，光导管技术在国外发展的势头异常迅猛，并在多个领域得到了应用。自2000年以后，我国也开始重视光导管技术，并逐渐在建筑照明工程中推广应用。2008年奥运工程中，分别在奥运中心区“鸟巢”地下库和奥运村微能耗楼、奥林匹克森林公园、北京科技大学体育馆等地采用了太阳能光导管。太阳能光导管采光照明成为绿色奥运的一个亮点，并带动了其他新兴产业的发展。

4.3.2 光导纤维照明技术

光导纤维太阳光照明系统采用自动跟踪技术以实现对太阳轨迹的跟踪，利用光学非球面透镜将太阳光聚焦收集，通过大芯径光导纤维把太阳光传送到室内或其他需要阳光的地方。

光导纤维照明系统由室外主机、光导纤维、室内光纤灯具组成。室外主机安装在室外阳光充足处，用于跟踪采集太阳光；光导纤维用于高效传输主机采集的阳光导入室内，再通过室内灯具进行照明。

（1）太阳轨迹跟踪控制系统

太阳轨迹跟踪控制系统通过GPS接收器接收所属地的经纬度和时间信息，将信息传输到控制芯片并计算出太阳的高度角和方位角，然后通过步进电机控制云台使得采光面始终对准太阳，从而保证聚光器能够最大限度地接收太阳光，并实现实时跟踪，如图4.30所示。

（2）太阳光采集传输系统

太阳光采集传输系统主要包含太阳光收集部分、光传导部分和导出照明部分，如图4.31

所示。太阳光收集部分的主要部件有外保护罩、非球面透镜、导光筒和光锥，光传导部分主要是光导纤维，导出部分是由光纤灯具及其配件组成。光路设计的每个环节都对光的传输效率影响很大，研究和提高每一部分的转化效率对整体传输效率有着重要影响。

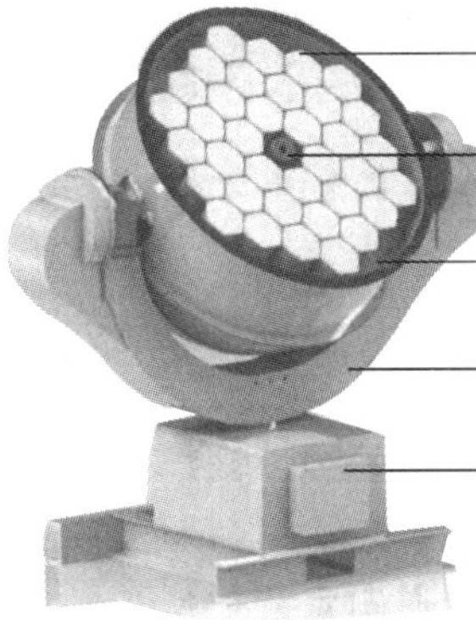

图 4.30 光导纤维照明系统室外主机

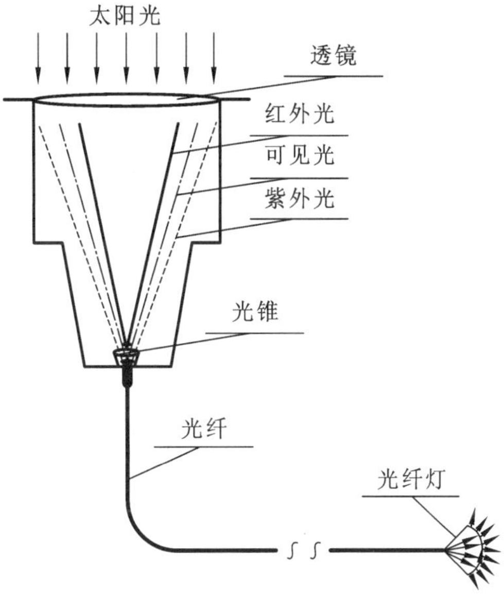

图 4.31 太阳光采集传输系统

光导纤维是太阳光照明系统中的主体部分，根据全反射原理而制造出的光导纤维具有抗干扰、线径细、自重轻、抗化学腐蚀等诸多优点。按材料不同，光导纤维可分为塑料光纤与石英光纤两种。研究发现，塑料光纤具有较大的有效截面面积（ϕ3 mm），但损耗较高。另外，塑料光纤在施工过程中容易断裂，工作温度偏低，容易出现因局部烧灼而失效的问题。石英光纤是由特殊专利配方制造的高纯度大芯径石英光导纤维，其中大芯径石英光纤（ϕ1.25 mm）的传输损耗极低，具备优良的可见光全光谱通过性，且石英光纤损伤阈值极高，不会出现烧灼失效的问题。另外，成缆后的石英光缆具备高强度的抗挤压拉伸能力，在施工过程中不会出现弯折而导致断裂，是光纤式太阳光导入照明系统的理想传导光纤。

(3) 室内光纤灯具

通常在光缆终端装上多种类型的光线照射器，一是可以起到固定和保护光纤终端的作用，二是可以把光线散开。在更多的实际应用中，光缆终端还可安装专用的反射器、透镜、滤色片或散射体而获得不同的照明效果。

图 4.32 所示为 2014 北京 APEC 会议会场的光导纤维太阳光照明系统，使用的光导纤维长度为 45 m，室内照明高度为 12 m，当室外太阳照度为 10×10^4 lx 时，室内距地面 0.75 m 处照度为 400 lx，满足国家规定的室内照明标准。该系统圆满完成了会议召开期间的自然采光照明工作，运行稳定、色泽柔和，得到了国家各级领导与承建单位的极大认可。

光导纤维照明系统可以用于以下特殊环境与场所：

(1) 通过光纤定位滤过了大量的紫外线、红外线及有害射线，适用于博物馆、美术馆等对红外线、紫外线有严格限制的场所的珍贵文物、艺术收藏品的照明。

(a)

(b)

图 4.32 北京 APEC 会议会场的光导纤维太阳光照明系统

(a)室外跟踪主机;(b)室内照明效果

(2) 系统的光是太阳的可视光,适合作为自然而美观地表现物体色彩的摄影光源。

(3) 系统本身只传输光,不带电,适用于潮湿环境、水下和易燃易爆等危险场合的照明。

光导纤维照明系统是一种新型的照明装置,符合绿色照明工程节约能源、保护环境、提高照明品质的要求。随着产品的成熟及新应用领域的开发,光导纤维照明系统的应用将更加广泛,这对于我国倡导的建筑节能、发展可持续再生能源技术和推动绿色照明工程有着积极的意义。

4.4 健康空气环境的营造

当前市面上的空气消毒装置种类繁多,按消毒技术分类,主要包括紫外线、臭氧、加热以及等离子体消毒等。这些方式都具有良好的消毒效果,但是臭氧、紫外线对人体有害,无法实现人员在场的实时消毒,而空气加热消毒一般对热源要求高,使得运行成本高、加热效率低。等离子体消毒凭借其动态、快速的消毒效果以及经济的运行方式,近年来逐渐发展成热点。研究表明,等离子体消毒可以进行无须人员撤离的动态实时消毒。虽然等离子体消毒具有很好的效果,但是其装置在运行过程中一般会对细菌和病毒等病原体进行收集,由于单一技术很难做到完全杀灭,残余的细菌和病毒会聚集在装置内部,长时间运行会降低杀灭效果。此外,在装置维护中,富集在装置内的烈性病菌具有造成人员感染的风险,特别是对于一些烈性致病微生物等,更需要引起重视。

某公司研发的人机共存的空气消毒机以高压静电与催化耦合技术(简称 ESPCC 技术)为核心,通过静电钨丝释放的高压静电,瞬间杀灭细菌、病毒,能遏制疾病传播,防止交叉感染等,预防各种传染病。

该空气消毒设备由本体、粗效滤网、ESPCC 杀菌模块、进风口、出风口、风机、脚轮等部分组成。使用 ESPCC 技术可以杀灭空气中的细菌和病毒,同时没有副产物,不会对环境造成二次污染,无须更换耗材,可以全生命周期使用其进行空气杀菌。该设备采用简洁的设计,操作简单,使用和维护方便,有脚轮便于移动,可以自由移动到所需要的使用环境。

在该设备中，静电除尘模块连续释放的高压静电，使得随空气进来的灰尘和细菌都带上正电荷，然后被负电极板吸附。该设备能够过滤比细菌还小的粉尘、烟雾，全面保护人体呼吸系统，大大降低其患癌风险。ESPCC技术可将大气中的臭氧等物质“化敌为友”，利用高能量的活性物质进行驱动，又能去除环境中的甲醛、苯等污染物。其工作原理如图4.33所示。

图4.33 ESPCC净化原理示意图

4.5 个体环境调控

工位空调也称个性送风(Personalized Ventilation, PV)，是将空调细分到每一个工作位，工作人员可以根据自己的需要控制送风量、送风方向、送风温度等参数，以保证局部环境的热舒适性。工位空调系统按照送风方式可分为地板工位送风系统、桌面工位送风系统、顶部工位送风系统和隔断工位送风系统。

(1) 地板工位送风系统如图4.34所示。地板工位送风口根据人员所处的位置就近安装，人员可根据个人需要调节送风参数和送风角度，以承担工位区内的空调负荷。该系统适用于因综合布线而必须采用高架地板的智能建筑。地板工位送风能使呼吸区维持良好的热环境，有效改善室内空气品质，同时由下而上的温度梯度能有效节约空间能耗。

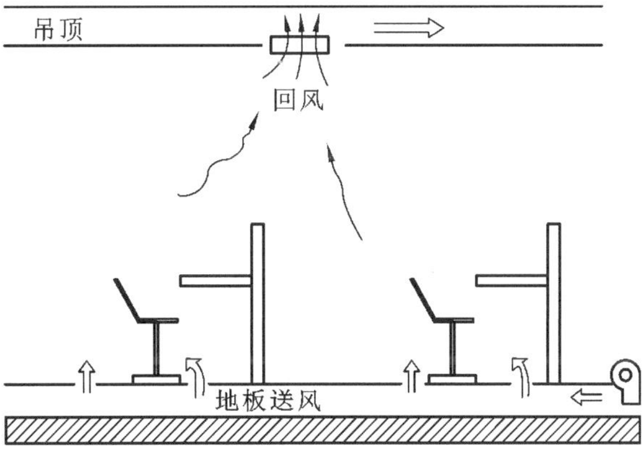

图4.34 地板工位送风系统

(2) 桌面工位送风系统如图4.35所示。这种送风系统的送风口一般安装在工作人员的桌面上，送风用以消除人员附近的空调负荷，使得人员所在的工位区内获得良好的空气品质。

图 4.35　桌面工位送风系统

(3) 顶部工位送风系统如图 4.36 所示。该系统从工位顶部送出的风的流量、风的温度也可自行调节。它所采用的射流风口可以将气流扩散控制在一个很小的范围内，从而可以防止送风时气流直接吹向人体。

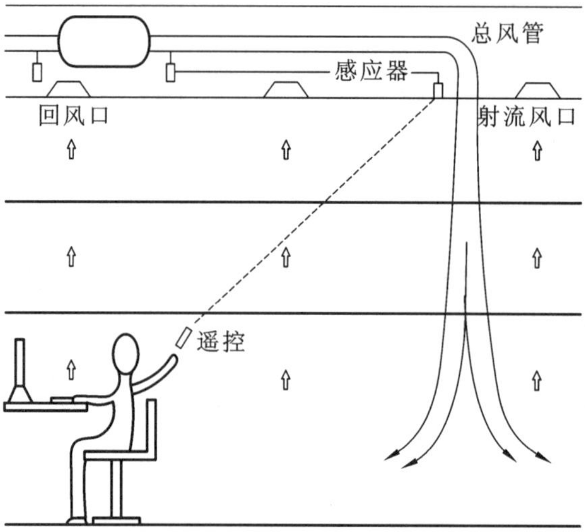

图 4.36　顶部工位送风系统

(4) 隔断工位送风系统如图 4.37 所示。它主要用于有隔断办公区间的开放式建筑中，隔断装置需与架空地板相连接，依靠小型风机从地板静压层中抽取空气，进入隔板夹层中。一部分空气由隔板侧面略高于桌面的风口送出，形成工位空调；另一部分空气由隔板顶部风口送出，形成背景空调，使用者可以通过调节侧面风口的风量来满足自己的需要。

工位送风系统有三大优点：①新鲜空气直接进入人员呼吸区，能显著提高吸入空气的质量；②人员可以根据个人喜好调节自己的局部微环境，个体满意度大大提升；③弱化了对工位区外非关键区域的调控，蕴藏了较大的节能潜力。

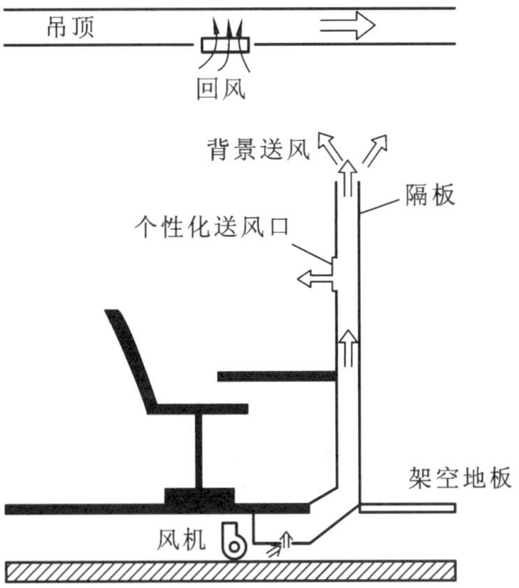

图 4.37 隔断工位送风系统

工位空调的应用与发展中还有一些需要解决的问题。首先是初投资的问题，由于增添了人员感应器、辐射加热器等末端设备，因此初投资较高；其次是设计和生产问题，相较于传统空调，工位空调兼具分散与集中、局部与整体的特点，研究与应用都比较复杂。在生产环节中，工位空调末端装置的生产商很少。

4.6 个人调控装备

4.6.1 基于环路热管技术的降温服

通常情况下，人体微环境温度的调节主要依靠大空间降温(如风扇及空调的利用)，但是大空间降温能量耗散大、能源消耗率大，不利于可持续绿色发展。因此，降温服作为一种便携、高效的降温装备，已越来越受到重视。降温服针对人休微环境温度的调节十分有效，特别适用于从事特殊职业的人群，如焊工、矿工、环卫工、士兵、警察等。

有研究者设计了一种基于环路热管技术的降温服，该降温服为液体降温服，属于主动式降温，通常在服装内部布置管路，然后将低温液体输入管路中，通过循环流动带走人体的热量，达到对衣内微环境降温的目的。该降温服主要包括降温服本体、通风软管和集装盒，如图 4.38 所示，其具体工作原理如下：

人穿上降温服后，启动半导体制冷片 10，开启风机 8，风机产生的气流进入集装盒 3 中，气流流经蒸发片 5，环路热管内的液体工质吸收气流热量后发生相变，成为蒸汽，蒸汽工质通过蒸汽通道 6，进入多孔冷凝片 4 中，多孔冷凝片紧贴半导体制冷片 10，气体工质再次发生相变，把热量传递给半导体制冷片 10，自身成为液体，通过液体通道 9 进入贮液器 7，再进入蒸发片 5 中，完成一个循环。进入集装盒 3 中的气流由于失去热量而温度下降，由风机 8 加压进入通风软管 2 中，由其中的散流孔流经人体表面，对人体进行降温。半导体制冷片

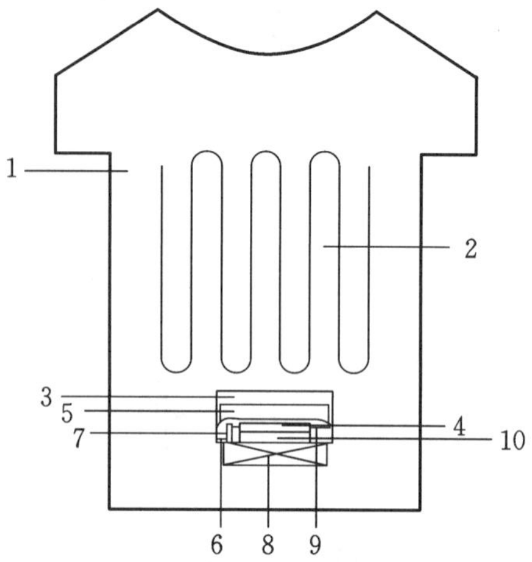

图 4.38　降温服总体结构示意图

1—本体；2—通风软管；3—集装盒；4—多孔冷凝片；5—蒸发片；6—蒸汽通道；
7—贮液器；8—风机；9—液体通道；10—半导体制冷片

10 热端产生的热量通过风机 8 的强制对流散失到环境中。

该降温服具有以下显著的优点：①根据环路热管的毛细抽吸换热原理，减少了降温过程的动力消耗，实现了对人体微环境的主动式、低能耗、绿色环保的高效降温。②由于采用的环路热管的尺度小，布置在降温服上的器件对人体的影响较小，故该降温服具有良好的可穿着性。③所采用的环路热管技术最早用于航天工程中的热控制，该技术不仅安全、耐用、稳定、传热效率高，且产品微型化技术成熟，因此用于降温服中安全可靠。④ 散热系统采用了半导体制冷片，其工作效率高，在酷热环境下能够稳定高效运行。

4.6.2　基于相变材料的空调服

有研究者提出了基于相变材料的空调服，该空调服属于被动式降温。通常将相变材料置于服装内，通过材料相态的变化来吸收人体的热量，以实现对人体降温。

空调服

当穿着相变材料空调服时，相变材料周围的温度(包括人体温度和外界温度)高于材料的相变温度时，相变材料熔化时从固态变为液态时吸收热量，为人体降温；相反，当液态相变材料周围的温度低于其相变温度时，材料从液态变为固态时放出热量，以保持人体正常体温，为人体提供舒适的“衣内微气候”环境，使人体始终处于舒适状态。

5 学科竞赛及实践

高校创新创业教育是满足国家实施创新驱动发展战略和促进经济提质增效升级的迫切需求。大学生创新能力的培养已成为高等教育的新焦点，培养“双创”人才，既是高校的重要使命，又是提升其核心竞争力的必由之路。在“大众创业、万众创新”的背景下，各高校对大学生创新能力的培养十分重视，也在积极探索行之有效的创新能力培养体系。

古希腊学者普罗塔戈(Plutarch)曾言，学生的头脑不是用来填充知识的容器，而是一支需要被点燃的火把。高校学科竞赛是促进高校创新人才培养的有效途径。

5.1 学科竞赛的意义及其发展

5.1.1 学科竞赛的意义

学科竞赛或者科技竞赛的本质是以任务驱动、问题导向的，基于项目驱动的学习方式，非常适合培养大学生创新创业能力。

对组织方(即高校)而言，组织学生参赛的意义主要包括以下四个方面：

(1) 教学方面。在教学方法与方式上，竞赛具有示范性和导向效应，可以有效推动教学内容和方法的改革。在学科和课程建设上，竞赛将人才素质检验结果反馈到教学改革过程中，有助于推动课程体系的改革。在校园学习氛围上，竞赛有助于倡导理论联系实际、求真务实的学风。

(2) 科研方面。各高校通过组织队伍参赛，可培养一批志在投身科学研究的本科生，有助于提升高校的科研能力。

(3) 人才培养方面。竞赛能推动高校素质教育发展，为应用型人才培养构建平台。

(4) 社会影响力方面。随着竞赛的发展，媒体关注度也逐渐增加，因而竞赛有助于提高参赛高校的知名度。其中，竞赛成绩和排名是主要的影响因素。

对学生而言，在学科竞赛里，经历发现问题、解决问题的过程，能够培养其自学能力和动手能力，能够形成竞争意识和团队意识，进而提高其创新能力。

(1) 培养学生的创新能力

学科竞赛往往是以若干任务和问题来考查参赛者的。竞赛组委会制定的赛题具有一定的前沿性，学生要解决问题，首先要对问题进行细化分解，然后逐一解决。竞赛对解题的速度及答案的完整性有较高的要求，学生必须改进自己的各种方案，提升自己解决问题的速度，这就是自主学习。解决问题的过程也锻炼和挖掘了学生的问题意识。问题意识恰恰是创新能力的重要组成部分。因此，学科竞赛可提升学生的创新能力。

(2) 培养学生的自学能力和动手能力

学科竞赛赛题不仅是对单一课程知识的检验，更是对多门课程综合知识的考查。学生大都仅具备本专业的知识，要想完成学科竞赛的赛题，就必须学习相关交叉学科的知识。在这个学习过程中，培养了他们的自学能力。

目前，部分学生比较重视理论，轻视动手能力。原因是实践教学的考核过分强调理论知识，而学科竞赛就是要自己动手解决一道道赛题，但赛题一般是和实际相关联的。参加学科竞赛，学生在分析问题、解决问题的过程中，不仅能更好地完善和更新自己的知识结构，更能体会到动手能力的重要性。

(3) 培养学生的合作精神

学科竞赛按参与人员组织形式分为个人赛和小组赛，按比赛等级一般分为校级赛、省级赛、全国总决赛。团队赛准备周期比较长，团队内部合作至关重要。在日常训练中，一个项目开始时如何分工、后期如何合作都需要统筹规划。在准备过程中学生互相认识，慢慢磨合，相互协作。在这个过程中培养学生的合作精神，才能在进行正式比赛时有条不紊地完成团体赛。

5.1.2 学生参赛的影响因素

根据大学生科技竞赛涉及的利益相关主体，可将大学生参与科技竞赛的影响因素分为以下四类：

(1) 国家和社会因素　如国家对竞赛的扶持政策、社会和企业对竞赛成果的认可与转化等；

(2) 竞赛项目因素　如竞赛的挑战性、与本专业的相关性、影响范围等；

(3) 学校(学院)因素　如学校对实验室、参赛场地等的提供，经费支持，指导教师帮助，激励制度等；

(4) 大学生自身因素　如个性、动机等。

上述因素主要涉及7个方面：竞赛吸引力、社会氛围、自我成长需求、学校或学院支持、竞赛成果转化、工具性动机、他人影响。

竞赛本身的吸引力是影响大学生参与科技竞赛的最重要因素。该因素既包括竞赛题目实际的社会背景、赛程时间跨度、对团队合作能力的要求等竞赛“核心事项”，也包括竞赛的社会知名度、给获奖者带来的荣誉奖励水平等“衍生事项”。“核心事项”给参赛者带来乐趣和挑战，属于内源性动机；“衍生事项”给参赛者带来更多外部肯定，属于外源性动机。

社会氛围对大学生参与科技竞赛的影响已经超过了学生自我成长需求的影响。社会氛围包括国家的鼓励创新政策、建设创新型国家的氛围、社会和企业对竞赛“检验”过的创新型人才的重视与需求等。

学校创造的小环境对促进大学生参赛更多地起着保障作用。7个因素中，有3个直接与学校小环境有关：第一是学校或学院在参赛技能训练平台、课外实践活动培训、必要的参赛经费支持等方面做出的保障；第二是对大学生科技竞赛成果的承接转化支持，如学校有专门机构承接获奖作品、有资源推动获奖作品的商业转化等；第三是本校(院系)其他同学的参赛影响。调查显示，当往届学长、同班同学或室友中有人参加过此类竞赛，大学生更愿意参赛，这也间接反映出学校营造持续参赛氛围的重要性。

大学生参与竞赛存在双重动机，其中以自我成长需求为主，以工具性动机为辅。自我成长需求表现为参加竞赛是为了增加自己的专业知识、跨学科知识和提升综合能力；工具性动机表现为大学生重视获奖后的保研加分、直接推免、就业优先推荐以及奖学金政策等。

从性别分组来看，男生参赛时比女生更注重自我成长需求，更重视竞赛成果转化目标，更容易受周围人的影响。

从社会身份分组来看，竞赛吸引力、学校或学院支持、竞赛成果转化和工具性动机这 4 个因素对学生干部（我们将其称为社会活动积极参与者）的影响比对普通学生的影响更大。

从社会影响分组来看，当自己或周围人参与科技竞赛后，“他人影响”对个体参与大学生科技竞赛的影响更大，即学生之间的相互影响效应比较明显。

从年龄分组来看，年龄越小，则其自我成长需求（参赛动机）越强烈。

5.1.3 我国学科竞赛发展脉络

我国高校学科竞赛发展的脉络可划分为三个阶段：萌芽期、初兴期和发展期。

(1) 萌芽期（1980—1990 年）。20 世纪 80 年代，由于我国高等教育在高度集中的计划经济体制下运行，高校学科竞赛一直处于可有可无的状态。1985 年，中共中央颁布了《关于教育体制改革的决定》，自此高等教育自主权开始释放，高校办学活力开始被激发。特别是 1989 年，由共青团中央、中国科协、教育部、全国学联组织的“挑战杯”中国大学生课外学术科技作品竞赛，拉开了高校学科竞赛的序幕。

(2) 初兴期（1991—2006 年）。在接下来的 15 年间，高校学科竞赛开始进入缓慢的发展期，陆续有全国性大赛出现，但数量不多。据不完全统计，这一时期共产生全国性学科竞赛 34 项，其中不少竞赛至今仍在举办，如全国大学生电子设计竞赛（1994 年）、全国大学生数学建模竞赛（1992 年）、“挑战杯”中国大学生创业计划大赛（1999 年）、全国大学生机械创新设计大赛（2004 年）、全国大学生结构设计竞赛（2005 年）、“飞思卡尔”杯全国大学生智能汽车竞赛（2006 年）等。在相关研究方面，2000 年以前没有研究者关注这个现象，之后的相关研究也不多。

(3) 发展期（2007 年至今）。2007 年 1 月，教育部、财政部联合发文实施“高等教育质量工程”，教育部同年印发《关于进一步深化本科教学改革全面提高教学质量的若干意见》（教高〔2007〕2 号），标志着高等教育进入巩固发展、深化改革时期。学科竞赛作为创新人才培养的重要手段，日益得到重视，学科竞赛项目数量和研究论文数量均急剧增长。据不完全统计，仅 2006—2010 年，新增全国性学科竞赛数量达到 85 项，包括全国三维数字化创新设计大赛（2007 年）、全国大学生先进图形技能与创新大赛（2008 年）、全国大学生节能减排社会实践与科技竞赛（2008 年）、全国大学生工程训练综合能力竞赛（2009 年）、全国大学生机器人大赛（亚太赛，2009 年）、全国计算机仿真大赛（2010 年）等。伴随着学科竞赛项目数量的急剧增加，学科竞赛相关研究也一并出现井喷趋势，重点集中于学科竞赛在高校人才培养中的作用和机理研究、某一项学科竞赛组织的研究、学科竞赛管理体系的研究等。作为高等教育创新人才培养引擎之一的学科竞赛，迎来了发展的巨大机遇。

5.1.4 学科竞赛的分类与要素

根据竞赛与学科的紧密程度，竞赛可以分为（强）学科竞赛（以学科知识研究为主，如理学的数学建模竞赛、工学的电子设计竞赛、医学的临床技能竞赛、人文的英语竞赛、社科的电子商务竞赛、艺术的广告艺术大赛等)；跨学科竞赛(不限于固定专业学生参与的竞赛，如“互联网＋大学生创新创业大赛”“挑战杯”等)；弱学科竞赛(竞赛主题侧重技能与操作，弱化学科研究，如高职类技能竞赛)。按照内容不同，竞赛可分为创新创业类竞赛、综合实践类竞赛、知识类竞赛和技能类竞赛等；根据参与对象不同，竞赛可以分为学生竞赛、教师竞赛；根据专业类型，竞赛还可以分成理工农医类竞赛、文法社科类竞赛和综合类竞赛。

综合来看，学科竞赛包含主题、时间、空间、模式四个要素。“主题”即竞赛的内容；“时间”即竞赛从开始到结束的间隔；“空间”即竞赛所需要的场所；“模式”即解决竞赛问题所采取的方法，如手工制作、计算机编程、口头表述等。根据时间、空间两个要素，学科竞赛可分为开放式、半开放式、封闭式、半封闭式四类。开放式学科竞赛，指不定时间、有决赛空间的学科竞赛，如大学生机械设计、大学生智能汽车等竞赛。半开放式学科竞赛，指不定时间、确定决赛空间的学科竞赛，如大学生结构设计、大学生工程训练综合能力竞赛等。封闭式学科竞赛时间统一，场地实行全封闭，如大学生程序设计竞赛等。半封闭式学科竞赛时间统一，竞赛场地分散于不同地点，如大学生数学建模、大学生电子设计竞赛等。

竞赛的网址

2022 年 3 月 22 日，中国高等教育学会高校竞赛评估与管理体系研究工作组发布了 2021 年全国普通高校大学生竞赛排行榜。进入 2017—2021 年学科竞赛排行榜榜单的一共有 56 项竞赛。这 56 项竞赛，是教育部官方认可的最具含金量和最具参赛价值的赛事。这些竞赛中不仅有跨学科竞赛，也有强学科竞赛。部分重要竞赛网址见二维码。

除上述竞赛外，部分高校也纳入一些不同学科专指委组织的竞赛。以武汉理工大学为例，将学科竞赛分为 A、B、C 三种类型，其具体竞赛名单见二维码。

具体竞赛名单

5.2 学科竞赛和实践资源

5.2.1 全国大学生节能减排社会实践与科技竞赛

网址：http://www.jienengjianpai.org/Default.asp

全国大学生节能减排社会实践与科技竞赛是由教育部高等学校能源动力类专业教学指导委员会指导，全国大学生节能减排社会实践与科技竞赛委员会主办的学科竞赛。该竞赛充分体现了“节能减排、绿色能源”的主题，紧密围绕国家能源与环境政策，结合国家重大需求，起点高、规模大、精品多、覆盖面广，是一项具有导向性、示范性和群众性的全国大学生竞赛。该竞赛每年举办一次，目的主要是激发当代大学生的青春活力和创新实践能力。目前全国几乎所有 211 大学都积极参与其中。

第一届全国大学生节能减排社会实践与科技竞赛于 2008 年在浙江大学成功举办(图 5.1)，共有 88 所高校的 505 件作品参加了此次竞赛，参赛作品类型多、专业性强、涵盖面广，涉及能源、机械、资源、建筑、电气、海洋、社会、经济、矿业等多个领域。最终入围决赛的 100

件优秀作品来自 55 所高校，不仅有涉及能源生产的作品，如海上风力发电平台、太阳能梯级开发热利用系统及生物质能利用系统等；也有贴近日常生活的节水节电的小发明、小制作，如厨房节能小助手、新型节能开关电源、厨余堆肥机等；还有一些作品紧跟“节能减排”领域的学术研究前沿。

“六百光年杯”第十五届全国大学生节能减排社会实践与科技竞赛在天津大学举行（图 5.2）。本届大赛自 2022 年 3 月启动以来，共有 623 所高校报名参加，包括 13 所境外高校，其中境内高校提交有效作品 6218 件，参与高校和作品申报数量均创历史新高。科技作品 5373 件，占 86.4％，同比增长 17.1％；社会实践与调查报告作品 845 件，占 13.6％，同比增长 38.1％，参赛人数达 46139 人次。决赛从 8 月 2 日开始至 8 月 5 日结束，期间举办了“节能减排·创新未来”主题论坛，“点亮生命之光、绽放生命之魂”大赛历届回顾展等活动。最后，厦门大学的“‘蓝’能可贵——‘双碳’目标下的海洋能发电装置设计”、天津大学的“‘醇暖车开’——一种用作电动汽车辅助热源的甲醇多孔介质燃烧器”、西安交通大学的“‘迎风’而上——一种基于寄生换热器的高效抑霜除霜智能控制装置”等 10 所高校的 10 件作品获特等奖，65 所高校的 138 件作品获一等奖，135 所高校的 227 件作品获二等奖，449 所高校的 1164 件作品获三等奖。

图 5.1　第一届全国大学生节能减排社会实践与科技竞赛的开幕式

图 5.2　“六百光年杯”第十五届全国大学生节能减排社会实践与科技竞赛的开幕式

节能减排竞赛每年举办一次，原则上申报时间为 1 月份，竞赛时间为 8 月份，参赛学校为普通高等院校。参赛队员应为在竞赛报名起始日前正式注册的全日制非成人教育的高等院校中国籍在校专科生、本科生、研究生（不含在职研究生）；申报参赛的作品以小组形式申报，每个小组不超过七人。不少高校都会提前在校内进行选拔，一般各高校在 4～5 月进行校内决赛。

5.2.2　国家级大学生创新创业训练计划

网址：http://gjcxcy.bjtu.edu.cn/

2007 年，教育部启动实施“国创计划”，按照“兴趣驱动、自主实践、重在过程”的原则，倡导以学生为主体开展创新性实践，推进高校在教学内容、课程体系、实践环节等方面进行综合改革，提升大学生创新创业能力。目前，“国创计划”已经成为面向全体大学生的一项创新创业人才基础培育工程。

2019年7月31日，为积极引导各地各高校深化创新创业教育改革，加强大学生创新创业能力培养，教育部在《国家级大学生创新创业训练计划管理办法》中，对“国家级大学生创新创业训练计划”的主管部门职责和项目运行流程进行了系统梳理。

根据《国家级大学生创新创业训练计划管理办法》，对“国创计划”实行项目制管理，分为创新训练项目、创业训练项目和创业实践项目三类。

（1）创新训练项目。是本科生个人或团队，根据个人或团队成员的学科知识基础和兴趣，在导师指导下选定创新训练项目的研究内容，并自主完成项目设计、研究条件准备和项目实施、数据处理与分析、研究报告撰写、成果（学术）交流等工作。

（2）创业训练项目。是在导师指导下，本科生团队中的每名学生在项目实施过程中扮演一个或多个具体的角色，编制商业计划书、开展可行性研究、模拟企业运行、参加企业实践、撰写创业报告。

（3）创业实践项目。是学生团队在学校导师和企业导师共同指导下，利用前期创新训练项目的研究成果，提出一项具有市场前景的创新性产品或者服务，以此为基础开展创业实践活动。

创新训练项目参与人数为1～3人，其中项目负责人1人；创业训练项目参与人数为3～5人，其中项目负责人1人；创业实践项目参与人数不超过15人，设项目负责人1～2人。一般鼓励学生开展跨学科、跨年级合作研究，项目申报完成后，项目组成员排序不得更改，并且要明确岗位分工。

申报创业训练的项目原则上来自创新训练项目；创业实践项目原则上来自创业训练项目或者创新训练项目。创新训练项目研究周期为1年；创业训练项目实施周期为1～2年；创业实践项目资助时间一般不超过4年。“国创”项目团队均应确定至少1名指导教师；创业实践项目应选定至少1名企业专家作为指导教师。

按照教育部要求，高校均设立国家级、省级、校级三级大学生创新创业训练计划。一般由本人自主申报，指导老师审核，学院审核，学校组织专家在线评审。校级项目立项后，则由学校推荐申报国家级、省级项目。基于国家级大学生创新创业训练计划项目的培育，学校组织遴选出优秀学生创新实践成果，代表学校参加其他各类学科竞赛。各高校均制定了本单位的创新创业训练计划管理办法。以武汉理工大学为例，一般每年2月开始正式校内申报。

依托“国创”项目，教育部发起了大学生创新创业年会（简称“大创年会”），这是一项重要的展示交流活动，是全国高校本科教学改革中覆盖面最广、影响力最大、学生参与最多、水平最高的盛会之一。其目的是进一步深化高校创新创业教育改革，加强高校之间的交流与沟通，为学生搭建创新创业交流展示平台，展示高校创新创业教育方面的成果，促进高校创新创业教育和文化建设。年会参展项目均由部属高校和地方教育主管部门推荐。

2022年12月17日至12月18日，第十五届全国大学生创新创业年会在线上召开。该年会得到教育部支持，由国家级大学生创新创业训练计划专家组主办，中国矿业大学承办。年会主要内容包括：

（1）大学生创新学术交流：经专家遴选，推荐参加年会的学术论文项目，以学术报告的形式进行学术交流。

（2）大学生创新创业项目改革成果展示：经专家遴选，推荐参加年会的创新训练项目、创业训练项目和创业实践项目，以数字展形式进行项目交流。

(3) 推介大学生创业项目：经专家遴选，推荐参加年会的创业训练项目和创业实践项目，进行项目推介、宣传和交流。

5.2.3 中国“互联网＋”大学生创新创业大赛

网址：https://cy.ncss.cn/

中国“互联网＋”大学生创新创业大赛是由教育部与政府、各高校共同主办的一项技能大赛。该大赛旨在深化高等教育综合改革，激发大学生的创造力，培养“大众创业、万众创新”的主力军；推动赛事成果转化，促进“互联网＋”新业态形成，服务经济，提质增效；以创新引领创业、创业带动就业，推动高校毕业生更高质量地创业就业。

大赛活动时间为每年的3～12月，有校级赛、省级赛、国家总决赛三级通道。

(1) 大赛参赛组别

① 高教主赛道：本科生组，包括创意组、初创组、成长组；研究生组，包括创意组、初创组、成长组。

② 青年红色筑梦之旅赛道：公益组、创意组、创业组。

③ 职教赛道：创意组、创业组。

(2) 参赛类别

① 高教主赛道：新工科类、新医科类、新农科类、新文科类。

② 青年红色筑梦之旅赛道：“互联网＋”现代农业、“互联网＋”制造业、“互联网＋”信息技术服务、“互联网＋”文化创意服务、“互联网＋”社会服务。

③ 职教赛道：创新类、商业类、工匠类。

(3) 参赛项目要求

① 参赛项目能够将移动互联网、云计算、大数据、人工智能、物联网、下一代通信技术等新一代信息技术与经济社会各领域紧密结合，培育新产品、新服务、新业态、新模式；发挥互联网在促进产业升级以及信息化和工业化深度融合中的作用，促进制造业、农业、能源、环保等产业转型升级；发挥互联网在社会服务中的作用，创新网络化服务模式，促进互联网与教育、医疗、交通、金融、消费生活等的深度融合。

② 参赛项目必须真实、健康、合法，无任何不良信息，项目立意应弘扬正能量，践行社会主义核心价值观。参赛项目不得侵犯他人知识产权；所涉及的发明创造、专利技术、资源等必须拥有清晰合法的知识产权或物权；抄袭、盗用、提供虚假材料或违反相关法律法规者，一经发现，即刻丧失参赛相关权利并自负一切法律责任。

③ 参赛项目涉及他人知识产权的，报名时需提交完整的具有法律效力的所有人书面授权许可书、专利证书等；已完成工商登记注册的创业项目，报名时需提交营业执照及统一社会信用代码等相关复印件、单位概况、法定代表人情况、股权结构等。参赛项目可提供当前财务数据、已获投资情况、带动就业情况等相关证明材料。已获投资(或收入)1000万元以上的参赛项目，需在全国总决赛时提供相应佐证材料。

④ 根据各赛道相应的要求，每个参赛项目只能选择一个符合要求的赛道参赛。

2015年，第一届大赛以“‘互联网＋’成就梦想，创新创业开辟未来”为主题，在吉林大学举办，参赛项目主要包括“互联网＋”传统产业、“互联网＋”新业态、“互联网＋”公共服务和“互联网＋”技术支撑平台四种类型。首届“互联网＋”大赛采用校级初赛、省级复赛、全国总决赛三级赛制。在校级初赛、省级复赛基础上，按照组委会配额择优遴选项目进入全国总决赛。共有300个团队入围全国总决赛，其中创意组100个团队，实践组200个团队。大赛共吸引了31个省、市、自治区及新疆生产建设兵团共1878所高校的57253个团队报名参加，提交项目作品36508个，参与学生超过20万人，带动全国上百万大学生投入创新创业活动。冠军项目是哈尔滨工程大学的“点触云安全系统”。

5.2.4 自主创新研究基金项目

网址：ttp://cxjj.whut.edu.cn/。各学校针对在校学生，均会对一些创新项目进行资助。以武汉理工大学为例，实施自主创新研究基金项目管理。

自主创新研究基金项目每年集中受理，原则上于每年11月底之前完成下一年度的项目申报、评审、遴选排序和预算评审、公示等工作。

除青年教师外，自主创新项目也支持全日制在校本科生和研究生开展具有探索性、挑战性的创新研究活动和国际学术交流活动。研究生和本科生项目主要面向一、二年级的优秀博士研究生和硕士研究生，以及二、三年级的本科生。

研究生项目计划类型设置为优秀博士培育类、国际交流类和自由探索类。本科生项目计划类型设置为科技创新竞赛类、创新团队培育类、学生自主申报类、班级类。

在校学生类研究项目按照创新团队方式组织申报、立项、考核全过程管理。

5.2.5 “全国高等学校人工环境学科奖”专业基础竞赛

网址：http://thrh.51hvac.com/2019/about.html

“全国高等学校人工环境学科奖”专业基础竞赛（以下简称“人环奖”）是由住房城乡建设部高校建筑环境与能源应用工程学科专业指导委员会和北京清华人工环境工程公司（现同方人工环境有限公司）共同策划发起的，于1992年设立。目的是激励青年学生的奋发进取精神，促进我国暖通行业的发展和进步，培育优秀的暖通人才，奖励立志在人居环境领域做出贡献的优秀在校大学生。

2009年，对“人环奖”评奖工作进行了重大改革，增设了初试环节，开办了网络考试，为全国所有高校具备考试条件的学生提供了开放的平台和竞争机会。“人环奖”的改革，使奖学金的评选更加公平、公正、公开，得到全国各高校老师、同学的高度重视与认可。

2014年，对“人环奖”再次进行革新，将“奖学金”模式升级为全国性的“学科竞赛”模式，竞争更为激烈，也更加激发了各高校学生的参与热情。“人环奖”的影响力持续增强，2018年参与院校157所，报名人数达到2624人，占全国本专业在校三年级学生人数的20%以上。

选拔赛报名时间：4月中旬。

选拔赛网络考试：6月初。

选拔赛报名资格：就读“建筑环境与设备工程专业”（或同类专业）的本科三年级学生。

考试科目：传热学、建筑环境学、流体力学、工程热力学。

比赛形式:网络考试。

决赛资格:根据各校选拔赛总成绩的最高分排序,前 50 名高校晋级决赛,参赛选手由校方参考选拔赛成绩,综合平时成绩进行推荐。

决赛形式:现场考试。

决赛及颁奖典礼时间:8 月。

5.2.6 CAR-ASHRAE 学生设计竞赛

网址:http://car-ashrae.51hvac.com/

自 2009 年开始,中国制冷学会(CAR)、住房城乡建设部高等学校建筑环境与设备工程学科专业指导委员会(以下简称"建环专指委")和美国采暖、制冷与空调工程师学会(ASHRAE)合作,共同举办了 CAR-ASHRAE 学生设计竞赛。

该竞赛主要面向我国建筑环境与能源应用工程及相关专业的大学四年级本科生,和本科生毕业设计紧密结合,目的是推动我国高等院校建筑环境与能源应用工程学科的教学改革,培养和提高本专业学生进行工程设计的能力,发现和培养未来的暖通空调工程师,促进国际交流。

参赛者以团队的名义参赛,每个团队最多不超过 4 人。其中,可以有不超过 1 人为全日制在读硕士/博士研究生(必须无相关执业经历),其他参赛者应为全日制在读本科生。

团队负责人、主要工作完成人、答辩代表、领奖代表必须为全日制在读本科生。参赛团队成员的身份,以做设计时的身份为准。设计时为大四本科生,竞赛当年下半年就读研究生的同学,若符合参赛要求,可以作为代表参加答辩。参赛者最高年龄不得超过 28 岁。

参赛团队由所在院校推荐参加比赛,其参赛申请表必须由所在院校盖章。建议各院校将竞赛设计作为参赛学生的毕业设计或毕业设计的一部分。参赛者资格和身份由学校推荐核定并给出证明。每个院校只能有一个团队正式报名参赛。

参赛团队根据组委会公布的设计题目进行相应的暖通空调系统设计,在规定的时间内按规定的要求和标准设计并提交作品。每届竞赛于前一年的 11 月中旬发布竞赛通知并公布设计题目,要求参赛团队在前一年的 11 月份至当年的 7 月份内完成设计并提交作品。

参赛评审分为初审、复审、答辩评审。初审环节评审专家由高校专家担任。复审由知名大型设计院暖通专业总工等工程界专家担任。答辩环节的评审专家由高校和工程界的专家共同担任。

竞赛奖励:一等奖 1 个,奖金 16000 元,同时资助团队中 1 人赴美参加 ASHRAE 冬季年会;二等奖 2 个,奖金 8000 元;三等奖 3 个,奖金 5000 元;入围奖若干个。

一、二、三等奖获奖团队,由中国制冷学会、ASHRAE、建环专指委共同颁发奖励证书;入围奖获奖团队,由中国制冷学会、建环专指委共同颁发奖励证书。

5.2.7 中国制冷学会创新大赛

网址:http://www.car.org.cn/index.php? s=/lists_70.html

中国制冷学会创新大赛始于 2011 年。从第四届开始,主办单位为中国制冷学会和教育部高等学校能源动力类专业教学指导委员会,由企业冠名赞助。

中国制冷学会创新大赛秉承"为中国制冷空调行业注入创新活力"这一理念，旨在挖掘创新方案及优秀人才，以推动行业的发展。推动业内同仁和相关院校师生开启头脑风暴，努力创造出更多优秀作品、迸发出更多创新灵感，为中国制冷空调行业注入源源不断的新鲜血液。

5.2.8 中国制冷空调行业大学生科技竞赛

网址：http://www.chinacraa.org/competition.aspx

为配合高等学校实施素质教育，培养大学生创新意识和团队精神，以及分析和解决问题的能力，有效提高制冷空调专业的教学质量，增进大学生学习专业课程的兴趣，吸引广大青年学生踊跃参加课外科技活动，发掘和培养建筑环境与能源应用工程专业的优秀后备人才，并为暖通行业优秀后备人才的培养创造条件，中国制冷空调工业协会每年主办中国制冷空调行业大学生科技竞赛。

指导单位：教育部高等学校能源动力类专业教学指导委员会。组织单位为中国制冷空调工业协会、北京工业大学、清华大学、天津商业大学、浙江大学、东南大学、上海理工大学、华中科技大学、湖南大学、华南理工大学、广东工业大学、西安交通大学、西安工程大学、哈尔滨工业大学等。

该竞赛是全国性的综合竞赛，竞赛内容围绕基础理论知识、基本操作技能和创新设计能力三个方面进行选拔。各高校选出一组综合实力强的代表队参加竞赛。

竞赛分为初赛、预赛和决赛三个阶段，本科生以团队形式参赛，每支队伍必须由 3 人组成。初赛由各参赛单位自行确定并组织，并将初赛计划及参赛选手名单报竞赛组委会，组委会委托代表参加各学校的初赛活动；预赛是由有条件的赛区组织本赛区选手进行赛区内预赛选拔；决赛集中进行，参加决赛的团队或选手需准备创新作品实物、作品简介展板及现场答辩 PPT，决赛内容包括现场理论知识竞答（占总成绩 30%）、团队实践技能操作（占总成绩 35%）、创新设计作品答辩（占总成绩 35%）

参赛对象为能源与建筑学院的建筑环境与能源应用工程专业、能源动力及应用专业的大二、大三本科生。

5.2.9 全国暖通空调学生科技竞赛

全国暖通空调学生科技竞赛于 2018 年创立，旨在鼓励和提升我国建筑环境与能源应用工程专业学生参与国际赛事的水平和能力，为行业发现和培养后备人才，每年举办一届。

世界暖通空调学生科技竞赛（HWSC）于 2016 年由欧洲暖通空调学会（REHVA）发起，每年的 5 月份举办，为世界范围内的暖通空调（HVAC）专业优秀学生搭建国际学术交流舞台。

全国暖通空调学生科技竞赛由暖通空调产业技术创新联盟和南京天加环境科技有限公司共同主办，建环、能源、新能源及制冷相关专业的本科生、硕士研究生均可报名参加。评审专家由组委会和国内知名高校专家和教授组成。

本科或硕士研究生论文成果均可参赛，博士研究生论文成果不能参赛。参赛作品应在本科或硕士研究生论文完成一年内，其主题应为暖通空调技术、建筑设备、室内环境控制、建筑能效等领域，所采用的方法可以是试验、数值模拟、理论分析或工程设计等。作品可以由个人完成，也可以由不多于两人的团队完成。

每个学校限推荐2组参赛作品。一般在9～10月，由竞赛组织评审。总决赛评选出一、二、三等奖。初赛、决赛均以英文演讲与答辩的方式现场进行。获得一等奖的选手将被推荐代表中国参加世界暖通空调学生科技竞赛。

5.2.10 施耐德电气绿色效能全球创新案例挑战赛

网址：https://gogreen.schneider-electric.cn/zh

为重塑行业与企业未来的创想，引领能效管理与自动化领域的数字化转型，施耐德电气在全球范围内发起了绿色能效全球创新案例挑战赛（以下简称 Go Green 大赛）。作为一项携手年轻人推动可持续发展的全球赛事，Go Green 大赛已经成功举办了十余届。2022 届 Go Green 大赛由全球能源管理和自动化领域的数字化转型专家施耐德电气携手 AVEVA 剑维软件共同发起，不仅沿用了多年来的经典赛制，还与清华四川能源互联网研究院展开合作，在中国区特别开辟了全新赛道——“双碳挑战赛”，而这一赛道的优胜者将依托中欧智慧能源技术创新孵化合作示范平台，获得一体式的孵化支持。该赛事一般3月报名，4月举行中国区决赛，8月举行全球决赛。

5.2.11 其他竞赛

（1）MDV 中央空调设计应用大赛

MDV 中央空调设计应用大赛是由暖通空调产业技术创新联盟和美的中央空调主办，中国建筑学会暖通空调分会、中国制冷学会空调热泵专业委员会协办的具有持续性和代表性的活动。每年举办一届。

赛事一般在4月启动，9月评审，11月举行颁奖典礼。2022年，经全国24位暖通权威专家经过9小时的多轮严格筛选，在1000余份投稿入围的368份作品中，最终评出金铅笔奖2个，银铅笔奖9个，铜铅笔奖21个，优胜奖47个；行业杰出应用奖（包括数据中心10个、医疗卫生20个、轨道交通10个、工业建筑5个、学生组杰出设计奖12个、学生组优秀设计奖49个），共计185个获奖作品。此外，海外组汇集全球设计精英的119份投稿作品在9月22日的线上评审会上也有了结果，评出金铅笔1个，银铅笔5个，铜铅笔11个，最佳设计奖5个，设计专家奖5个，共计27个作品获奖。

2022年，该大赛增设高效环控组，旨在为暖通行业发掘出更多高效环控方向的优秀学生。2022年，香港理工大学、华中科技大学获得“控制达人奖”，其项目分别为基于图神经网络的建筑室内环境数字孪生时空全域智慧管理平台、空调末端半实物模拟平台及风水一体化控制策略实践。

（2）海信日立新产品新技术设计大赛

“海信日立新产品新技术设计大赛”自2017年开始启动。大赛一直秉承“对多联机新产品新技术的应用及在实际设计中促进多联机行业的发展”的宗旨，已成为暖通行业覆盖面广、行业权威性高、影响力强的行业盛会。

2022年，大赛评审专家最终评选出设计师组（包括海外）金奖11名、银奖23名、铜奖53

名，并评选出评审委员会大奖，由艾奕康设计与咨询（深圳）有限公司所设计的深圳星河雅宝双塔项目获得该项殊荣。

参赛作品涵盖商业综合体、轨道交通、医疗、教育等多个领域，为暖通行业及多联机产品技术的发展做出了切实的探索，也为有志于暖通领域的菁英设计师拓宽了赛道。

(3) 海尔磁悬浮杯绿色设计与节能运营大赛

该大赛由中国建筑学会暖通空调分会、中国制冷学会空调热泵专委会、海尔中央空调联合主办，是行业首个关注产品全生命周期节能的比赛。该大赛致力于推动绿色建筑的可持续发展，已然成为行业绿色发展的重要交流平台。该大赛持续秉持绿色运营理念，以"绿色设计·赢未来"为主旨，聚合行业顶级资源，吸纳包括暖通、建筑行业专家在内的重量级评委，联合各生态方共同推进行业节能发展。

海尔磁悬浮杯绿色设计与节能运营大赛自设立以来，从单一面向设计师到增加运维方、高校师生，再到增设多联机设计奖项等，吸引了越来越多行业设计师、院校师生等不同生态方踊跃参加，参赛的数量及作品类型也不断增多。

2022 年 10 月，"第七届海尔磁悬浮杯绿色设计与节能运营大赛"全国评审会在线上顺利召开，共计收到 3000 余份作品，有 210 份作品入围，其中绿色设计·水机组评选出金奖 1 项，银奖 3 项，铜奖 5 项，先锋奖 12 项，优秀奖 49 项。

数据显示，过去几年来，海尔磁悬浮杯绿色设计与节能运营大赛共覆盖 3000 多家设计院、10000 余名专业设计师，近 100 所院校，经过评审累计获奖 445 项，预计方案实施后可累计推动建筑节能 150×10^{8} kW·h，产生了巨大的社会价值。

5.2.12 实践网络学习资源

工科学生要求具有较高的实践能力和综合设计能力。实践教学是高等院校理工科专业教学中重要的组成部分，它不仅是学生获得知识的重要途径，而且对培养学生的自学能力、工作态度、实际工作能力、科学研究能力和创新能力具有十分重要的作用，对培养学生的知识、能力、素质起着关键的作用。互联网时代给教育带来了巨大的变革，除线下学习外，我们还可以在线上找到大量的资源予以利用。

实验方面，可在该平台上查找土木、建环专业，即可得到优秀的网络实验资源，如国家虚拟仿真实验教学课程共享平台（https://www.ilab-x.com/）。

本专业实习课程主要包括认知实习、生产实习、毕业实习等。除现场实习外，我们也可以在相关网络资料上进行参观学习，如 B 站的《魏在现场》栏目，就是清华大学的运行实习实录。

目前，市场上已经出现了不少实习记录小程序，如微信小程序"实习家园"。通过该类程序，学生可以每日打开并以图片、视频等形式记录实习日记，指导老师也可以实时观看点评。

6 专利及专利撰写

6.1 专利及分类

6.1.1 专利

专利是专利权的简称，是知识产权的一部分。它是指专利申请人就一项发明创造向国务院专利行政部门提出专利申请，经依法审查合格后，向专利申请人授予的在规定时间内对该项发明创造享有的专有权，即一项发明创造的首创者所拥有的受保护的独享权益。

专利是指专有的权利和利益，包含以下三层含义：

(1) 专利权，即受到专利法保护的对某项发明创造具有的独占实施权；

(2) 受专利法保护的发明创造；

(3) 专利说明书，即记载着发明创造的详细内容，受专利法保护的技术范围的法律文件。

6.1.2 专利的分类

我国专利法规定的专利类型有三种：发明专利、实用新型专利、外观设计专利。

(1) 发明专利

针对产品、方法或者产品、方法的改进所提出的新的技术方案，可以申请发明专利。发明专利的特点：①发明必须包含创新；②发明利用自然规律或自然现象；③发明是具体的技术方案。

(2) 实用新型专利

针对产品的形状、构造或者其结合所提出的适于实用的新的技术方案，可以申请实用新型专利。实用新型专利的特征：①必须是一种产品，该产品应当是经过工业方法制造的占据一定空间的实体。方法发明创造、工艺产品的用途发明创造，以及非经人工制造的自然存在的物品都不属于实用新型专利的保护范围。②必须是具有一定形状和构造的产品。产品的形状是指产品具有的、可能从外部观察到的空间形状。产品的构造是指产品的各个组成部分的安排、组织和相互关系。

(3) 外观设计专利

针对产品的形状、图案或者其结合，以及色彩与形状、图案的结合所作出的富有美感并适于工业应用的新设计，可以申请外观设计专利。外观设计专利的特征：①必须以产品为载体；②必须以产品的形状、图案、色彩为设计对象；③必须富有美感；④必须适于工业应用。

6.1.3　专利的特点

专利属于知识产权的一部分，是一种无形的财产，具有与其他财产不同的特点。专利的特点有排他性、区域性、时间性。

(1) 排他性：也即独占性。一定时间（专利权有效期内）和区域（法律管辖区）内，任何单位或个人未经专利权人许可都不得实施其专利。简而言之，专利权人享有的独占的制造、使用、许诺销售等权利，其他任何人或单位如要实施其专利，除法律另有规定以外，必须得到专利权人的许可，并按双方协议支付使用费，否则就是侵权。

(2) 区域性：专利权是一种有区域范围限制的权利，它只有在法律管辖区域内有效。一个国家授予的专利权只在授予国的本国有效，对其他国家没有任何法律约束力。如美国人在美国申请专利且获得授权，此专利权只在美国受法律保护，在中国境内的任何人使用其专利都不是侵权，但如果此专利在中国申请且获得授权，则此专利权在中国也受法律保护，在中国境内的任何人未经许可不得随意使用此专利。

(3) 时间性：专利在法律规定的期限内才有效。专利权有一定期限，有效期限届满后专利权就不再存在，任何人都可以自行利用。我国的《专利法》规定，发明专利权的期限为 20 年，实用新型和外观设计专利权的期限为 10 年，自申请日起计算。

6.1.4　专利权的主体

专利权的主体是专利权人。《专利法》第一条规定，为保护专利权人的合法权益，鼓励发明创造，推动发明创造的应用，提高创新能力，促进科学技术进步和经济社会发展。专利权的主体有以下两种：

(1) 职务发明创造

执行本单位的任务或者主要利用本单位的物质技术条件所完成的发明创造为职务发明创造。职务发明创造申请专利的权利属于该单位，申请被批准后，该单位为专利权人。

(2) 非职务发明

非职务发明创造，申请专利的权利属于发明人或设计人本人，申请被批准后，该发明人或者设计人为专利权人。

6.1.5　专利权授予原则

按照专利法的基本原则，对于同样的发明创造只能授予一项专利权。出现两个或两个以上的申请人就同一发明创造分别提出专利申请的情况时，有两种处理原则：一是先发明原则，二是先申请原则。

先发明原则是指同一发明创造如有两个以上申请人分别提出专利申请，应把专利权授予最先做出此项发明创造的人，而不问其提出专利申请的时间。但是在采取此项原则时，在确定谁是最先发明人的问题上，往往会遇到很多实际困难，目前世界上只有加拿大和菲律宾等少数国家采用这种原则。

先申请原则是指当两个以上申请人就同一发明分别提出申请时，不问其做出该项发明的时间，而是按提出专利申请时间的先后为准，即把专利权授予最先提出申请的人，中国和世界上大多数其他国家都采用这一原则。在 2013 年 3 月 16 日正式生效的《美国专利法案》中，将美国已实行 200 余年的“先发明原则”(first-to-invent rule)修改为“发明人先申请原则”(first-inventor-to-file rule)，但仍区别于普遍采用的“先申请原则”(first-to-file rule)。

6.1.6 专利权审查程序

各国对专利申请的审查有不同的要求，基本上实行两种不同的制度。一种是实行形式审查制，即只审查专利申请书的形式是否符合法律的要求，而不审查该项发明是否符合新颖性等实质性条件。另一种是实行实质审查制，即不仅审查申请书的形式，而且对发明是否具备新颖性、创造性和实用性等条件进行实质性的审查，只有具备上述专利条件的发明，才授予专利权。中国和世界上大多数其他国家采用实质审查制。

对于发明专利而言，除一些需要保密的发明专利外，一般的发明专利需要经过受理、初审、公布、实审和授权公告这些阶段。一般情况下，自受理起 3 个月内会进行公布，然后进行实审阶段，一般 1 年左右才能获得授权，但不排除更长的时间。为了加快获得专利权，可以申请提前公开，这样在初审合格后即进行公布，然后进入实审阶段，这样可以加快授权进度。对于实用新型和外观设计而言，需要经过受理、初审和授权公告阶段，由于无须进行实质审查，因此，实用新型和外观设计获得授权的时间较短，一般为 6～10 个月。

6.1.7 取得专利权后享有的权利

(1) 独占权

独占权又称为“专有权”。《专利法》第十一条规定，发明和实用新型专利权被授予后，除法律另有规定的以外，任何单位或者个人未经专利权人许可，都不得实施其专利，即不得以生产经营为目的制造、使用、许诺销售、销售、进口其专利产品，或者使用其专利方法以及使用、许诺销售、销售、进口依照该专利方法直接获得的产品。外观设计专利权被授予后，任何单位或者个人未经专利权人许可，都不得实施其专利，即不得以生产经营为目的制造、销售、进口其外观设计专利产品。

(2) 许可实施权

许可实施权也就是许可使用权，指专利权人有条件地允许他人使用其专利技术。具体来讲，专利权人(称“许可方”)通过签订合同的方式，允许他人(称“被许可方”)在一定条件下使用其取得专利权的发明创造的全部或者部分技术的权利。

(3) 转让权

专利权的转让是指专利权人作为转让方，将其专利转让给他方(受让方)所有的法律行为。专利权的转让，使专利权的主体专利权的所有人发生变更，原来的专利权人不再拥有专利权。专利权的转让有两种方式：合同转让与继承转让。合同转让是在自愿的基础上发生的，比如通过买卖、交换、赠与、技术入股等方式转让专利权；继承转让是由于法定原因而发生的转让，当专利权人(自然人)死亡后，专利权依照《民法典》的规定转移给有继承权的人。

《专利法》第十条规定，专利申请权和专利权可以转让。我国单位或者个人向外国人转让专利申请权或者专利权的，必须经国务院有关主管部门批准。转让专利申请权或者专利权的，当事人应当订立书面合同，并向国务院专利行政部门登记，由国务院专利行政部门予以公告，专利申请权或者专利权的转让自登记之日起生效。

（4）专利权人的其他权利

① 标记权：指专利权人在其专利产品或者专利产品的包装上标明专利标记和专利号的权利。

② 放弃权：当专利权人认为自己无须继续维持其专利权时，可以用书面形式声明放弃专利权，也可以以不缴纳专利维持费的方式自动终止专利权。

③ 诉请保护权：即当专利权被他人侵害时，专利权人享有依法请求司法机关给予保护的权利。

6.1.8 专利申请的意义与作用

申请专利是在市场经济条件下保护发明创造知识产权的一项法律制度。凡具备专利条件的发明创新都应及早申请专利，以获得法律的保护。特别是对于技术依赖型企业或创新型企业来说，专利代表着企业的核心竞争力。中国有两个经营了350多年的剪刀品牌：北京的王麻子和杭州的张小泉。但目前国内市场上最常见的却是成立于1983年的阳江十八子。阳江十八子就是靠大量申请专利，通过专利不断扩大市场、垄断市场。这个简单的例子说明，专利对企业非常重要。

申请专利有以下几项好处：①通过法定程序确定发明创造的权利归属关系，从而有效保护发明创造成果，以此换取最大的利益；②在市场竞争中争取主动，确保自身生产与销售的安全性；③国家对专利申请有一定的扶持，会给予部分政策、经济方面的帮助；④构成技术壁垒，别人要想研发类似技术或产品就必须经得专利权人同意；⑤可以促进产品的更新换代，即提高产品的技术含量，及提高产品的质量、降低成本，使企业生产的产品在市场竞争中立于不败之地；⑥ 拥有自主知识产权的企业既是消费者追捧的强力企业，也是政府各项政策扶持的主要对象；⑦除以上功能外，拥有一定数量的专利还可作为企业上市和其他评审中的一项重要指标。

6.2 专利的申请流程与提交的文件

专利申请流程：提出问题、撰写申请文件、提交受理申请书、审查质疑、答疑、授权、后续维护等。

6.2.1 发明专利的申请

发明专利的申请审批流程：专利申请—受理—初审—公布—实质审查请求—实质审查—授权。申请发明专利需要提交的文件：

（1）请求书：包括发明专利的名称、发明人或设计人的姓名、申请人的姓名和名称、地址等。

（2）说明书：包括发明专利的名称、所属技术领域、背景技术、发明内容、附图说明和具体实施方式。

(3) 权利要求书:说明发明的技术特征,清楚、简要地表述请求保护的内容。

(4) 说明书附图:发明专利常有附图,如果仅用文字就足以清楚、完整地描述技术方案的,可以不要附图。

6.2.2 实用新型专利的申请

实用新型专利的申请审批流程为专利申请—受理—初审—公告—授权。申请实用新型专利需要提交的文件如下:

(1) 请求书:包括实用新型专利的名称、发明人或设计人的姓名、申请人的姓名和名称、地址等。

(2) 说明书:包括实用新型专利的名称、所属技术领域、背景技术、发明内容、附图说明和具体实施方式。说明书内容的撰写应当详尽,所述的技术内容应以所属技术领域的普通技术人员阅读后能实现为准。

(3) 权利要求书:说明实用新型的技术特征,清楚、简要地表述请求保护的内容。

(4) 说明书附图:实用新型专利一定要有附图说明。

(5) 说明书摘要:清楚地反映发明要解决的技术问题,解决该问题的技术方案要点以及主要用途。

6.2.3 外观专利的申请

申请外观专利的流程:专利申请—受理—初步审查—公告—授权。外观专利需要提交的文件如下:

(1) 请求书:包括外观专利的名称、设计人的姓名、申请人的姓名、名称、地址等。

(2) 外观设计图片或照片:至少两套图片或照片(前视图、后视图、俯视图、仰视图、左视图、右视图,如有必要还需提供立体图)。

(3) 外观设计简要说明:必要时应提交外观设计简要说明。

6.2.4 常见专利的查询与下载

在专利申请过程中以及后续的专利使用过程中,可以查询、下载相关专利的审查状态以及费用情况,也可以知道代理机构等。一般可以通过专利名称、发明人、申请号、专利号等来查询。下面列出常用的查询与下载网站,相关的技术、资讯等可以通过相关论坛进行学习与交流。

(1) 中国及多国专利审查信息查询(http://cpquery.cnipa.gov.cn/)

(2) SooPAT 专利搜索(http://www.soopat.com)

(3) 佰腾网(https://www.baiten.cn/)

(4) 知网(https://www.cnki.net/)

(5) 比较好的论坛——思博论坛(https://bbs.mysipo.com/)

6.3 专利申请文件的撰写

6.3.1 专利申请文件的作用

一项发明创造,必须由有权申请的人以书面形式或者以国务院专利行政部门规定的其他形式向国家知识产权局专利局提出申请,才有可能取得专利权,这些以书面方式或规定的其他形式的材料称作专利申请文件。(目前仅允许以书面方式提交,电子文本只能作为随正式书面文件一起提交的副本。)发明和实用新型的专利申请文件包括请求书、说明书及其摘要、权利要求书,以及其他附件。

专利申请文件是一种法律文件,其作用主要有五个方面:启动专利局对专利申请的审批程序;向全社会充分公开发明创造的内容,使所属领域普通技术人员能够实施;阐明申请人对该发明创造所要求的保护范围;专利局根据申请文件记载的内容进行审查,是审查的原始依据;专利批准后的授权文本是判断侵权的依据。

发明和实用新型专利申请文件各组成部分的作用如下:

(1) 请求书的主要作用

请求书是申请人向专利局表示请求授予专利权愿望的一个文件,由其启动专利申请和审批程序。

(2) 权利要求书的主要作用

权力要求书的作用是:表述专利申请人对发明或实用新型所要求的保护范围;授权后的权利要求书用来确定专利权受保护的法律范围;在一定程度上反映出发明或实用新型与最接近现有技术之间的联系与区别。其本质是作为确定专利权保护范围的法律性文件。

(3) 说明书的主要作用

说明书是一项发明或者实用新型申请专利的基础。作为一项技术性法律文件,说明书可向全社会公开发明和实用新型的技术内容;说明书是权利要求书的依据,必要时可以用来解释权利要求书。

6.3.2 发明专利申请案例

发明专利申请模板

(1) 专利申请书

一般情况下,专利申请书由代理机构填写,发明人提供身份证等必要信息即可。发明申请书见附录1。

(2) 发明专利申请模板,见二维码。

6.4 专利申请文件的撰写要点

专利申请文件包括权利要求书、摘要、摘要附图、说明书及说明书附图。其中,说明书是专利申请文件的主体部分,应包含专利创意思路、专利的创新及原理、技术领域、背景技术、发明内容等。

按照写作次序，一般从技术领域、背景技术、发明内容等依序撰写，撰写完后再撰写摘要和权利要求书。下面结合发明专利模板以及写作次序对专利的撰写进行阐述。

6.4.1 专利的灵感

这部分是专利申请的核心与基础，也是提出问题的时机。要求从生产生活中以及特定行业工程实践中发现问题，即需求目标。对发现的问题进行分析，找出解决问题的突破口，进行整体规划设计、统筹决策，即确定解决方案。对初步的解决方案进行深化和优化，追求各个细节的完美。在这里，需要特别注意：针对不同专业，通过多读、多想、多看专业相关论文、书籍，找出未被解决或者目前技术不成熟需要改进的契机，加以利用；对现有技术理解充分、敢于批判现有技术中的不足之处，对现有技术进行对比分析及总结，提出自己独到的见解，并对现有技术加以雕琢，进行深化与优化。

6.4.2 专利的名称

说明书第 1 页第 1 行应当写专利名称，说明书中专利的名称一般不超过 25 个字，特殊情况下，如化学领域的某些申请，最多 40 个字，左右居中。专利名称要新颖、全面、有针对性，要有特色，能反映该专利技术的内容和主题。6.3.2 节二维码的范例中"一种基于太阳能与建筑一体化的空调系统及控制方法"，定位于方法发明。

需要注意的是：专利名称应采用所属技术领域通用的术语，最好采用国际专利分类表中的技术术语，不得采用非技术术语；不得使用人名、地名、商标、型号或者商品名称等，不得使用商业性宣传用语；专利名称前不得冠以"专利名称"或"名称"等字样。

6.4.3 技术领域

专利的技术领域应当是要求保护的专利所属或直接应用的具体技术领域，而不是上位的或者相邻的技术领域，也不是专利本身。具体的技术领域往往与发明在国际专利分类表中可能分入的最低位置有关。比如：一项关于挖掘机悬臂的发明，其改进之处是将已有技术中的长方形悬臂截面改为椭圆形截面。其所属技术领域可以写成"本发明涉及一种挖掘机，特别是涉及一种挖掘机悬臂"（具体的技术领域），不宜写成"本发明涉及一种建筑机械"（上位的技术领域），也不宜写成"本发明涉及挖掘机悬臂的椭圆形截面"或者"本发明涉及一种截面为椭圆形的挖掘机悬壁"。

6.4.4 背景技术

发明或者实用新型说明书的背景技术部分应当写明对发明或者实用新型的理解、检索、审查有用的背景技术，并且尽可能引证反映这些背景技术的文件。说明书中引证的文件可以是专利文件，也可以是非专利文件，例如期刊、杂志、手册和书籍等。引证专利文件的，至少要写明专利文件的国别、公开号，最好包括公开日期；引证非专利文件的，要写明这些文件的标题和详细出处。此外，在说明书背景技术部分中，还要客观地指出背景技术中存在的问题和缺点，但是仅限于涉及由该发明或者实用新型的技术方案所解决的问题或缺点。在可能的情况下，说明存在这种问题或缺点的原因以及解决这些问题或克服这些缺点时曾经遇到的困难。

引证文件还应当满足以下要求:①引证文件应当是公开出版物,除纸质形式外,还包括电子出版物等形式。②所引证的非专利文件和外国专利文件的公开日应当在本次申请的申请日之前;所引证的中国专利文件的公开日不能晚于本次申请的公开日。

专利技术背景撰写内容要点包括:①相关技术背景(背景技术),介绍该技术领域的发展,解释关键技术;②与本发明相近的现有实现方案(现有技术),介绍与本发明相关的现有技术;③解析现有技术的缺点,根据本发明的优点来找对应的缺点。

对于发明专利而言,这个技术背景很大程度上决定了创新性。建议在专利构思确定完后,可以委托相关机构做一个技术查新,确保创新点。

6.4.5 发明内容

发明内容主要包括3个内容:要解决的技术问题、技术方案、有益效果。

针对现有技术中存在的缺陷或不足,用正面的、简洁的语言客观而有根据地反映发明要解决的技术问题,然后给出其解决问题的技术方案及措施。技术方案通常是由技术特征来体现的。发明人应清楚、完整地描述该申请所采取的技术方案的技术特征,还应进一步明确哪些技术特征是必要的,即为达到发明的目的和效果所不可缺少的技术特征;哪些是非必要的技术特征;哪些特征与现有技术相同,哪些特征区别于现有的技术特征。对产品类发明,应描述产品的部件组成,及各部件之间的连接关系、配合关系等;尤其是体现本发明构思部分的部件及其连接关系。对方法发明,应写明体现必要技术特征的必要步骤、手段等。最后,对照现有技术,写明发明所具有的有益效果。有益效果是指由所述的技术特征必然产生的,可以是产率、质量、精度和效率的提高;能耗、原材料、工序的节省;加工、操作、控制、使用的简便;环境污染的治理以及有用性能的出现等。

以专利模板(见6.3.2节的二维码,该发明为方法发明)为例,提出了一种涉及太阳能与建筑一体化的空调系统的控制方法。要解决的问题有两个:其一为提供一种基于太阳能与建筑一体化的空调系统,能够实现集供热、供冷、发电多功能于一体;其二为提供一种基于太阳能与建筑一体化的空调系统的控制方法,能够实现供热、供冷、发电多功能于一体。针对第一个需解决的问题,详尽描述系统的组成以及结构,甚至具体到一些设备的种类。针对第二个需解决的问题,详尽描述控制的方法及步骤。接着总结了本发明具有的有益效果。这里需要注意一点:有益效果可以通过将发明结构特点的分析和理论说明相结合,或者通过列出实验数据的方式来予以说明,不得仅说明发明具有有益的效果,同时有益效果都是与现有技术相比而言的。

6.4.6 附图说明

专利申请文件中,附图是说明书的一个组成部分,其作用在于用图形补充说明书文字部分的描述,使人能够直观地、形象地理解发明或实用新型的每个技术特征和整体技术方案。

对于发明专利申请,如果文字足以清楚、完整地描述其技术方案,则该发明专利申请可以不用附图。然而,对于实用新型专利申请,其保护的客体是有形状的产品,特别是机械和电学技术领域，其相关技术人员需要将附图与说明书文字部分结合起来，才能清楚、完整地理解技术方案，因此，对于实用新型专利申请文件，说明书中的附图是不可或缺的。需要注意，说明书有附图的，应当写明各幅附图的图名，并且对图示的内容作简要说明。附图超过一幅的，应当对所有附图作出图面说明。

《专利法》第五十六条对说明书附图的法律地位进行了明确的阐述，该条第一款规定：发明或者实用新型专利权的保护范围以其权利要求的内容为准，说明书及附图可以用于解释权利要求。由于附图中提供的技术信息可与说明书文字部分公开的内容一起，用于解释权利要求，也可作为专利文件公开的内容，因此对说明书附图的撰写及修改，应当符合相关规定，例如附图线条应当均匀清晰、足够深；附图不得着色和涂改；附图中除必要词语外，不得含有其他注释；附图中除必要的专业词汇外，应当使用中文。其中，需要注意的是，说明书附图必须使用包括计算机在内的制图工具和黑色墨水绘制，周围不得使用框线、图形线条，图上不得着色和涂改，附图不得使用工程蓝图、照片（组织细胞除外），流程图、框图应在其框内给出必要的文字和符号。因此，在撰写申请文件时，应尽量避免采用彩色标注附图内容，但是当必须采用彩色图时，可以提交彩色参考图，以供实质审查时参考。

说明书附图与说明书文字部分都能够用于解释和说明权利要求，因此若原申请文件文字部分没有记载，但从说明书附图中能够直接、毫无疑义确定的内容，也能用于修改权利要求。也正是由于说明书附图与说明书文字部分具有相同的作用，因此在申请提交后，对附图的修改也必须符合《专利法》第三十三条的规定，不得超出原说明书和权利要求书记载的范围。此外，若说明书文字部分写有附图说明但说明书无附图或缺少相应附图，申请人欲保留原申请日，则需要取消相应附图说明；若补交附图，则需要重新确定申请日。特别是对于实用新型而言，需要有附图，因此在撰写申请时同样需要对说明书附图加以重视。

正是由于说明书附图的重要性，在撰写专利申请文件时，应尽可能提供完整体现发明构思的附图，使其能够与说明书文字部分结合起来，保证能够直观、形象、清楚地表达发明或实用新型。并且，不仅需要清楚展示附图中与主要发明点直接相关的结构特征，还应当对次要发明点的结构特征进行清楚展示，为后续的修改和答复留下依据。

6.4.7 具体实施方式

具体实施方式应当体现申请中解决技术问题所采用的技术方案，并应当对权利要求的技术特征给予详细说明，以支持权利要求。对具体实施方式的描述应当详细，使发明或者实用新型所属技术领域的技术人员能够实现该发明或者实用新型。

实施例是对发明或者实用新型的具体实施方式的举例说明。实施例的数量应当根据发明或者实用新型的性质、所属技术领域、现有技术状况以及要求保护的范围来确定。在发明或者实用新型技术方案比较简单的情况下，如果说明书涉及技术方案的部分已经就发明或者实用新型专利申请所要求保护的主题作出了清楚、完整的说明，就不必在涉及具体实施方式部分再作重复说明。当一个实施例足以支持权利要求所概括的技术方案时，说明书中可以只给出一个实施例。当权利要求（尤其是独立权利要求）覆盖的保护范围较宽，其概括不能从一个实施例中找到依据时，应当给出至少两个不同实施例，以支持要求保护的范围。

当权利要求相对于背景技术的改进涉及数值范围时，通常应给出两端值附近（最好是两端值)的实施例;当数值范围较宽时,还应当给出至少一个中间值的实施例。

对于产品的发明或者实用新型,实施方式或者实施例应当描述产品的机械构成、电路构成或者化学成分,说明组成产品各部分之间的相互关系。对于可动作的产品,只描述其构成不能使所属技术领域的技术人员理解和实现发明或者实用新型时,还应当说明其动作过程或者操作步骤。对于方法的发明,应当写明其步骤,包括可以用不同的参数或者参数范围表示工艺条件。

以专利模板为例,给出了一个实施例,并配合附图作详细说明。

6.4.8 说明书摘要与摘要附图

说明书摘要是对发明或实用新型说明书内容的简要概括。编写和公布说明书摘要的主要目的是方便公众对专利文献进行检索,方便专业人员及时了解本行业的技术概况。说明书摘要本身不具有法律效力。

说明书摘要应当写明发明或实用新型的名称、所属技术领域、要解决的技术问题、主要技术特征和用途。说明书摘要中不得有商业性宣传用语和过多的对发明创造优点的描述。说明书摘要中可以有最能说明发明创造技术特征的数学式或化学式。发明创造有附图的,应当指定并提交一幅最能说明发明创造技术特征的图作为摘要附图。说明书摘要一般不超过200字。

6.4.9 权力要求

《专利法》第二十六条第四款和《专利法实施细则》第二十条至第二十三条中,对权利要求书的内容及其撰写作了规定。权利要求书由权利要求组成,一份权利要求书中至少包括一项权利要求。权利要求用技术特征的总和来表示发明和实用新型的技术方案,限定专利的保护范围。

6.4.9.1 权利要求的类型

按照所保护技术方案的性质划分,权利要求有两种基本类型:产品权利要求和方法权利要求。

(1) 产品权利要求,在国际上又称作物的权利要求。其给予保护的客体不仅包括常规概念下的产品,还包括物质、材料、物品、机器、系统等人类技术生产的所有具体的实体。也就是说,它可以是工具、装置、设备、仪器、部件、元件、合金、涂料、水泥、玻璃、组合物、化合物等。

(2) 方法权利要求,国际上又称作活动的权利要求。它所保护的是有时间要素的活动。它可以是制造方法、使用方法、通信方法、处理方法、安装方法,以及将产品用于特定用途的方法。虽然在执行这些方法步骤时也会涉及物,如材料、设备、工具等,但其核心不在于对物本身的创新或改进,而是通过方法步骤的组合和执行顺序来实现发明中所要解决的技术问题。

按照权利要求的保护范围和撰写形式,不同权利要求可分为两种:独立权利要求和从属权利要求。独立权利要求:从整体上反映发明或者实用新型的技术方案,记载解决其技术问题所需的必要技术特征。必要技术特征是指发明或者实用新型为解决其技术问题所不可缺少的技术特征，其总和足以构成发明或者实用新型的保护客体，使之区别于其他技术方案。从属权利要求：如果一项权利要求包含另一项权利要求中的所有技术特征，且对另一项权利要求的技术方案作进一步限定，则该权利要求为另一项权利要求的从属权利要求。从属权利要求用附加技术特征对被引用的权利要求作进一步限定。附加技术特征是指发明和实用新型为解决其技术问题所不可缺少的技术特征之外再附加的技术特征。它与所解决的技术问题有关，可以是对引用权利要求中的技术特征作进一步限定的技术特征，也可以是增加的技术特征。

在一件申请的权利要求书中，独立权利要求所限定的客体的保护范围最宽，而从属权利要求的保护范围落在其所引用的权利要求保护范围之内。一件申请的权利要求书中，至少包括一项独立权利要求，还可以包括从属权利要求。

根据《专利法》第三十一条的规定，属于一个总的发明构思的两项以上的发明或者实用新型，可以作为一件申请提出。在这种情况下，权利要求书中有两项或两项以上独立权利要求。写在前面的独立权利要求称为第一独立权利要求，其他独立权利要求称作并列独立权利要求。

6.4.9.2 权利要求书的撰写要求

(1) 实质性要求

① 以说明书为依据

权利要求书应当以说明书为依据，也就是说，每项权利要求应当得到说明书的支持。需要强调的是，权利要求书不仅应当在表述形式上得到说明书的支持，而且应当在实质上得到说明书的支持。也就是说，每一项权利要求所保护的技术方案应当是本领域普通技术人员从说明书中记载的内容能直接导出或概括得出，即权利要求的保护范围不得超出说明书记载的范围。

权利要求通常由说明书中公开的一个或者多个实施方式或实施例概括而成。权利要求的概括应适当，其保护范围应正好适应说明书所公开的内容。

② 清楚地表述请求保护的范围

权利要求的类型应清楚。产品发明应写成产品权利要求，采用产品结构特征来描述。方法发明应写成方法权利要求，采用方法特征（即工艺过程操作条件、步骤或流程等技术特征）来描述。

权利要求应该清楚、正确地描述发明或者实用新型，即用词严谨，不造成误解。应采用国家统一规定的技术用语，不得使用行话、口语或者自行编造的词语。

③ 简明

权利要求的用词应当简明。除记载技术特征外，不得对原因或理由作不必要的描述。权利要求的数目应当合理。一项发明或者实用新型应当只有一项独立权利要求。应当删除用不同的文字表达含义完全相同的权利要求。

(2) 形式要求

权利要求中包括几项权利要求的，应当用阿拉伯数字按顺序编号。若有几项独立权利要求，各自的从属权利要求应尽量紧靠其所引用的权利要求。每一项权利要求只允许在其结尾使用句号，以强调其含义是不可分割的整体。权利要求中使用的科技术语应当与说明书中使用的一致。权利要求中可以有化学式、化学反应式或者数学式，但不得有插图。除非绝对必要，权利要求中不得使用"如说明书……部分所述"或者"如图……所示"等用语。权利要求中通常不允许使用表格，除非使用表格能够更清楚地说明发明或实用新型中要求保护的客体。

权利要求中的技术特征可以引用说明书附图中相应的附图标记，但必须带括号，且附图标记不得解释为对权利要求保护范围的限制。除附图标记或者其他必要情形必须使用括号外，权利要求中应当尽量避免使用括号。权利要求中采用并列选择时，其含义应当是清楚的。一般情形下，权利要求不得引用人名、地名、商品名或者商标名称。

6.4.9.3 独立权利要求的撰写要求

(1) 撰写格式规定

一般采用两段式写法：前序部分＋特征部分。

前序部分：写明要求保护的发明或者实用新型技术方案的主题名称，以及发明或者实用新型主题与最接近的现有技术共有的必要技术特征。

特征部分：使用"其特征是……"或者类似的用语，写明发明或者实用新型区别于最接近的现有技术的技术特征。这些特征和前序部分特征一起限定发明或者实用新型的保护范围。

采用这种撰写方式既清楚地说明了本发明或实用新型与现有技术的关系，又强调了其自身的实质内容。与不划分成两部分的独立权利要求相比，有以下优点：

① 有助于审查员理解发明或实用新型的实质内容以及与最接近的现有技术的关系，从而可加快实审程序；

② 便于公众理解其实质内容以及与最接近的现有技术的关系，从而有利于签订专利许可贸易合同；

③ 便于公众理解其实质内容以及与最接近的现有技术的关系，为那些与本专利技术有直接利害关系的对手提供更多、更确切的信息，以便在授权后决定是否提出宣告专利权无效的请求；

④ 在一定程度上可使独立权利要求更为简明。

(2) 实质性要求

独立权利要求应当清楚、正确地描述发明和实用新型，表述其保护范围；独立权利要求应反映出与现有技术的区别，使其描述的发明或实用新型的技术方案具有新颖性和创造性；独立权利要求应当从整体上反映发明或实用新型的技术方案，记载解决其技术问题的必要技术特征；独立权利要求所限定的技术方案应该以说明书为依据。还需注意以下几点：

① 前序部分所描述的技术特征也必须是本发明或实用新型的技术特征；

② 同一技术特征不得在前序部分和特征部分重复描述；

③ 特征部分进一步描述的技术特征应该尽可能从前序部分的共同特征出发来加以说明。

6.4.9.4 从属权利要求的撰写要求

（1）撰写格式的规定

一般采用引用部分加限定部分的写法。引用部分写明引用的权利要求的编号及其主题名称；限定部分写明发明或者实用新型的附加技术特征。

（2）形式要求

从属权利要求只能引用其前面的权利要求，不得引用在其后面的权利要求；多项从属权利要求只能择一地引用在前的权利要求，即只能用“或”及其等同语，不得用“和”及其等同语；多项从属权利要求不得作为另一项多项从属权利要求引用的基础。

（3）实质性要求

作为权利要求书的一部分，从属权利要求也应清楚地描述发明或实用新型。从属权利要求的类型和主题名称应与其引用权利要求的类型和主题名称相一致。从属权利要求的保护范围是对其引用权利要求的保护范围作进一步限定，其保护范围应落在被引用权利要求的保护范围之内。还需注意以下几点：

① 附加技术特征对引用的权利要求作进一步限定时，应尽量从引用的权利要求的技术特征出发来加以说明；

② 附加技术特征是增加的技术特征时，应清楚地表达出这些附加技术特征与引用权利要求中的某个或某些技术特征之间的结构位置关系或作用关系；

③ 限定部分不要重复其引用权利要求中的技术特征，以免造成对其保护范围的错误表达；

④ 从属权利要求的引用关系应当正确；

⑤ 从属权利要求的技术方案应当完整。

以专利模板为例(见 6.3.2 节的二维码)，共有 10 项权力要求，其中权力要求 1 与权力要求 6 为独立权力要求，权力要求 2 至权力要求 5 为权力要求 1 的从属权力要求，权力要求 7 至权力要求 10 为权力要求 6 的从属权力要求。

在本发明申请中，权力要求 1 与权力要求 6 这两项并列独立权利要求应当属于一个总的发明构思，满足单一性要求。如何确定一组发明或实用新型属于一个总的发明构思呢？如果一组发明或者实用新型的技术方案之间存在技术上的联系，那这种技术上的联系具体表现在：其相应的权利要求在技术上相互关联，包含一个或多个相同的或相应的特定技术特征，那么就可以认为这一组发明或实用新型属于一个总的发明构思。权力要求 6 的控制方法是针对权力要求 1 的空调系统而言的，权力要求 1 是权力要求 6 的基础，权力要求 6 是对权力要求 1 的实现。这也是该发明定位为方法发明的主要原因。独立权力 1 和独立权力 6 均采用了前序部分加特征部分的写法，各自的从属权力要求均引用其独立权利要求，从属权利要求的保护范围是对其引用权利要求的保护范围作进一步限定，其保护范围应落在被引用权利要求的保护范围之内。比如权力要求 3、4、5 均为装置设备的连接关系，是对权力要求 1 的进一步限定，权力要求 5 为引用的权利要求 1 设备的进一步确定；权力要求 7～10 均为权利要求 6 中对应步骤的进一步限定，并且技术方案完整可行。

7 科技论文写作

科技论文是创新性科学技术研究工作成果的科学论述，是理论性、实验性或观测性的新知识的科学记录，是已知原理应用于实际中取得新进展、新成果的科学总结。

7.1 科技论文的种类

按照科技论文发挥的作用来看，科技论文可分为三类：一是学术性论文；二是技术性论文；三是学位论文。按研究方式和论述内容来看，科技论文可分为以下6类：

(1) 实验(试验)研究型

实验(试验)研究型科技论文主要针对科技领域的一个学科或一个专题，有目的地进行调研与考察、实验与分析，或进行相应的模拟研究，得到系统的观察数据、实验数据等原始资料和分析结论。原始资料准确齐备是进一步深入研究的依据与基础。实验研究型论文占现代科技论文的多数。这类论文不同于一般的实验报告，其写作重点应放在研究上。它追求的是可靠的理论依据，先进的实(试)验设计方案，先进、适用的测试手段，合理、准确的数据处理及科学、严密的分析与论证。

(2) 理论论证型

理论论证型论文主要是提出新假说，通过数学推导或逻辑推理，从而得到新的理论，包括定理、定律和法则。其写作要求是数学推导要科学、准确，逻辑推理要严密，并准确地使用定义和概念，力求得出无懈可击的结论。

(3) 发现、发明型

发现、发明型科技论文主要是记叙所发现事物的时间、背景、现象、本质、特性及其运动变化规律和使用前景；或是阐述所发现的装备、系统、工具、材料、工艺、方法、配方形式及其功效、性能、特点、原理和使用条件。

(4) 设计、计算型

设计、计算型论文是指为解决工程、技术、管理问题而进行的计算机程序设计；某些系统、工程方案、机构、产品的计算机辅助设计和优化设计以及某些过程的计算机模拟；某些产品(包括整机、部件或零件)或物质(材料、原料等)的设计或调制、配制等。这类论文总的要求是相对要“新”，数学模型的建立和参数的选择要合理，编制的程序要能正常运行，计算结果要合理、准确；设计的产品或调制、配制的物质要经试验证实或经生产、使用、考核。

(5) 综合论述型

综合论述型论文是一种比较特殊的科技论文，与一般科技论文的区别在于不要求研究内容具有首创性，尽管好的综述文章常常包括未曾发表过的新内容和新思想，但是它要求撰稿人在综合分析和评价已有资料的基础上，提出特定时期内有关专业课题的发展演变规律和趋势。

综述文章的题目一般较笼统，篇幅较长，写法主要有两类：一类以汇集文献资料为主，辅以注释，客观而较少评述；另一类着重评述，通过回顾、观察和展望，提出具有启迪性的看法和建议，这类文章的撰写要求较高，具有权威性，往往能对学科的发展起到引导作用。

(6) 其他型

如学术争鸣等。

科技人员不但需要具备一定的专业知识和科学研究能力，而且还应具备遣词造句、立意、谋篇、表达、逻辑、语法、修辞等各种基础写作技能和文学修养，这样才能更好地对所从事的工作进行总结、挖掘、深入、交流和提高。

7.2 科技论文的格式及要求

科技论文一般包括9个部分：题名、论文作者、摘要、关键词、前言、研究方法、分析与讨论、结论和参考文献。论文需要图文并茂，条理清晰，层次分明，计算正确，分析得当，结论合理。

7.2.1 科技论文各部分的写作顺序

科技论文的写作是一个非常繁琐的过程，有很多部分需要逐一完成。因为一篇论文包含很多部分，所以其撰写需要按照一定的顺序。论文正确的写作顺序建议：研究方法→分析与讨论→ 结论→前言 →摘要→论文的标题→关键词→参考文献，如图7.1所示。

在撰写研究方法之前，我们建议先确定论文的框架(也就是目录)，然后完成论文的主要图表。

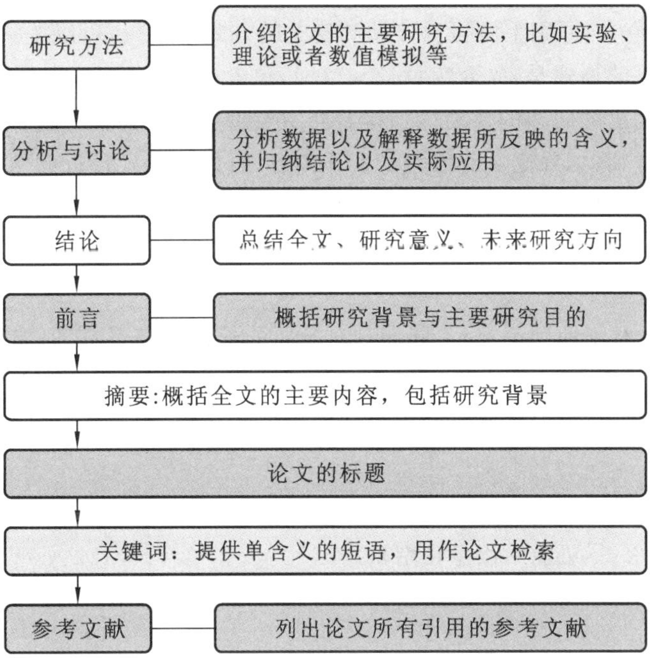

图7.1 论文写作顺序

7.2.2 前言

前言需要介绍论文所研究问题的背景。在撰写前言时，需要注意中英文刊物的区别。一般中文期刊论文篇幅短，英文期刊论文篇幅长，其中篇幅差异较大的也包括前言部分。英文刊物一般要求前言部分非常详细，而中文刊物则要求前言部分非常精练。

7.2.3 摘要与结论

无论是期刊论文还是学位论文，都需要让读者看出论文的目标是什么、作者做了哪些工作、发现了什么、得到了什么结论。因此，摘要一般包含五个基本要素：问题陈述、动机、方法、结果和结论。

7.2.3.1 摘要

(1) 摘要的五要素

① 问题陈述：对要解决的问题进行概括，适当突出问题的重要性和目前存在的不足。

② 动机：论文中要解决的问题。

③ 方法：论文采用的研究方法，必要时突出关键技术。

④ 结果：论文得到的数据、规律和发现等。

⑤ 结论：研究结果的影响和意义。

(2) 期刊论文和学位论文摘要的区别

① 对于期刊论文，一般采用“动机→问题陈述→方法→结果→结论”或“问题陈述→动机→方法→结果→结论”这样的顺序。

② 对于学位论文：原则上既可以按期刊论文的方式介绍，也可以按学位论文摘要格式。

学位论文摘要的格式是：先介绍背景与目标，包含问题陈述和动机，突出背景问题的重要性以及论文要解决的问题的重要性。接着介绍要解决的几大类问题，可以按章归类，但尽量不要超过 3 个类别(如果论文有四大章实质内容，可以将形式接近的两章内容合并)，针对每一类问题介绍所采用的方法、得到的结果以及重要结论。最后对主要结果和结论的意义和价值进行概括。

(3) 摘要的基本要求

① 长度要求：对于期刊论文，不同期刊对摘要的长度规定不同，但如果摘要占一页的三分之一左右，就会比较美观。对于学位论文，摘要的长度一般要求不超过 1000 字。

② 五要素的权重：根据各要素的重要性来分配其字数，如果某个要素完全不重要，那么可以不出现。

③ 方法的介绍：尽量指出方法的可靠性和适应的参数范围。

④ 结果的介绍：尽可能给出量化结果。

⑤ 结论的介绍：结论除交代解决了什么问题外，还需要总结出对研究结果的实用价值。

7.2.3.2 结论

本部分是用于回答论文中引言提出的问题。例如，引言提出了“全球变暖导致火灾增加了吗”这一问题，通过研究给出“全球变暖只是火灾频率增加的一个原因”的结论。除此之外，论文由背景和需求等一般信息过渡到方法和结果等具体信息，经过进一步讨论，明确要点。然而，作为论文的单独一节或者一章，结论包含更多的意义。

① 期刊论文的结论中包含的六部分内容

a.简明扼要地重申论文的主题及其重要性。

b.重申主要论点与主张及其重要性。

c.简要提及是如何得到这些论点与主张的。

d.简要介绍本研究丰富了什么、纠正了什么、补充了什么、提出了什么等。

e.不足之处(不是指错误，而是指有哪些问题没有考虑等)。

f.概述未来的研究可能性。

② 学位论文的结论

对于学位论文，最后一章一般不以结论作为标题，而是以“总结和展望”作为标题。

a.简明扼要地重申论文的主题及其重要性。

b.简要归纳研究了什么问题、用什么方法得到了什么结果，并得出了什么结论、回答是否解决了引言提出的问题。

c.归纳创新点。可以是方法的创新(包括手段或使用方法)，也可以是结果、分析或结论的创新，如发现了什么现象、获得了什么规律、提供了什么不一样的数据、纠正了什么认识、丰富了什么知识等。

d.总结工作的意义。

③ 学位论文的展望部分

a.论文工作的不足(如手段不足)。

b.未来可开展的工作。

c.未来工作的意义。

d.开展未来工作的大致思路，需要拥有什么样的条件才能开展未来工作。

e.未来工作是自己将要开展还是建议别人开展。

7.2.3.3 摘要与结论的主要区别

① 摘要是全文的简介，应尽可能简短；结论则是全文的总结，一般比摘要更详细。

② 摘要用于吸引更多的读者，是给没有阅读全文的人看的，因此摘要应通俗易懂；结论则是给同行看的，可以包含深奥的专业术语，主要是让已阅读全文的读者记住一些要点。

③ 摘要是独立阅读的文本，不能包含需要翻看全文才能理解的符号和编号，因此不允许按编号引用章节、图形表、公式和参考文献等；结论是给已阅读全文的人看的，因此允许引用章节、图表、公式等。

④ 摘要中尽量不要出现数学符号；结论可适当出现符号与公式。

⑤ 摘要突出当前做了什么及其意义；结论要求指出未来还可以做什么。

7.3 综述论文

不管是哪种学科的哪种研究，文献综述必不可少。文献综述具有承上启下的作用，是学术研究和学术论文写作的一个重要环节。通过文献综述，我们可以了解相关领域的研究现状，在前人研究的基础上确定自己要研究的问题，避免不必要的重复并能够有所创新，为科学知识的积累做出自己的贡献。

7.3.1 文献综述的目的

任何研究都不是凭空产生的，而是在前人研究的基础上从某个方面进行深化，具有一定的传承性。因此，文献综述是研究的第一步，其目的在于了解前人说过什么，而这实际上也决定了我们能够说些什么。具体地，对于要研究的问题，我们必须弄清以下内容：

(1) 前人是否说过

要知道前人是否说过，关键是要进行充分的文献检索。互联网的出现以及在线数据库的广泛应用为文献检索提供了前所未有的便利。如果文献检索结果表明自己打算做的研究已有别人做过，那么就没有必要做无用的重复，而应及时调整自己的思路，更换研究角度、重点或方法。

(2) 前人说过什么

要想知道前人说过什么，就必须解答以下几个问题：首先是前人研究的对象或问题是什么(what)、前人是如何(how)阐述研究问题的，以及为什么(why)这样阐述；然后是前人观点的异同是什么，这些观点是否可以分类、如何分类，观点之间的前后时间关系和逻辑关系是什么。

(3) 前人是怎么说的

进行文献综述时不仅要综述观点，还要综述研究方法(即别人是怎么说的)。方法的发展和进步会在很多方面改变自己已有的观点。总的来说，针对某一研究对象所使用的研究方法会越来越多。因此，当我们发现某类文献主要以使用某一种或某几种研究方法为主，而对其他研究方法运用得较少时，就应该考虑能否采用其他方法，特别是比较新的研究方法，以便通过方法创新来实现观点创新。

(4) 何人、何时、何地说过

这组问题主要反映相关观点演化过程的影响因素，包括观点在不同地域、不同时间上的变化。

实际上，如果我们能够在文献综述的过程中回答好以上四个方面的问题，那么就可以基本确定我们要做的研究或要写的论文的创新点、主要思路和拟采用的方法。可以说，做好文献综述，研究工作就完成了一大半，剩下的问卷设计、实地调查、数据分析、论文写作等工作便水到渠成。

7.3.2 几种结构安排

在读完文献并完成笔记整理工作以后，就可以开始考虑从什么角度撰写文献综述，也就是考虑文献综述的结构。不像研究论文，综述性文章并没有固定的结构要求，但这并不表明其结构安排无规律可循。一般来说，我们可以从以下方法中选择：① 按照综述对象的不同构成部分；② 按照综述对象自身的发生、发展顺序；③ 按照主要的研究范式、学术流派、研究视角或观点；④ 按照研究阶段（时期）；⑤ 其他结构安排。

除了上述几种比较常见的结构安排外，还有一些文献综述类文章以主要人物、研究方法等为线索来进行综述。不管采用哪种结构，一篇好的文献综述类文章必须有明确的逻辑和顺序，应该清晰地告诉读者为什么要采用这种或这些结构安排。而且，当我们提出一种或几种结构安排（其实质是分类）时，实际上已经在做某种程度的整合工作。更进一步，这些结构安排还可以被看作是"因"，我们准备评论或在综述基础上提出的一些新观点可以被看作是"果"，因果之间也必须有严密的逻辑关系。无论采用哪种或哪些结构，在综述文章的第一节（也就是"引言"部分）应该介绍文章的主要内容、大致结构，并事先初步交代作者的原创性观点，随后各节可以按照引言所交代的思路来进行文献述评。

7.3.3 综述论文写作的注意事项

在找到并读完文献、做好笔记并大致确定了文章的结构之后，我们就可以着手撰写文章了。写作时应注意以下几点：

（1）切忌只述不评

若在文献综述类论文中仅对前人的研究进行总结，自己的评论只是一笔带过，那么就落入了纯粹为综述而综述的尴尬境地。一篇好的综述文章在广泛阅读和清晰交代前人文献的基础上，应该提出自己的观点，也就是能够有所评论或总结。我们认为，一篇综述性文章中"述"与"评"的比例以 7∶3 为宜。而且，在评的时候一定要有原创性观点，不能只是简单地对已有文献进行统计式的评论。旨在发展新理论的综述性文章则应更进一步，要在综述的基础上提出新的命题或模型。这种提出了新命题或概念性理论模型的综述论文具有较高的价值，能为后续研究指明方向与重点。

我们经常看到一些综述性文章采用了与其他综述性文章一样的素材和方法，但由于采用"评"的视角去看待同样的材料并提炼出新的命题或模型，因而其学术价值明显高于那些以"述"为主的文章。

（2）确保准确、清晰

文献综述类论文应该力求准确、清晰，不能写成文学体的"流水账"。其中，"准确"是指在表述前人观点时不要加入自己的价值判断，只需说明被综述文献的主要观点和脉络。在综述过程中切忌断章取义，对文献进行人为的取舍。对某篇文献而言，不管你喜欢与否，只要内容与综述主题相关，就必须将其列出。"清晰"是指文献综述各构成部分之间的关系清楚、层次分明，让读者看后一目了然。

（3）组织好材料，避免罗列、堆砌

我们在做文献综述时常犯的一个毛病就是罗列与堆砌材料。由于花费了大量的时间查找、阅读和分析文献，在实际写作时往往会把所有与综述主题有关的文献中的观点都写入手稿中，就怕遗漏了部分内容。但是，这样做会导致综述文章冗长不堪，使综述主题被淹没在大量的材料中而无法突出重点。因此，我们在整理笔记并进行写作时一定要有所取舍；与综述主题无关或关系不大的观点，即使已经为它们花费了很多的时间和精力，该舍弃的还是得舍弃。

(4) 缩小范围，突出重点

要想写出具有新意的文献综述，从选择综述主题的角度来看，应该缩小范围；从篇幅安排的角度来看，应该突出重点，避免面面俱到。其中，缩小范围是指综述时不要做“大题目”，要做“小题目”。重点突出是指在做综述时，只需综述与主题直接相关的文献即可。

(5) 认真阅读文献

必须认真逐篇阅读已有的相关文献，每一篇被引用的文献至少要阅读内容摘要和结论，大部分文献应该阅读摘要、引言、发现和结论，少数重要文献必须通读全文。没有读过的文献不要引用到自己的综述中。现在很多综述文章的一个通病就是作者并没有真正看过所引用的原文，把他人的述评直接作为自己的观点，有时甚至无法发现他人述评中的笔误或错讹，以至于以讹传讹。

写好一篇文献综述所花费的时间和精力，可能要远远超过写一篇一般的、利用统计工具做经验研究的论文。但是，一旦公开发表，文献综述类文章的意义远远大于一般的经验研究论文。

7.4 文献的查找与阅读

无论撰写哪一种科技论文，均需要进行文献阅读。

7.4.1 查找文献

文献综述的第一步是查找文献，也就是搜集要综述的素材。一种常用的方法是直接进入各种数据库，在“文章标题、关键词和摘要”这一搜索项中填入搜索信息，再执行搜索命令。然而，在国内外各种刊物层出不穷、文章不胜其数的情况下，我们很可能搜索到数百篇，甚至上千篇的相关文献，以至于无从着手阅读、分析。我们建议先重点搜集和阅读有代表性的文献，特别是对相关研究产生重大影响的文献。

(1) 查找并阅读发表在一流刊物上的文章

每个学科都有自己的刊物分级和排名，要重点查阅排名靠前的刊物所刊载的文献。比如建筑环境与能源应用工程专业，国内期刊有《暖通空调》《建筑热能通风空调》《建筑科学》《建筑节能》等；国际期刊有 *Building and Environment*，*Energy and Buildings*，*Energy* 等。

(2) 查找权威教科书及其提到的某领域的经典文献

一般来说，我们所研究的问题大多可以在教科书中找到相应的章节。若能找到权威的教科书，就可以从相应的章节中找到这些教科书作者所引用的文献，这些文献往往也是对相关学科发展较为重要的文献。若能找到最新版本的教科书，则效果会更好。

(3) 查找学术权威发表的研究成果

根据时间顺序阅读学术权威的文献有助于我们了解和分析相关领域学术研究的演化发展过程。若能找到并认真阅读学术权威亲自撰写的相关研究领域发展历史的述评文章，那么，我们就能更加清晰地了解相关领域不同学术观点的产生和发展过程。

在综合采用以上方法之后，我们基本上能找到所有的代表性文献。接下来，我们还应该查找较多的次要文献。尽管这些文献的引用率不一定高、学术贡献不会太大，但它们仍能从某一方面深化相关理论体系，因此有必要在我们的文献综述中交代它们的贡献。

最后必须指出的是，我们在搜集文献的过程中，肯定会发现一些现成的、与我们要写的文章相似的综述文章。我们可以借鉴这些文章的内容（最重要的是这些文章的参考文献清单）来缩短我们搜集、理解和阅读原始文献的过程，但切不可如获至宝般投机取巧地照抄这些现成的综述文章而略过原始文献，这是目前错讹屡屡出现的根源，也违背了学术研究求真务实的精神。

7.4.2 阅读文献

应该根据文献的贡献大小，采用不同的方法来阅读。

（1）读摘要（abstract）和结论（conclusion）

很多经验研究文献有较大的重复性，量表、研究方法都没有改进或改进得较少，写作的主要目的是测试不同情境下的理论适用性，有时结论大同小异。对于这类学术价值不大的文献，读摘要和结论即可。

（2）读摘要、引言（introduction）、发现（findings）和结论

大部分文献在方法、模型构建或者样本选择方面会有一些独到之处。对于这些文献，应该认真阅读文章的摘要、引言、发现和结论四个部分。在阅读过程中，要重点思考文章的创新之处与我们自己的综述对象之间的关系。

（3）通读全文

上述两种方法主要用来阅读次要文献。对于代表性文献，我们应该认真阅读全文。这类文献通常是经典文献，有时字字珠玑，需要认真体会、揣摩作者的观点及其提出的过程。在阅读次要文献时，还应该不时地与代表性文献进行对照。

无论采用哪种阅读方法，在阅读文献时都应该做好读书笔记，把篇名、作者、出处、发表时间、页码等信息记录下来（建议在这一阶段就开始使用 Endnote 等文献管理软件，可以大大提高工作效率）。笔记应包括以下两个方面的内容：一是对文章观点、方法等方面的总结，二是自己的感受和思考。阅读完足够多的文献，对笔记进行分类、汇总、分析、删减和组合以后，就可以得到文献综述的基本素材，并且能够列出相应的参考文献。

7.5 数据图及制作

数据图是一篇论文的门面，这是因为很多人习惯从扫读论文的主要图片开始。制作精美的数据图从一开始就能抓住读者以及审稿人的“心”。虽然一篇论文的核心是其表述的思想及观点，而且有很多论文甚至都没有数据图，但我们不能否认精美的数据图能极大地提升论文的被接受率。

7.5.1 主要的数据图类型

(1) 直(曲)线图

这是我们最常见的一种图,属于二维图形,如图 7.2 所示。一般横、纵坐标表示两个参数之间的关系。同时这种图形可以允许多个纵坐标存在,可表示多个参数与横坐标参数之间的关系。

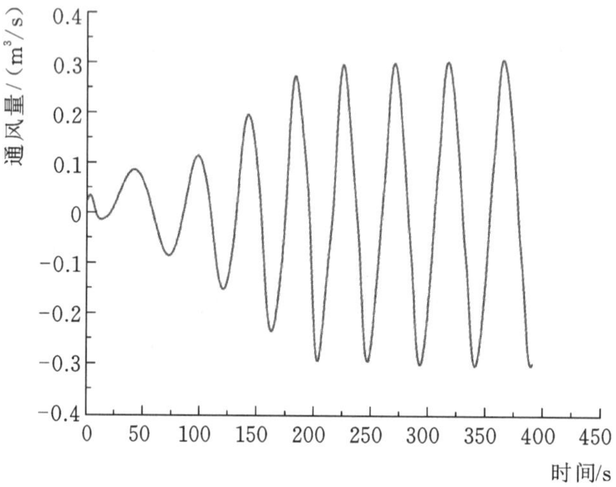

图 7.2 直(曲)线图示例

(2) 散点图

散点图(图 7.3)除了表示横、纵坐标之间参数的关系以外,还能从散点的大小来表示额外的参数。

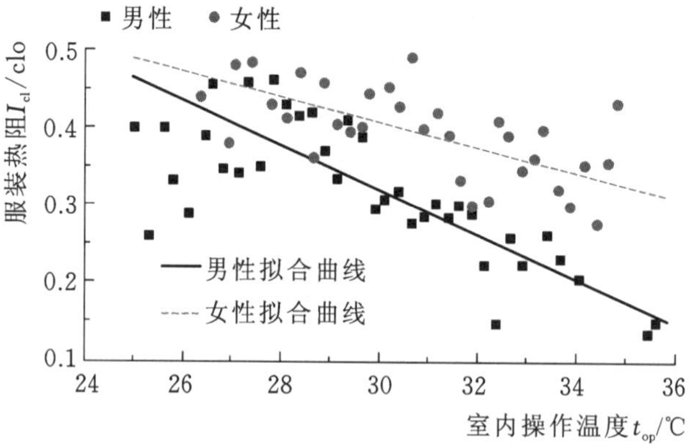

图 7.3 散点图示例

(3) 柱状图

一般来讲,柱状图(图 7.4)与曲线表现形式类似,但更加直观。

(4) 箱型图

箱型图(图 7.5)也是一种通用的图形,一般常见于重复性实验组的数据处理。箱型图一般包括一个箱体(长方形)以及箱体上向上、向下的延长线,另外有些箱体内部还有一条横线(通常指代中位数)。所以,一个箱型图可以表示五个数据,从高到低分别表示最大值(延长线上边缘)、上四分位数(箱体上边缘)、中位数(箱体内部横线)、下四分位数(箱体下边缘)以及最小值(延长线下边缘)。

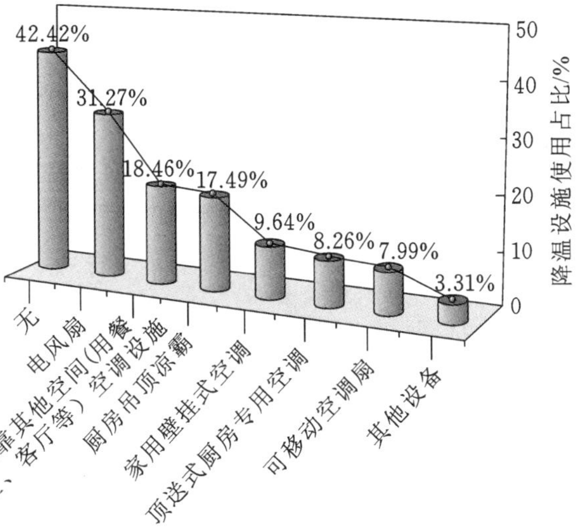

图 7.4 柱状图示例

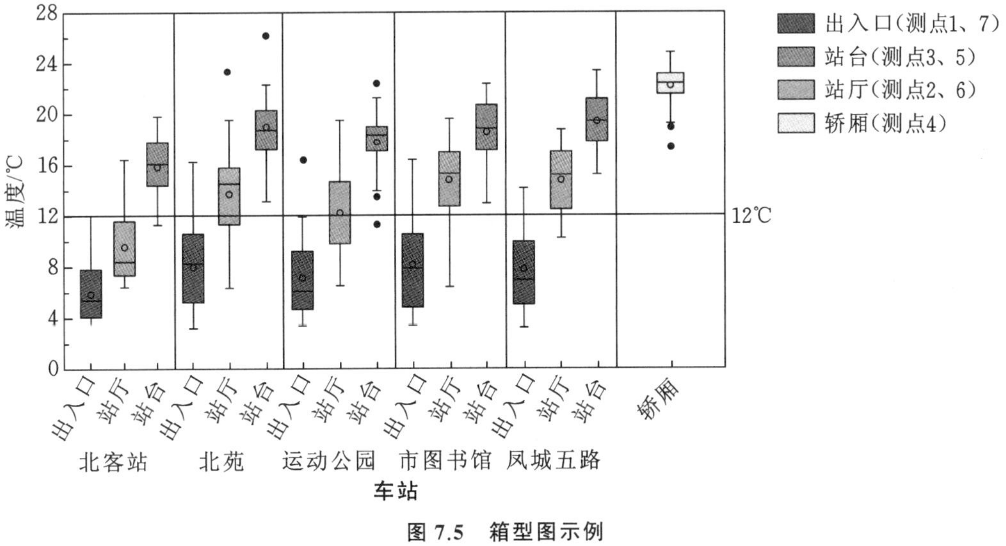

图 7.5 箱型图示例

(5) 饼状图

饼状图通常表示各个部分占总体的百分比,可以很直观地表示部分在整体中所占的比重。饼状图也可以做得很复杂,比如可以用不同的半径表示另外一组参数,如图 7.6 所示。

(6) 热力图

热力图表示某个参数在空间上分布的规律,颜色越深一般代表该处参数的数值越高,从

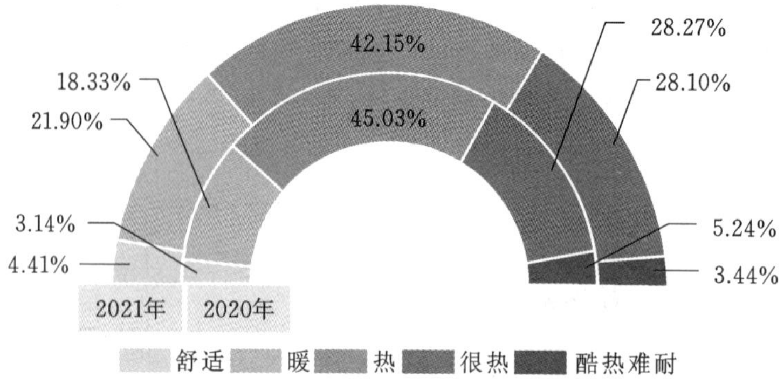

图 7.6 饼状图示例

而表明此处为热点。

除以下图形，还有地理坐标图、极坐标图、K 线图、3D 图等。

7.5.2 主要画图软件

主要画图软件有 Excel、Origin、Python、MATLAB、Tecplot 等。

(1) Excel 是微软 Microsoft 自带的软件。Excel 除了能很方便地列出数据以外，还能画出建议图形来表示各个参数之间的关系。其优点是可以利用其自带功能来进行统计分析，比如曲线拟合、方差计算等。但其缺点也比较明显，画图一般比较简单，而且图形以二维为主，比如曲/直线图、柱状图、饼图等。

(2) Origin 是科研人员使用得最广泛的一款软件，可以满足一般的二维及三维图形，而且可以个性化定制，从而缩短同类型图绘制的时间。其操作界面简单易懂，初学者易上手。另外，其自带直线、曲线拟合功能，可以很容易得到相关的统计分析数据。

(3) Python 自带的画图功能需要通过编程来实现，要求对 Python 语言有比较充分地了解。但 Python 有很多公司或者网友制作的模块(或者可以说插件，比如 Pyecharts、Seaborn)，可以简单实现各种“炫酷”以及“无所不能”的定制图形。另外，Python 还可以制作动态图。但其缺点也很明显，其人机界面需要通过编程完成，这样用户体验就不如 Origin 那么方便。

(4) MATLAB 应该是使用编程语言画图中比较简单的一种，因为其中的画图模块基本上利用几行代码就可以搞定，而且其定制化可以通过界面来实现。MATLAB 基本上可以实现各种二维或三维图形的制作。另外，MATLAB 还有一个非常“强悍”的功能，那就是可以对图像批量进行处理。

(5) Tecplot 是一款强大的数据分析和可视化处理软件，但一般不会用于简单的二维曲线图的制作，主要用于处理大批量的数据。如 Tecplot 可以和 FLUENT 数值模拟软件接口，从而实行大规模数值模拟输出数据的处理以及模拟动画的制作。

7.5.3 画图技巧

一般来讲，我们需要寻找一款适合自己的软件，在软件的选择上切勿贪多而造成时间上的浪费。

画图时尽量将图中的文字调大；尽量在图片的标题中解释图片的含义。如有特别的图例需要具体解释，比如箱体图、K 线图等，画图时尽量将全部的信息绘在一张图片上。如科研论文中使用单一的直线图就会显得有些简单和单薄，可以将直线图和其他图（比如柱状图、饼状图）进行合并，从而增加整体厚重感；对于一个图片中包含不同曲线的情况，尽量不要用各种线型的线条来区分，最好用不同的散点图＋曲线图来区别，这样图片在黑白打印时也容易识别。

附　　录

发明专利申请

发明专利请求书

请按照“注意事项”正确填写本表各栏

⑦发明名称				此框内容由国家知识产权局填写
				①申请号
				②分案提交日
⑧发明人	发明人 1		□不公布姓名	③申请日
	发明人 2		□不公布姓名	④费减审批
	发明人 3		□不公布姓名	⑤向外申请审批
⑨第一发明人国籍或地区	居民身份证件号码			⑥挂号号码

⑩申请人	申请人(1)	姓名或名称	申请人类型
		居民身份证件号码或统一社会信用代码/组织机构代码 □请求费减且已完成费减资格备案	电子邮箱
		国籍或注册国家(地区)	经常居所地或营业所所在地
		邮政编码	电话
		省、自治区、直辖市	
		市县	
		城区(乡)、街道、门牌号	
	申请人(2)	姓名或名称	申请人类型
		居民身份证件号码或统一社会信用代码/组织机构代码 □请求费减且已完成费减资格备案	电子邮箱
		国籍或注册国家(地区)	经常居所地或营业所所在地
		邮政编码	电话
		省、自治区、直辖市	
		市县	
		城区(乡)、街道、门牌号	
	申请人(3)	姓名或名称	申请人类型
		居民身份证件号码或统一社会信用代码/组织机构代码 □请求费减且已完成费减资格备案	电子邮箱
		国籍或注册国家(地区)	经常居所地或营业所所在地
		邮政编码	电话
		省、自治区、直辖市	
		市县	
		城区(乡)、街道、门牌号	

续表

<table>
<tr><td rowspan="5">⑪
联
系
人</td><td colspan="2">姓名</td><td colspan="2">电话</td><td colspan="2">电子邮箱</td></tr>
<tr><td colspan="6">邮政编码</td></tr>
<tr><td colspan="6">省、自治区、直辖市</td></tr>
<tr><td colspan="6">市县</td></tr>
<tr><td colspan="6">城区(乡)、街道、门牌号</td></tr>
<tr><td colspan="7">⑫代表人为非第一署名申请人时声明　　特声明第____署名申请人为代表人</td></tr>
<tr><td rowspan="5">⑬
专
利
代
理
机
构</td><td colspan="6">□声明已经与申请人签订了专利代理委托书，且本表中的信息与委托书中相应信息一致</td></tr>
<tr><td colspan="3">名称</td><td colspan="3">机构代码</td></tr>
<tr><td rowspan="3">代
理
人
(1)</td><td colspan="2">姓名</td><td rowspan="3">代
理
人
(2)</td><td colspan="2">姓名</td></tr>
<tr><td colspan="2">执业证号</td><td colspan="2">执业证号</td></tr>
<tr><td colspan="2">电话</td><td colspan="2">电话</td></tr>
<tr><td>⑭
分案
申请</td><td colspan="2">原申请号</td><td colspan="2">针对的分
案申请号</td><td colspan="2">原申请日　年　月　日</td></tr>
<tr><td rowspan="2">⑮
生物
材料
样品</td><td colspan="2">保藏单位代码</td><td colspan="2">地址</td><td>是否存活</td><td>□是　　□否</td></tr>
<tr><td colspan="2">保藏日期　　年　月　日</td><td colspan="2">保藏编号</td><td colspan="2">分类命名</td></tr>
<tr><td>⑯
序列
表</td><td colspan="2">□本专利申请涉及核苷酸或氨基酸序列表</td><td>⑰
遗传
资源</td><td colspan="3">□本专利申请涉及的发明创造是依赖于遗传资源完成的</td></tr>
<tr><td rowspan="3">⑱
要
求
优
先
权
声
明</td><td>原受理机构名称</td><td>在先申请日</td><td>在先申请号</td><td rowspan="2">⑲
不丧失
新颖性
宽限期
声明</td><td colspan="2" rowspan="2">□已在国家出现紧急状态或者非常情况时，为公共利益目的首次公开
□已在中国政府主办或承认的国际展览会上首次展出
□已在规定的学术会议或技术会议上首次发表
□他人未经申请人同意而泄露其内容</td></tr>
<tr><td rowspan="2"></td><td rowspan="2"></td><td rowspan="2"></td></tr>
<tr><td>⑳
保密
请求</td><td colspan="2">□本专利申请可能涉及国家重大利益，请求按保密申请处理
□已提交保密证明材料</td></tr>
</table>

续表

㉑ □声明本申请人对同样的发明创造在申请本发明专利的同日申请了实用新型专利		㉒ 提前 公布	□请求早日公布该专利申请
㉓ 摘要附图	指定说明书附图中的图＿＿＿为摘要附图		
㉔ 申请文件清单 1. 请求书　份　页 2. 说明书摘要　份　页 3. 权利要求书　份　页 4. 说明书　份　页 5. 说明书附图　份　页 6. 核苷酸或氨基酸序列表　份　页 7. 计算机可读形式的序列表　份 权利要求的项数　项		㉕ 附加文件清单 □实质审查请求书　份　共　页 □实质审查参考资料　份　共　页 □优先权转让证明　份　共　页 □优先权转让证明中文题录　份　共　页 □保密证明材料　份　共　页 □专利代理委托书　份　共　页 总委托书备案编号(＿＿＿＿＿＿) □在先申请文件副本　份 □在先申请文件副本中文题录　份　共　页 □生物材料样品保藏及存活证明　份　共　页 □生物材料样品保藏及存活证明中文题录　份　共　页 □向外国申请专利保密审查请求书　份　共　页 □其他证明文件(注明文件名称)　份　共　页 □	
㉖全体申请人或专利代理机构签字或者盖章 年　月　日		㉗国家知识产权局审核意见 年　月　日	

发明专利请求书外文信息表

<table>
<tr><td>发明名称</td><td colspan="2"></td></tr>
<tr><td rowspan="3">发明人姓名</td><td>发明人 1</td><td></td></tr>
<tr><td>发明人 2</td><td></td></tr>
<tr><td>发明人 3</td><td></td></tr>
<tr><td rowspan="3">申请人名称及地址</td><td>申请人 1</td><td>名称
地址</td></tr>
<tr><td>申请人 2</td><td>名称
地址</td></tr>
<tr><td>申请人 3</td><td>名称
地址</td></tr>
</table>

注意事项

一、申请发明专利，应当提交发明专利请求书、权利要求书、说明书、说明书摘要，有附图的应当同时提交说明书附图，并指定其中一幅作为摘要附图。（表格可在国家知识产权局网站 www.cnipa.gov.cn 下载。）

二、本表应当使用国家公布的中文简化汉字填写，表中文字应当打字或者印刷，字迹为黑色。外国人姓名、名称、地名无统一译文时，应当同时在请求书外文信息表中注明。

三、本表中方格供填表人选择使用，若有方格后所述内容的，应当在方格内作标记。

四、本表中所有详细地址栏，本国的地址应当包括省（自治区）、市（自治州）、区、街道门牌号码，或者省（自治区）、县（自治县）、镇（乡）、街道门牌号码，或者直辖市、区、街道门牌号码。有邮政信箱的，可以按规定使用邮政信箱。外国的地址应当注明国别、市（县、州），并附具外文详细地址。其中申请人、专利代理机构、联系人的详细地址应当符合邮件能够迅速、准确投递的要求。

五、填表说明

1. 本表第①、②、③、④、⑤、⑥、㉗栏由国家知识产权局填写。

2. 本表第⑦栏“发明名称”应当简短、准确，一般不得超过 25 个字。

3. 本表第⑧栏“发明人”应当是个人。发明人可以请求国家知识产权局不公布其姓名。

4. 本表第⑨栏应当填写第一发明人国籍，第一发明人为中国内地居民的，应当同时填写居民身份证件号码。

5. 本表第⑩栏，申请人是个人的，应当填写本人真实姓名，不得使用笔名或者其他非正式姓名；申请人是单位的，应当填写单位正式全称，并与所使用公章上的单位名称一致。申请人是中国内地单位或者个人的，应当填写其名称或者姓名、地址、邮政编码、统一社会信用代码/组织机构代码或者居民身份证件号码；申请人是外国人、外国企业或者外国其他组织的，应当填写其姓名或者名称、国籍或者注册的国家或者地区、经常居所地或者营业所所在地。申请人类型可从下列类型中选择填写：个人，企业，事业单位，机关团体，大专院校，科研单位。申请人请求费用减缴且已完成费减资格备案的，应当在方格内作标记，并在本栏填写证件号码处填写费减备案时使用的证件号码。

6. 本表第⑪栏，申请人是单位且未委托专利代理机构的，应当填写联系人，并同时填写联系人的通信地址、邮政编码、电子邮箱和电话号码，联系人只能填写一人，且应当是本单位的工作人员。

7. 本表第⑫栏，申请人指定非第一署名申请人为代表人时，应当在此栏指明被确定的代表人。

8. 本表第⑬栏，申请人委托专利代理机构的，应当填写此栏。

9. 本表第⑭栏，申请是分案申请的，应当填写此栏；申请是再次分案申请的，还应当填写所针对的分案申请的申请号。

10. 本表第⑮栏，申请涉及生物材料的发明专利的，应当填写此栏，并自申请日起四个月内提交生物材料样品保藏及存活证明，对于外国保藏单位出具的生物材料样品保藏及存活证明，还应同时提交生物材料样品保藏及存活证明中文题录。本栏分类命名应填写所保藏生物材料的中文分类名称及拉丁文分类名称。

11. 本表第⑯栏，发明申请涉及核苷酸或氨基酸序列表的，应当填写此栏。

12. 本表第⑰栏，发明创造的完成依赖于遗传资源的，应当填写此栏。

13. 本表第⑱栏，申请人要求优先权的，应当填写此栏。

14. 本表第⑲栏，申请人要求不丧失新颖性宽限期的，应当填写此栏，并自申请日起两个月内提交证明文件。

15. 本表第⑳栏，申请人要求保密处理的，应当填写此栏。

16. 本表第㉑栏，申请人同日对同样的发明创造既申请实用新型专利又申请发明专利的，应当填写此栏。未作说明的，依照《专利法》第九条第一款关于同样的发明创造只能授予一项专利权的规定处理。（注：申请人应当在同日提交实用新型专利申请文件。）

17. 本表第㉒栏，申请人要求提前公布的，应当填写此栏。若填写此栏，不需要再单独提交发明专利请求提前公布声明。

18. 本表第㉓栏，申请人应当填写说明书附图中的一幅附图的图号。

19. 本表第㉔、㉕栏，申请人应当按实际提交的文件名称、份数、页数及权利要求项数正确填写。

20. 本表第㉖栏，委托专利代理机构的，应当由专利代理机构加盖公章。未委托专利代理机构的，申请人为个人的应当由本人签字或者盖章，申请人为单位的应当加盖单位公章；有多个申请人的由全体申请人签字或者盖章。

21. 本表第⑧、⑩、⑮、⑱栏，发明人、申请人、生物材料样品保藏、要求优先权声明的内容填写不下时，应当使用规定格式的附页续写。

发明申请书案例

缴费须知

1. 申请人应当在缴纳申请费通知书(或费用减缴审批通知书)中规定的缴费日前缴纳申请费、公布印刷费和申请附加费。申请人要求优先权的,应当在缴纳申请费的同时缴纳优先权要求费。

2. 一件专利申请的权利要求(包括独立权利要求和从属权利要求)数量超过10项的,从第11项权利要求起,每项权利要求增收附加费150元。一件专利申请的说明书页数(包括附图、序列表)超过30页的,从第31页起,每页增收附加费50元;超过300页的,从第301页起,每页增收附加费100元。

3. 申请人请求减缴费用的,应当在提交申请文件前完成费减资格备案,并在请求书中"申请人"一栏提出请求。

4. 专利费用可以通过网上缴费、邮局或银行汇款缴纳,也可以到国家知识产权局或代办处面缴。

5. 网上缴费:电子申请注册用户可登录网站 http://cponline.cnipa.gov.cn,并按照相关要求使用网上缴费系统缴纳。

6. 邮局汇款:收款人姓名为国家知识产权局专利局收费处,商户客户号为110000860。

7. 银行汇款:开户银行为中信银行北京知春路支行,户名为国家知识产权局专利局,账号为7111710182600166032。

8. 汇款时应当准确写明申请号、费用名称(或简称)及分项金额。未写明申请号和费用名称(或简称)的视为未办理缴费手续。若想了解更多详细信息及要求,请登录网站 http://www.cnipa.gov.cn 查询。

9. 对于只能采用电子联行汇付的,应当向银行付电报费,正确填写并要求银行至少将"申请号"及"费用名称"两项列入汇款单附言栏中,同时发至国家知识产权局专利局。

10. 应当正确填写13位阿拉伯数字的申请号(注:最后一位校验位可能是字母),小数点无须填写。

11. 费用名称可以使用下列简称:

印花税——印

发明专利公布印刷费——公布

发明专利登记费——登

发明专利公告印刷费——公告

优先权要求费——优

发明专利权无效宣告请求费——无(无效)

权利要求附加费——权(权附)

发明专利年费滞纳金——滞(年滞)

发明专利申请费——申

发明专利实质审查费——审

发明专利复审费——复

恢复权利请求费——恢

著录事项变更费——变

延长费——延

说明书附加费——说(说附)

发明专利第N年年费——年N(注:N为实际年度,例如发明专利第8年年费——年8)

12. 费用通过邮局或者银行汇付遗漏必要缴费信息的,可以在汇款当天最迟不超过汇款次日补充缴费信息,补充缴费信息的方式如下:登录专利缴费信息网上补充及管理系统(http://fee.cnipa.gov.cn)进行缴费信息的补充;通过传真(010-62084312/8065)或发送电子邮件(shoufeichu@cnipa.gov.cn)的方式补充缴费信息。补充完整缴费信息的，以补充完整缴费信息日为缴费日。因逾期补充缴费信息或补充信息不符合规定，造成汇款被退回或入暂存的，视为未缴纳费用。

通过传真或电子邮件补充缴费信息的，应当提供邮局或者银行的汇款单复印件、所缴费用的申请号(或专利号)及各项费用的名称和金额。同时，应当提供接收收据的地址、邮政编码、接收人姓名或名称等信息。补充缴费信息如不能提供邮局或者银行的汇款单复印件的，应当提供汇款日期、汇款人姓名或名称、汇款金额、汇款单据号码等信息。

13. 未按上述规定办理缴费手续的，所产生的法律后果由汇款人承担。

参考文献

[1] 暖通空调微信公众号.我国建环专业“大排名”[EB/OL].[2022-07-15].https://mp.weixin.qq.com/s/N0U3okBUczoSPQHTqBr1QQ.

[2] 陈丽萍,颜承初,龚延风,等.建筑环境与能源应用工程专业现代高素质人才培养探讨——以南京工业大学为例[J].高等建筑教育,2021,30(1):49-55.

[3] 新华社.习近平:人才是创新的根基,是创新的核心要素[J].中国人才,2017(11):2,1.

[4] 国家统计局.国家统计局社科文司首席统计师李胤解读 2021 年中国创新指数[EB/OL].[2022-10-28].http://www.stats.gov.cn/sj/sjjd/202302/t20230202_1896711.html.

[5] 张朝晖.制冷空调技术创新与实践[M].北京:中国纺织出版社,2019.

[6] 张行勇.砗磲有潜力成为古天气研究载体[N].中国科学报,2020-3-18(1).

[7] 广西科协.科学新知丨全球最小最轻!中国自主研发的磁悬浮离心式“人工心”成功植入患者体内[EB/OL].[2022-04-18].https://m.thepaper.cn/newsDetail_forward_17532690.

[8] 澎湃新闻.日本核辐射水排放,会殃及几代人?[EB/OL].[2023-07-06].https://www.thepaper.cn/newsDetail_forward_23738898.

[9] 长江日报.从浩浩江水中“提取”冬暖夏凉,武汉首个江水源可再生能源站即将建成[EB/OL].[2022-03-10].https://baijiahao.baidu.com/s?id=1726868831848847664&wfr=spider&for=pc.

[10] 制冷网百家号.关于磁悬浮制冷技术[EB/OL].[2020-08-04].https://baijiahao.baidu.com/s?id=1674087932354787087&wfr=spider&for=pc.

[11] 吕巧凤.TRIZ“中国化”的概况与发展途径研究[EB/OL].[2012-5-31].http://triz.hhhxy.cn/info/1162/1034.htm.

[12] 姚威,韩旭,储昭卫.创新之道 TRIZ 理论与实战精要[M].北京:清华大学出版社,2019.

[13] 蔡立雄.大学生创新创业基础[M].北京:北京大学出版社,2018.

[14] 康海燕.互联网+大学生创新创业实践教程[M].北京:北京邮电大学出版社,2019.

[15] 新京报百家号.开创煤经合成气制烯烃新捷径,这位女科学家讲述科研过程[EB/OL].[2022-07-28].https://baijiahao.baidu.com/s?id=1739587796016482972&wfr=spider&for=pc.

[16] 搜狐.李永昌:最新“全国天然气资源勘察开采通报”的读后感[EB/OL].[2021-09-28].https://www.sohu.com/a/492695404_158724.

[17] 左然,施明恒,王希麟.可再生能源概论[M].北京:机械工业出版社,2007.

[18] 知乎.永动机与热力学定律[EB/OL].[2021-3-29].https://zhuanlan.zhihu.com/p/360640480.

[19] 吴登平.梦断永动机——热力学与热机的发展[J].现代物理知识,2010,22(6):52-53.

[20] 时子豪.基于电磁诱导透明的量子热机研究[D].长春:东北师范大学,2020.

[21] 刘芹.有限功率热机的效率取值区域研究[D].南昌:南昌大学,2020.

[22] 搜狐.动力机械模型[EB/OL].[2022-7-16].http://news.sohu.com/a/568258395_121439851.

[23] 钛媒体 APP 百家号.「钛空人物志」|他是以改变和拯救世界为使命的“狂人”,也是十足的“野心家”[EB/OL].[2023-11-06].https://baijiahao.baidu.com/s?id=1781810757905737030&wfr=spider&for=pc.

[24] 中国粉体网.二十年磨一剑!破译微至“毫末”的纳米限域催化密码[EB/OL].[2022-12-26].https://

news.cnpowder.com.cn/68138.html.

[25] 京报网百家号.今天,感谢青蒿素,感谢屠呦呦![EB/OL].[2022-04-25].https://baijiahao.baidu.com/s? id=1731064527696806673&wfr=spider&for=pc.

[26] 国务院新闻办公室网站.《新时代的中国能源发展》白皮书[EB/OL].[2020-12-21].http://www.scio.gov.cn/zfbps/ndhf/42312/Document/1695299/1695299.htm.

[27] 杨桂宇.碳中和、碳达峰过程中我国"绿色"行业的发展机遇[J].投资与创业,2021,32(12):150-152.

[28] 南京都市报百家号.日本核污水排海[EB/OL].[2023-08-22].https://baijiahao.baidu.com/s? id=1774937511658492724&wfr=spider&for=pc.

[29] 国家能源局.我国太阳能是如何分布的[EB/OL].[2014-08-03].https://www.nea.gov.cn/2014-08/03/c_133617073.htm.

[30] 谭力,陈苏苏.中高温太阳光谱选择性吸收涂层专利技术进展[J].科技创新与应用,2019(2):28-29.

[31] 百度百科.光伏发电[EB/OL].https://baike.baidu.com/item/%E5%85%89%E4%BC%8F%E5%8F%91%E7%94%B5/269917.

[32] 马玉森.CPC微通道太阳能集热器聚光特性及热性能数值研究[D].北京:北京建筑大学,2020.

[33] 满学鹏,顾炜莉,易小芳,等.热管真空管太阳能集热器研究进展及应用[J].真空科学与技术学报,2021,41(4):318-325.

[34] 罗权权,李保国,朱传辉,等.真空管太阳能集热器研究进展[J].热能动力工程,2021,36(7):1-6.

[35] 卢雅林.微孔表面平板太阳能集热器传热研究[D].南京:东南大学,2020.

[36] 丁浩楠.碟式太阳能光热发电跟踪控制系统的研究[D].太原:中北大学,2020.

[37] 宋鹏飞.槽式集热器的仿真与实验研究[D].南京:东南大学,2019.

[38] 黄靖.太阳能槽式集热器性能及应用研究[D].大庆:东北石油大学,2015.

[39] 余明果.大型碟式太阳能聚光器风效应的数值计算研究[D].长沙:湖南大学,2019.

[40] 李兴,王志峰,杨铭,等.塔式太阳能热电联供系统性能研究[J].太阳能学报,2021,42(6):203-210.

[41] 曾季川.塔式太阳能吸热器热效率评估方法研究[D].杭州:浙江大学,2021.

[42] 马军.线性菲涅尔式太阳能聚光系统的优化设计及性能研究[D].兰州:兰州交通大学,2020.

[43] 张燕军.免跟踪菲涅尔式太阳能集热系统的设计与研究[D].北京:北京化工大学,2016.

[44] 高超佳.碟式太阳能吸热器温度场分析及实验研究[D].西安:西安工业大学,2019.

[45] 百度百家号.建设空间太阳能电站,逐日工程取得重要成果,或将解决能源困局?[EB/OL].[2023-08-07].https://baijiahao.baidu.com/s? id=1773568016582176238&wfr=spider&for=pc.

[46] 中国科学院.建兰州化物所高熵合金基高温太阳能光谱选择性吸收涂层研究获进展[EB/OL].[2021-10-18].https://www.cas.cn/syky/202110/t20211012_4808873.shtml.

[47] 韩春雷.太阳能光伏发电技术现状与发展探讨[J].光源与照明,2022(3):95-97.

[48] 刘晓华,张涛,刘效辰,等."光储直柔"建筑新型能源系统发展现状与研究展望[J].暖通空调,2022,52(8):1-9,82.

[49] 李志鹏,金茂菁,黄玲.太阳能公路技术发展现状与趋势[J].科技中国,2019(7):6-8.

[50] 知乎.透光混凝土的这些知识你知道吗?[EB/OL].[2021-12-27].https://zhuanlan.zhihu.com/p/439568476.

[51] 刘佳伟.盐梯度太阳池热性能与浊度分析及实验研究[D].秦皇岛:燕山大学,2021.

[52] 李全林.新能源与可再生能源[M].南京:东南大学出版社,2008.

[53] 董世充,沈国清,张衡,等.太阳能热声发电系统热电转换性能仿真研究[J].热力发电,2019,48(7):59-63.

[54] 井光娥.零消耗被动式太阳能房系统设计与研究[D].青岛:青岛科技大学,2012.

[55] 孙可亮,张奇,杨先锋,等.太阳能烟囱发电技术探索概述[J].太阳能,2019(12):12-19.
[56] 王新刚,杨谋存,朱跃钊.可折叠太阳灶的设计与性能研究[J].机械制造,2019,57(2):34-37,57.
[57] 王光伟,王志成,曹学聪,等.一种便携式单轴自动跟踪烧水发电两用太阳灶[J].太阳能,2019(4):70-73,80.
[58] 黄佳钦.太阳能热水器空气动力特性研究[D].广州:广州大学,2022.
[59] 洪诗艺.太阳能烟囱通风的节能潜力研究[D].杭州:浙江大学,2019.
[60] 龚廷睿.基于太阳能烟囱的空气取水与海水淡化新技术研究[D].武汉:华中科技大学,2017.
[61] 李子翰,周泽华,刘鑫宇.基于太阳能烟囱效应的粮食干燥机的流动与传热研究分析[J].中国科技纵横,2018(10):85,87.
[62] 张雅雅,龙天河,叶恺,等.太阳能烟囱-地埋管联合自然通风及其对室内热环境的影响研究[J].可再生能源,2022,40(5):593-597.
[63] 周新平.基于西部太阳能烟囱热气流发电及应用研究[D].武汉:华中科技大学,2008.
[64] 搜狐.未来可期的空间太阳能电站[EB/OL].[2022-03-31].https://www.sohu.com/a/534181849_121124361.
[65] 邵理堂.新能源转换原理与技术太阳能[M].江苏:江苏大学出版社,2008.
[66] 海尔中央空调微信公众号.权威鉴定:海尔热泵烘干技术国际领先![EB/OL].[2022-08-23].https://mp.weixin.qq.com/s/YdQ7ePdqXksCLp46Ngt6GA.
[67] 世纪能源网.中科院电工所 10 米多碟式太阳能聚光系统安装成功[EB/OL].[2011-9-19].https://www.ne21.com/news/show.php? itemid=20508.
[68] 苏福永,赵志南.能源工程管理与评估[M].北京:冶金工业出版社,2019.
[69] 邢运民,陶永红,张力,等.现代能源与发电技术[M].西安:西安电子科技大学出版社,2015.
[70] 冉净斐.新能源关键技术剖析及其在"一带一路"倡议下的发展前景探究[M].长沙:湖南师范大学出版社,2018.
[71] 时君友,李翔宇.可再生能源概述[M].成都:电子科技大学出版社,2017.
[72] 方毅,尹保红.中国生态文明的 SST 理论研究[M].北京:中国致公出版社,2011.
[73] 人民网.推广绿色建筑 助力低碳发展[EB/OL].[2022-05-23].https://new.qq.com/rain/a/20220523A01LO000.
[74] 搜狐.我国首个千万千瓦级新能源基地是如何建成的?[EB/OL].[2023-12-26].https://news.sohu.com/a/747231172_121123521.
[75] 科普大世界.世界最大风电场,号称"风电三峡",未来装机规模可达三峡 1.5 倍[EB/OL].[2020-11-10].https://baijiahao.baidu.com/s? id=1682950991419377735&wfr=spider&for=pc.
[76] 肃北宣传.肃北:御"风"而上 全力打造"千万千瓦级新能源基地"[EB/OL].[2023-11-04].https://baijiahao.baidu.com/s? id=1781586566054017550&wfr=spider&for=pc.
[77] 澎湃新闻.汉口江滩芦苇荡里的大风车,藏着你不知道的秘密[EB/OL].[2021-11-05].https://m.thepaper.cn/baijiahao_15224156.
[78] 科普中国.风力制热[EB/OL].[2021-12-31].https://www.kepuchina.cn/article/articleinfo? business_type=100&ar_id=247898.
[79] 武汉运海风能水利设备有限公司.什么是风力取水技术?[EB/OL].[2016-11-08].http://www.whyunhai.com/show.asp? id=240.
[80] 中国科学院.全永磁悬浮风力发电机在穗诞生[EB/OL].[2005-12-27].https://www.cas.cn/ky/kyjz/200512/t20051227_1032362.shtml.
[81] 机械的艺术美学.「能源之美」飞艇,自带 WIFI 的漂浮风轮机[EB/OL].[2021-09-18].https://

baijiahao.baidu.com/s? id=1711219913553639609.

[82] 武汉教育云.风力汽车[EB/OL].[2020-09-28].https://www.wuhaneduyun.cn/index.php? r=space/person/blog/view&sid=F259F9AC7DF97692E04010AC73D40970&id=1615780581.

[83] 中国传动网.风电产业前景乐观,风机设备市场需求旺盛[EB/OL].[2012-06-04].https://www.chuandong.com/news/news97280.html.

[84] 李宁波,李翔,杨俊伟,等.地热能在区域能源领域中的应用和发展[J].城市地质,2020,15(1):9-15.

[85] 王贵玲,刘彦广,朱喜,等.中国地热资源现状及发展趋势[J].地学前缘,2020,27(1):1-9.

[86] 申恒明.我国地热能开发利用现状及发展趋势[J].科学技术创新,2019(14):20-21.

[87] 马伟斌,龚宇烈,赵黛青,等.我国地热能开发利用现状与发展[J].中国科学院院刊,2016,31(2):199-207.

[88] 周总瑛,刘世良,刘金侠.中国地热资源特点与发展对策[J].自然资源学报,2015,30(7):1210-1221.

[89] 鹿清华,张晓熙,何祚云.国内外地热发展现状及趋势分析[J].石油石化节能与减排,2012,2(1):39-42.

[90] 新华网.中国地热资源相当于860万亿吨煤 可消耗26万年[EB/OL].[2012-10-04].https://www.nbd.com.cn/articles/2012-10-04/685857.

[91] 陈琛,段金平.地热能,新能源赛道"黑马"突围[EB/OL].[2024-01-10].http://www.chinapower.com.cn/jnhb/zhxw/20240110/231773.html.

[92] 欧博联地热.未来地热能的发展趋势是什么?[EB/OL].[2023-08-29].https://baijiahao.baidu.com/s?id=1775563035584126301&wfr=spider&for=pc.

[93] 百度.沼气池你懂它吗?你真的了解沼气是怎么来的吗?[EB/OL].[2022-04-30].https://baijiahao.baidu.com/s? id=1665400454910428103&wfr=spider&for=pc.

[94] 广西日报.直播探访广州循环经济产业园:看每天2000吨有机废弃物如何"变废为宝"[EB/OL].[2022-04-23].https://mp.pdnews.cn/Pc/ArtInfoApi/article? id=28170712.

[95] 马隆龙,唐志华,汪丛伟,等.生物质能研究现状及未来发展策略[J].中国科学院院刊,2019,34(4):434-442.

[96] 华经情报网.2022年中国生物柴油行业现状及竞争格局分析,头部企业规模优势扩大[EB/OL].[2023-07-07].https://www.huaon.com/channel/trend/908816.html.

[97] 新浪尚品.地球竞赛号 航速最快的环保快艇[EB/OL].[2008-05-27].https://style.sina.com.cn/travel/trans/2008-05-27/153413820.shtml.

[98] 天眼新闻.呵护好"大生态"里的"小环境" 茅台厚植酒香绿色基底纪实[EB/OL].[2021-03-13].http://www.ddcpc.cn/detail/d_maotai/11515115590809.html.

[99] 百度.2022年农业农村减排固碳典型案例——生物质能替代[EB/OL].[2023-01-21].https://baijiahao.baidu.com/s? id=1755351534359666588&wfr=spider&for=pc.

[100] 左然,施明恒,王希麟.可再生能源概论[M].北京:机械工业出版社,2007.

[101] 童建栋.中国小水电[M].北京:中国水利水电出版社,2006.

[102] 褚同金.海洋能资源开发利用[M].北京:化学工业出版社,2005.

[103] 刘邦凡,栗俊杰,王玲玉.我国潮汐能发电的研究与发展[J].水电与新能源,2018,32(11):3-8.

[104] 谢秋菊,廖小青,卢冰,等.国内外潮汐能利用综述[J].水利科技与经济,2009(8):670-671.

[105] 科普中国.小型水电站[EB/OL].[2021-12-31].https://www.kepuchina.cn/article/articleinfo?business_type=100&ar_id=280171.

[106] 百度百科.江厦潮汐电站[EB/OL].https://baike.baidu.com/item/%E6%B1%9F%E5%8E%A6%E6%BD%AE%E6%B1%90%E7%94%B5%E7%AB%99/4713223? fr=aladdin.

[107] 潇湘晨报.兆瓦级波浪能发电平台开工建造深远海域将迎来大型“移动充电宝”[EB/OL].[2022-6-24].https://baijiahao.baidu.com/s? id=1736481767558643669&wfr=spider&for=pc.

[108] 凤凰新闻.向大海要能量:人类雄心勃勃的蓝色梦想[EB/OL].[2020-05-14].https://ishare.ifeng.com/c/s/7wUPPEZYQJY.

[109] 知乎.海洋能发电综述[EB/OL].[2024-2-14].https://zhuanlan.zhihu.com/p/661854287.

[110] 国资小新.波浪怎么也不会想到,有一天会被抓去发电?[EB/OL].[2022-06-27].https://mp.pdnews.cn/Pc/ArtInfoApi/dynamic? id=29554744.

[111] 杨泽华,李猛,伍儒康,等.振荡水柱波浪能发电技术研究进展[J].新能源展,2023,11(4):381-387.

[112] 范朝晖,张亚群,李显豪,等.液压式波浪能发电技术研究现状及展望[J].新能源进展,2023,11(4):388-394.

[113] 赵金峰,黄筱云,陈理.波浪能发电技术及研究现状[J].湖南水利水电,2022(3):7-11.

[114] 李文清,罗祾,齐晓曼,等.海洋能技术发展现状及其在上海地区的适应性[J].电力与能源,2022,43(6):518-520.

[115] 李学民.浅析波浪能发电的现状与发展[J].上海节能,2021(1):38-42.

[116] 陈映彬,黄技,赖寿荣,等.波浪能发电现状及关键技术综述[J].水电与新能源,2020,34(1):33-35,43.

[117] 赵玉晴,蒋文明,刘杨.氢能产业发展现状及未来展望[J].安全、健康和环境,2023,23(1):1-12.

[118] 曾静,陈铭韵,孟翔宇. 世界各国氢能产业现状及前景[EB/OL].[2022-06-02].https://mp.weixin.qq.com/s? _biz=MzI4MTEzOTMwNQ==&mid=2247557122&idx=2&sn=56eb1cb0dec0e2a00da67dba99b9a35b&chksm=ebae6104dcd9e812422edb6e7663f14efdb1ad0e74f479c382aed687d15d38b430b71e04ae3a&scene=27.

[119] 投资韬略.国内氢气输送管网项目梳理[EB/OL].[2023-07-25].https://baijiahao.baidu.com/s? id=1772383407061509584&wfr=spider&for=pc.

[120] 氢云链.氢云海外:液氢海运时代将至,川崎重工下水全球第一艘液氢运输船[EB/OL].[2019-12-12].https://baijiahao.baidu.com/s? id=1652703401274633128&wfr=spider&for=pc.

[121] 张轲,刘述丽,刘明明,等.氢能的研究进展[J].材料导报,2011,25(9):116-119.

[122] 肖建民.论氢能源和氢能源系统[J].世界科技研究与发展,1997(1):82-86.

[123] 邵志刚,衣宝廉.氢能与燃料电池发展现状及展望[J].中国科学院院刊,2019,34(4):469-477.

[124] 毛宗强.氢能离我们还有多远——我国燃料电池现状、差距及对策[J].电源技术,2003(S1):179-182.

[125] 黎冲森.燃料电池车市蓄势待发[J].汽车纵横,2021(3):25-34.

[126] 王建建,胡辰树.我国氢燃料电池专用车发展现状与趋势分析[J].专用汽车,2021(4):51-55.

[127] 中工网.海南造海马氢燃料电池汽车 7X-H 亮相[EB/OL].[2023-12-08].https://baijiahao.baidu.com/s? id=1784699259549724941&wfr=spider&for=pc.

[128] 易车网.氢燃料电池 MPV,新款海马 7X-H 亮相,搭载丰田 Mirai 电堆系统[EB/OL].[2023-12-07].https://news.yiche.com/hao/wenzhang/86820176.

[129] 中华人民共和国财政部北京监管局.燃料电池汽车示范城市群建设成效显著[EB/OL].[2023-12-13].https://bj.mof.gov.cn/ztdd/czysjg/jyjl/202312/t20231213_3921757.htm.

[130] 中国能源报.氢能示范城市群建设,大数据要担重任[EB/OL].[2021-02-03].https://m.gmw.cn/baijia/2021-02/03/34594193.html.

[131] “氢云链”.6002 辆氢能汽车背后:北上广占比近 7 成,物流车“跨界”明显[EB/OL].[2021-02-03].https://baijiahao.baidu.com/s? id=1689926437387235147&wfr=spider&for=pc.

[132] 江苏科技微信公众号.氢能与燃料电池(三):战略意义、国内发展趋势及建议[EB/OL].[2019-06-

06].https://mp.weixin.qq.com/s? __biz=MzIwMjc1NDUxMw==&mid=2247493069&idx=4&sn=e07e49633d0b93be6ba5f73f475840a8&chksm=96db7573a1acfc65fda4c2c8611bdc5bb1ecb36506f9d6c48e808d9685d624ec45fc4e3b20a1&scene=27.

[133] 张步涵,王云玲,曾杰.超级电容器储能技术及其应用[J].水电能源科学,2006(5):50-52,100.

[134] "风电头条".电化学类储能应用最为广泛！一文了解储能技术分类及优缺点！[EB/OL].[2020-10-22].https://baijiahao.baidu.com/s? id=1681238109231281860&wfr=spider&for=pc.

[135] 弘正网.储能学院丨机械类储能有哪些应用形式？优缺点是什么？[EB/OL].https://www.hoenergypower.cn/news/what-are-the-application-forms-of-mechanical-energy-storage-158.html.

[136] 搜狐.储能科普丨什么是压缩空气储能？[EB/OL].[2023-07-27].https://roll.sohu.com/a/706878425_121123766.

[137] 阳光工匠光伏网.压缩空气储能电站的商业化进程[EB/OL].[2021-10-29].http://www.21spv.com/news/show.php? itemid=103259.

[138] 知乎.什么是飞轮储能技术？[EB/OL].[2022-08-16].https://www.zhihu.com/question/22279135/answer/2629065150.

[139] 新华网.我国科研机构自主研发的高温超导储能样机通过技术验收[EB/OL].[2021-12-14].https://baijiahao.baidu.com/s? id=1719119203022594757&wfr=spider&for=pc.

[140] 钜大.超级电容器综述[EB/OL].[2019-09-03].http://www.juda.cn/news/98044.html.

[141] 钜大.超级电容器的应用与发展[EB/OL].[2019-09-02].http://www.juda.cn/news/97922.html.

[142] 王江波.管式换热器内涡流发生器对流强化传热研究[D].武汉:武汉科技大学,2022.

[143] 王桂卿.TiO_2-水纳米流体对流传热的强化机理研究[D].徐州:中国矿业大学,2019.

[144] 李国柱,王帅,黄凯良,等.太阳能集热器种类与集热性能提升技术研究进展[J].科技导报,2022,40(24):50-63.

[145] 马辉,杨帆.直膨式太阳能热泵系统供暖研究进展[J].煤气与热力,2019,39(8):23-27,42-43.

[146] 昆明冶金高等专科学校.一种直膨式太阳能纳米流体热泵供暖系统:CN213901246U[P].2021-08-06.

[147] 南京大学创新创业与成果转化工作办公室.微界面强化反应器技术[EB/OL].[2017-03-30].https://ndsc.nju.edu.cn/84/fe/c39169a492798/page.htm.

[148] 微界面.南京延长反应技术研究院研发进展[EB/OL].https://www.anycoh.com/yfjz.

[149] 张惠.超声波对传质过程强化的研究[D].杭州:浙江工业大学,2002.

[150] 许波.强化传热传质技术汇总[EB/OL].[2021-03-29].https://power.seu.edu.cn/zqchen/2021/0329/c32538a366475/page.htm.

[151] 百度百科."泡沫金属"词条[EB/OL].https://baike.baidu.com/item/%E6%B3%A1%E6%B2%AB%E9%87%91%E5%B1%9E/6911386? fr=aladdin.

[152] 三个皮匠报告.什么是泡沫金属？应用领域有哪些.[EB/OL].[2023-04-27].https://www.sgpjbg.com/info/41900.html,.

[153] 张洪发,邢美波,吴海峰,等.制冷与空调用纳米流体研究进展[J].功能材料,2021,52(11):11067-11075,11105.

[154] 杨增辉,王云峰,李明,等.变压强化传质太阳能吸附制冷特性研究[J].太阳能学报,2018,39(10):2745-2752.

[155] 亿矿通百度百家号.中国能源发展报告 2023[EB/OL].[2023-09-10].https://baijiahao.baidu.com/s? id=1776468822389248990&wfr=spider&for=pc.

[156] 知乎.流体力学在实际生产生活中有哪些应用？[EB/OL].[2017-06-06].https://www.zhihu.com/question/53129807/answer/134787195? utm_source=qq&utm_id=0.

[157] 江苏前川制冷设备有限公司.MKL 螺旋管式蒸发器[EB/OL].http://www.qczl777.com/product/zfq/294.html.

[158] 巨人机械.上海 580 平方热虹吸蒸发器成套组[EB/OL].http://www.jurencn.com/product/shanghai_585.html.

[159] 搜狐.干式、满液式、降膜式蒸发器主要特点[EB/OL].[2020-06-15].https://www.sohu.com/a/401972814_120335330? _trans_=000014_bdss_dkmwzacjp3p:cp=.

[160] 马立章.提高满液式冷水机组性能的途径分析[J].制冷与空调,2020,20(1):22-25,30.

[161] 周荣辉.探索干式管壳式蒸发器制冷剂结构的优化举措[J].海峡科技与产业,2018(12):70-71.

[162] 王芳芳.干式管壳式蒸发器制冷剂分配结构优化与性能研究[D].郑州:郑州大学,2018.

[163] 王学会,袁晓蓉,吴美,等.制冷用水平降膜式蒸发器研究进展[J].制冷学报,2014,35(2):19-29.

[164] 熊从贵,何静,林通,等.热虹吸式蒸发器的设计及应用[J].机械制造,2015,53(9):8-9.

[165] 知乎.冷凝器、蒸发器类别及原理资料[EB/OL].[2018-06-06].https://zhuanlan.zhihu.com/p/37770087.

[166] 新浪.蒸发式冷凝器选型与设备布置及配管[EB/OL].[2024-01-25].https://k.sina.com.cn/article_3228472064_c06e930000103gfu2.html.

[167] 刘乃玲,陈伟,邵东岳,等.闭式冷却塔的结构优化[J].工业用水与废水,2007(4):114-117.

[168] 孔庆斌,欧阳新萍,章立新.新型中部进风逆流闭式冷却塔的设计与分析[J].制冷与空调,2008,8(6):35-38.

[169] 向阳.热源塔换热及热泵系统性能研究[D].重庆:重庆大学,2021.

[170] 张晨,杨洪海,吴建兵,等.三种典型结构热源塔的比较[J].制冷与空调,2009,9(6):81-83,75.

[171] 方彬.热管节能减排换热器设计与应用[M].北京:化学工业出版社,2013.

[172] 珂勒曦.蒸汽喷射泵的应用原理[EB/OL].[2017-05-08].http://m.kelexi.cn/Article/klxxktzqps.htm.

[173] 赵忠伟.海水冷却板式热交换器换热性能评价及改进措施[D].南京:东南大学,2019.

[174] 宽信.可拆板式换热器[EB/OL].http://www.hfkuanxin.cn/kxbshrq/kcbshrq.shtml.

[175] 中华人民共和国中央人民政府.住房城乡建设部谈推动建筑节能与绿色建筑实现住房城乡建设领域可持续发展[EB/OL].[2014-06-19].https://www.gov.cn/zxft/ft228/wz.htm.

[176] 龚辉.某浅层地下建筑热环境实测与模拟分析[D].武汉:武汉理工大学,2020.

[177] 中华人民共和国住房和城乡建设部.民用建筑室内热湿环境评价标准:GB/T 50785—2012[S].北京:中国建筑工业出版社,2012.

[178] 中华人民共和国住房和城乡建设部.公共建筑节能设计标准:GB 50189—2015[S].北京:中国建筑工业出版社,2015.

[179] 中华人民共和国国家卫生健康委员会.室内空气质量标准:GB/T 18883—2022[S].北京:中国建筑工业出版社,2022.

[180] 杨柳.建筑气候分析与设计策略研究[D].西安:西安建筑科技大学,2003.

[181] NICO J, HUMPHREYS M. Adaptive thermal comfort and sustainable thermal standards for buildings[J].Energy Buildings,2002,34(6):563-572.

[182] DEAR D J R, BRAGER S G. Thermal comfort in naturally ventilated buildings: revisions to ASHRAE Standard 55[J].Energy Buildings,2002,34(6):549-561.

[183] 管晶.蒸汽压缩式制冷系统模糊控制研究[D].长沙:湖南大学,2020.

[184] 王梦容,王硕,李会燕.浅谈吸收式制冷技术及所使用工质对[J].科技风,2019(25):162.

[185] 徐喆.低温热源吸附式制冷系统研究[D].广州:华南理工大学,2019.

[186] 曹海山.热电制冷技术进展与展望[J].制冷学报,2022,43(4):26-34.

[187] 潘小凯.低温热源驱动的蒸汽喷射式制冷系统实验研究[D].徐州:中国矿业大学,2021.
[188] 丁帆.进气参数对涡流管制冷性能及流场特性的影响研究[D].沈阳:沈阳化工大学,2021.
[189] 徐静远,罗二仓.热驱动热声制冷技术发展现状与展望[J].制冷学报,2022,43(4):12-25.
[190] 温丰硕.5～7K 温区热耦合三级斯特林型脉管制冷机关键技术及优化研究[D].上海:中国科学院大学(中国科学院上海技术物理研究所),2022.
[191] 刘全新.自由活塞式斯特林制冷机设计及其整机性能测试研究[D].南京:南京航空航天大学,2020.
[192] 知乎.风冷冰箱、直冷冰箱、混合制冷冰箱有什么区别吗？哪种制冷方式好[EB/OL].[2023-02-02]. https://zhuanlan.zhihu.com/p/602943506.
[193] 高伟.多联机安装施工技术探讨[J].建材发展导向,2023,21(4):85-87.
[194] 搜狐.多联机原理、特点、故障处理与注意事项[EB/OL].[2021-06-25].https://www.sohu.com/a/473948675_100054320.
[195] 刘海潮,邵双全,张海南,等.间接蒸发冷却技术研究现状[J].制冷与空调,2019,19(8):14-22.
[196] 肖璐.蒸发冷却空调系统对新风中粒子及室内环境影响研究[D].太原:太原理工大学,2021.
[197] 百度百科."蒸发冷却"词条[EB/OL].https://baike.baidu.com/item/%E8%92%B8%E5%8F%91%E5%86%B7%E5%8D%B4/8739166? fr=aladdin#reference-2.
[198] 新疆华奕新能源科技股份有限公司.蒸发冷却冷水机组[EB/OL].[2020-09-19].http://www.xjhne.com/products/protection/122.html.
[199] 澳蓝.蒸发冷却空调机组 AHU 系列[EB/OL].https://m.aolanchina.com/product-detail.html? id=53.
[200] 戴兴学.蓄能空调的应用现状与发展趋势[J].日用电器,2011(10):42-44.
[201] 叶琪超,楼可炜,应光耀,等.德清分布式能源站水蓄冷空调系统运行分析[J].暖通空调,2020,50(4):82-85.
[202] 吴泽江,王瑶.某办公项目冰蓄冷系统设计分析[J].制冷与空调(四川),2023,37(5):732-736.
[203] 水舒适.风机盘管主要有哪些分类或类型[EB/OL].[2019-04-07].https://www.shuishushi.com/2019/04/07/8896.html.
[204] 彭珊,于靖华,杨清晨,等.高大空间空气处理单元气流组织特性分析[J].制冷与空调,2020,20(3):40-44.
[205] 王帅,李瑞嘉,何政伟.风机盘管加新风与柱面贴附送风相结合的方案在地铁公共区的适用性分析[J].运输经理世界,2021(28):1-3.
[206] 黄翔.空调工程[M].北京:机械工业出版社,2017.
[207] 化工仪器网,上海众有实业有限公司.转轮除湿机在软胶囊烘干应用中如何选型[EB/OL].[2018-09-30].https://www.chem17.com/Tech_news/detail/1649935.html.
[208] 百度百家号,江苏华川环境科技.通风空调风管常用哪些材料,各使用在什么场合[EB/OL].[2023-06-13].https://baijiahao.baidu.com/s? id=1768578485589405768&wfr=spider&for=p.
[209] 李岩.纤维织物空气分布系统在空调系统中的应用[J].冶金与材料,2019,39(4):85,87.
[210] 刘云祥.钢制管材在空调水系统中的选型及应用[J].制冷空调与电力机械,2011,32(5):59-63,70.
[211] 刘加平.建筑物理[M].北京:中国建筑工业出版社,2009.
[212] 朱颖心.建筑环境学[M].北京:中国建筑工业出版社,2016.
[213] 知乎.流体力学在实际生产生活中有哪些应用[EB/OL].https://www.zhihu.com/question/53129807/answer/134787195.
[214] 龙正熠,李晓杰,李光辉,等.通风屋顶隔热性能影响因素综述[J].上海节能,2023(9):1343-1349.
[215] 杨卫波,施明恒.太阳能通风墙的性能研究[J].建筑热能通风空调,2005(3):17-21.

[216] 胡威，王登甲，刘艳峰，等.青藏高原地区太阳能热风楼板供暖技术适宜性分析[J].建筑科学，2019，35(4)：43-49.

[217] 郭晨玥，潘浩丹，徐琪皓，等.天空辐射制冷技术发展现状与展望[J].制冷学报，2022，43(3)：1-14.

[218] 搜狐.二氧化硅气凝胶在保温隔热领域的作用[EB/OL].[2019-07-21].https://www.sohu.com/a/328283335_120171914.

[219] 搜狐.密度最低、热导率最低的二氧化硅气凝胶隔热涂层织物[EB/OL].[2018-02-02].https://www.sohu.com/a/220493464_182917.

[220] 赛纳特."隔热王者"-气凝胶[EB/OL].https://sanatsd.com/hyzx_42.html.

[221] 腾讯网.密度比空气还小，它就是保暖隔热神器[EB/OL].[2024-01-11].https://new.qq.com/rain/a/20240111A082H200，.

[222] 吕翔宇，张九红，张晓倩，等.国内建筑声环境研究热点分析——基于"中国知网"数据库[J].声学技术，2022，41(6)：878-886.

[223] 康健，马蕙，谢辉，等.健康建筑声环境研究进展[J].科学通报，2020，65(4)：288-299.

[224] 张恒.通风隔声窗的应用及原理解析[J].中国环保产业，2023(4)：67-71.

[225] 兰贵天，张勇，窦超，等.热耦合电晕放电空气消毒装置的设计及特性分析[J].高电压技术，2022，48(2)：798-807.

[226] 个人图书馆.工位空调系统[EB/OL].[2015-08-19].http://www.360doc.com/content/15/0819/11/4981404_493377378.shtml.

[227] 邢道明，戴秋敏.基于环路热管技术的降温服[P].江苏：CN105249558A，2016-01-20.

[228] 郭瑞.一种基于相变材料的空调服[P].北京：CN204091052U，2015-01-14.

[229] 戴鑫，周智皎，毛家兵，等.大学生科技竞赛理论研究与实践应用[M].武汉：华中科技大学出版社，2018.

[230] 闫晓婷，李德光.以学科竞赛促进高校实践教学改革和创新能力培养[J].创新创业理论研究与实践，2022，5(22)：175-178.

[231] 陆国栋，陈临强，何钦铭，等.高校学科竞赛评估：思路、方法和探索[J].中国高教研究，2018(2)：63-68，74.

[232] 曾美琴，陈灵，邹敢锋，等.《机械工程材料综合实验课》的教学改革及实践[J].北京大学学报：哲学社会科学版，2007(S2)：101-103.

[233] 高等学校建筑环境与设备工程学科专业指导委员会.高等学校建筑环境与能源应用工程本科指导性专业规范[M].北京：中国建筑工业出版社，2013.

[234] 中华人民共和国全国人民代表大会常务委员会.中华人民共和国专利法[M].北京：法律出版社，2020.

[235] 中华人民共和国全国人民代表大会常务委员会.中华人民共和国专利法实施细则[M].北京：中国法制出版社，2023.

[236] 郭永辉，尹奎.一种基于太阳能与建筑一体化的空调系统及控制方法[P].湖北：CN106016823B，2018-04-13.

[237] 甘肃省林业科学研究院，李来库，王俊杰.怎样写好科技论文[EB/OL].[2022-07-13].http://www.gslky.cn/archives/show/19092537916101.html.

[238] e论文工作室.怎么事半功倍写论文？论文各个部分的写作顺序是什么[EB/OL].[2022-09-26].https://mp.weixin.qq.com/s/IyiR-snRNrJZjEzYLDBvZA.

[239] 学术志.结论与摘要的区别[EB/OL].[2022-07-01].https://mp.weixin.qq.com/s/LXeLapZ5UjeMTSmYU_y1ZA.

[240] 学术志.综述类论文怎么写？这篇文章说的透彻[EB/OL].[2022-04-10].https://mp.weixin.qq.com/s/Hn15uDXwGeUZFT2XL99ODA .

[241] 秦宇，郭为.管理学文献综述类文章写作方法初探[J].外国经济与管理，2011，33(9)：59-65.

[242] e论文工作室.让你的论文更加熠熠生辉-如何巧用主动词增添色彩[EB/OL].[2022-07-04].https://mp.weixin.qq.com/s/LJjyYRPqgdV2fbfSbYSLkQ.

[243] 环境君号.盘点那些让审稿人眼前一亮的科研配图[EB/OL].[2023-12-21].https://mp.weixin.qq.com/s/c4itM9B6iIVLttdBFZMMYQ.

[244] e论文工作室.论文中赏心悦目的数据图都是什么软件画的呢？[EB/OL].[2022-07-18].https://mp.weixin.qq.com/s/AexZ0BmOQmnNyT_Oqfqi9w.

[245] 刘忠宝，李骜，李鑫，等.太阳能光伏直流空调器的特性分析及实验研究[J].太阳能学报，2017，38(3)：798-805.

[246] 肖雪.自然通风建筑风压驱动下泵送流的数值模拟研究[D].武汉：武汉理工大学，2022.

[247] 李念平，刘鹏龙，伍志斌.长沙高校宿舍夏季热舒适与热适应现场调研[J].哈尔滨工业大学学报，2019，51(4)：194-200.

[248] 谷雅秀，黄星杰，余良仕，等.西安地铁秋冬季热环境与热舒适实测分析[J].都市快轨交通，2023，36（1）：133-140.

[249] 周亮.居民厨房环境模拟及通风优化策略研究[D].武汉：武汉理工大学，2022

[250] 陈思莹.导光管在广州既有钢筋混凝土建筑中的应用研究[D].广州：广东工业大学，2020.

[251] 李锦，郭曌，吴一芳.光纤导入技术在室内健康照明中的应用[J].光源与照明，2021(2)：36-37.

[252] 邢道明，戴秋敏.基于环路热管技术的降温服[P].江苏：CN105249558A，2016-01-20.